自動車の
走行性能と
試験法

茄子川捷久・宮下義孝・汐川満則 著

Efficiency Tests
for Running

TDU 東京電機大学出版局

まえがき

　交通体系における自動車は面の交通として，航空機は点の交通として，また，鉄道は線の交通としてそれぞれ利用されているが，このなかで自動車は利便性に優れていることなどから，日常生活に密着した交通手段として用いられている．

　このように身近になった事由には国民総生産が向上したことにより購買力が増し自動車保有台数が増加したことによるが，自動車の性能向上および多用途の車種が開発されいっそうユーザーに受け入れられたものと思われる．

　ここに至るまでの歴史過程を振り返れば数多くの技術者の絶ゆまぬ努力があげられ，これらに関する専門書および学術書も数多く発刊されている．

　しかしながら，これらの内容は一方では作動原理や構造解説が中心のものであったり，他方では，自動車技術の理論および数式にとらわれ専門的で初学者には取り組みにくい内容が多い．

　また，自動車工学の一分野である走行性能および試験に関する専門書および教科書もあまり見あたらない．

　そこで本書は，できるだけ専門的な計算式などは避けるとともに取組みやすいように図，写真などを多く採用した．

　まず，初章として自動車全般をとらえるため歴史的背景から解説し，第2章では自動車の走行性能を正しく理解するために走行抵抗，動力性能，だ行性能，制動性能，旋回性能，タイヤ特性，振動乗り心地・騒音および衝突，安全に関しての各項目について基本的な理論について解説を行ない，第3章では，各性能試験のうち日本工業規格および日本自動車規格などに基づいて動力性能試験，だ行試験，制動性能試験，旋回性能試験，タイヤ性能試験，振動乗り心地・騒音試験，衝突試験および乗員に関する試験について具体的な例で解説を行なうとともに制動および衝突試験については著者らが実験を行ない，関係機関に発表したデータなどを取り入れ解説を行なった．

　このような内容を中心に著作したため，自動車工業の技術関係をめざしている短大，高等専門学校および大学の学生あるいは既にこの方面に携わって

いる技術者諸氏の教科書および技術書として利用しやすいものと思われる．

なお，本文中の実験データの一部は著者らが乗用車などを用いて，北海道士別市西士別東の沢に設置されている寒冷地技術研究所（会長加来照俊北海道大学工学部名誉教授）所有のコースで実施したものである．

終わりに本書を執筆するにあたって参考させていただいた文献については本文中にその箇所を明示し，各章末にその文献名を記載した．

ここにこれらの著者各位に対し深甚なる謝意を表す．

追　記

本書は，1999年の初版発行以来，㈱山海堂から刊行され，幸いにも長きにわたって多くの読者から愛用されてきた．このたび東京電機大学出版局から新たに刊行されることとなった．本書が今後とも，読者の役に立つことを願っている．

2008年3月

教　授　　茄子川捷久
教　授　　宮下　義孝
准教授　　汐川　満則

自動車の走行性能と試験法・目次

第1章 概　　論 ……………………………………1
  1.1 自動車の歴史 …………………1
    1.1.1 蒸気機関 ……………1
    1.1.2 蒸気自動車 …………1
    1.1.3 内燃機関 ……………2
    1.1.4 自動車の誕生 ………3
    1.1.5 ディーゼルエンジンの誕生 ……………………3
    1.1.6 主要生産国の動向 …3
      （1）日　　本 …………3
      （2）アメリカ …………3
      （3）ヨーロッパ ………4
    1.1.7 日本におけるおもな技術動向 ……………………4
      （1）エンジン …………4
      （2）トランスミッション …5
      （3）サスペンション …5
      （4）トラクションコントロールシステム ………………5
      （5）エアバッグ ………6
      （6）タ イ ヤ …………6
  1.2 自動車の生産 …………………6
    1.2.1 主要国の自動車総生産台数の推移 ……………6
    1.2.2 日本の自動車輸出 …7
    1.2.3 主要国の自動車保有台数 …7
    1.2.4 日本の自動車保有台数 …7
    1.2.5 世界の自動車保有台数の予測 ………………8
    1.2.6 国産乗用車の販売台数推移 ……………………8
  参　考　文　献 ………………………9

第2章 自動車の性能 ………………………………11
  2.1 走 行 抵 抗 ……………11
    2.1.1 ころがり抵抗 ………11
    2.1.2 空 気 抵 抗 …………13
      （1）空力特性の評価 …15
    2.1.3 こう配抵抗（登坂抵抗）…16
    2.1.4 加 速 抵 抗 …………17
    2.1.5 全走行抵抗 …………17
  2.2 動 力 性 能 ……………18
    2.2.1 加 速 性 能 …………18
      （1）発進加速性能 ……19
      （2）追抜き加速性能 …19
      （3）力学的にみる加速性能 …19
    2.2.2 登 坂 性 能 …………20
      （1）最大登坂性能（急坂路登坂性能）………………20
    2.2.3 最高速度性能 ………21
    2.2.4 燃料消費性能（燃料消費率）………………21
      （1）定地燃費 …………22
      （2）運行燃費 …………22

2　目　　　次

- （3）モード燃費 …………22
- （4）燃料消費性能を左右する諸因子 ………22
- （5）燃料消費性能の改善 ……24
- 2.2.5 走行性能曲線図 …………25
  - （1）自動車走行性能曲線図の様式(JASO Z 003) ……25
- 2.3 だ行性能 …………………30
  - 2.3.1 だ行の力学 ………30
  - 2.3.2 だ行性能に及ぼす要因…32
    - （1）だ行距離 ………32
    - （2）空気抵抗およびころがり抵抗の影響 ………32
- 2.4 制動性能 …………………33
  - 2.4.1 制動の力学 ………33
    - （1）制動能力の限界 ………33
    - （2）自動車の制動力 ………33
    - （3）制動時の方向安定性 ……38
  - 2.4.2 停止距離 ………46
    - （1）制動の経過 ………46
    - （2）制動距離 ………47
- 2.5 旋回性能 …………………50
  - 2.5.1 停止状態の操舵性能……50
  - 2.5.2 一般走行時の旋回………50
    - （1）旋回の概要 ………50
    - （2）走行時の旋回 ……51
    - （3）ステアリング特性 ………51
    - （4）自動車の速度と旋回半径…53
    - （5）操舵力と横加速度 ………54
  - 2.5.3 旋回速度の限界 …………55
  - 2.5.4 過渡的ステア特性 ………56
    - （1）ステップ応答試験 ………56

- （2）パルス応答試験 ………56
- （3）ランダム応答試験 ………56
- （4）過渡的ステア特性試験結果 ………57
- 2.5.5 ファジィ，電子制御と旋回性能 ………58
  - （1）ファジィ制御 ………58
  - （2）ファジィ制御と旋回性能 ………59
- 2.6 タイヤ特性 ………………61
  - 2.6.1 タイヤの力学 ………61
    - （1）タイヤの座標系と発生する六分力 ………61
    - （2）直進時に発生する力 ……63
    - （3）横すべり時に発生する力…65
  - 2.6.2 タイヤのコーナリング特性 ………67
    - （1）タイヤモデルによるコーナリング特性の説明 ………67
    - （2）制動・駆動時のコーナリング特性 ………68
    - （3）コーナリング動特性 ……69
  - 2.6.3 タイヤのユニフォーミティ ………71
    - （1）ランナウト ………71
    - （2）ノンユニフォーミティにより発生する力 ………71
    - （3）ノンユニフォーミティによる車両への影響 ……74
  - 2.6.4 タイヤのスタンディングウエーブ ………75
  - 2.6.5 タイヤのハイドロプレー

　　　　ニング ……………………76
2.7　振動乗り心地, 騒音性能…77
　2.7.1　概　　論 ………………77
　2.7.2　自動車の主要な振動,
　　　　騒音 ……………………78
　　（1）自動車の振動の分類 ……78
　　（2）自動車の騒音の分類 ……78
　　（3）各振動源 …………………79
　　（4）各騒音源 …………………81
　2.7.3　振動乗り心地, 騒音の
　　　　評価法 …………………86
　　（1）自動車の振動特性 ………86
　　（2）騒音の評価法 ……………88
2.8　衝突, 安全 …………………93
　2.8.1　交通事故の概要 ………93
　　（1）概　　要 …………………93
　　（2）日本における交通事故の
　　　　推移 ……………………93
　　（3）日本の状態別死亡交通事故

　　　　の動向 …………………93
　　（4）日本における曜日別交通
　　　　死亡事故発生件数 ………94
　　（5）主要国の交通事故 ………96
　　（6）主要国における年齢層別の
　　　　交通事故死亡構成率 ……96
　2.8.2　安　全　基　準 ………98
　　（1）道路運送車両法の保安
　　　　基準 ……………………98
　　（2）FMVSS ……………………99
　　（3）ADR ……………………100
　　（4）ECE ……………………100
　2.8.3　安　全　対　策 ………101
　2.8.4　車両の衝突 ……………103
　　（1）衝突の力学 ………………103
　　（2）衝突形態 …………………106
　　（3）タイヤ痕跡 ………………108
参考文献 ……………………………112

第3章　性能試験法 …………………………………………………115
3.1　動力性能試験 ………………115
　3.1.1　加速性能試験 ……………115
　　（1）自動車加速試験方法
　　　　（JIS D 1014）……………116
　3.1.2　登坂性能試験 ……………116
　　（1）自動車急坂路試験方法
　　　　（JIS D 1017）……………117
　　（2）自動車長坂路試験方法
　　　　（JIS D 1018）……………118
　3.1.3　最高速度試験 ……………118
　　（1）自動車最高速度試験方法

　　　　（JIS D 1016）……………119
　3.1.4　燃料消費試験 ……………119
　　（1）自動車燃料消費試験方法
　　　　（JIS D 1012）……………120
　　（2）付属書　モード走行時燃料
　　　　消費試験方法 ……………121
3.2　だ　行　試　験 ……………133
　3.2.1　室内試験（速度設定）…133
　　（1）だ行初速度100km/hから
　　　　速度10 km/hごとの2点
　　　　間における平均速度と平

目次

　　　　　均減速度の算出 …………135
（2）　係数の算出 ……………136
（3）　μ_r および μ_a の算出 ……137
（4）　減速度の算出 …………137
（5）　だ行距離の算出 ………138
（6）　走行抵抗の算出 ………140
3.2.2　屋外試験（距離設定）…141
3.3　制動性能試験 ………………143
　3.3.1　室内試験 ……………143
　　（1）　ローラテスタ常用ブレーキ台上実車試験方法（JASO C 424-74）……………143
　　（2）　乗用車ブレーキ装置ダイナモメータ試験方法（JASO C 406-82）……………144
　　（3）　自動車ブレーキ試験方法（JIS D 1013-82）………146
　3.3.2　実車走行試験（JIS D 1013-82）………………146
　　（1）　試験方法（実際路面での試験のみ）……………146
　　（2）　最近の実車走行試験方法例 ………………148
　3.3.3　すべり抵抗試験 ………149
　　（1）　専用試験車による試験方法 …………………150
　　（2）　一般車両による試験方法 …150
　　（3）　その他の試験方法 ………151
　3.3.4　制動効果の安定性試験 …152
　　（1）　フェードリカバリ試験 …152
　　（2）　ウォータリカバリ試験 …153
　　（3）　その他の試験 …………153

3.4　旋回性能試験 ………………154
　3.4.1　定常円旋回試験（乗用車旋回試験方法 JASO 7155）…………………154
　　（1）　制定の目的 ……………154
　　（2）　試験条件 ………………154
　　（3）　試験路およびコースの形状 …………………155
　　（4）　試験方法 ………………156
　　（5）　試験結果の記録および整理方法 …………………156
　3.4.2　操舵力試験 ……………158
　　（1）　停止状態の操舵力試験 …158
　　（2）　低速時の操舵力試験 ……158
　　（3）　中・高速時の操舵力試験…159
　3.4.3　すえ切り操舵力試験方法（JASO 7205）…………159
　　（1）　制定の目的 ……………159
　　（2）　用語の意味 ……………159
　　（3）　試験条件 ………………160
　　（4）　試験方法 ………………160
　3.4.4　過渡性能試験 …………161
　　（1）　車線乗移り試験（JASO C 707-76）………161
　　（2）　スラローム試験（JASO C 706-87）………163
　　（3）　その他規格による試験方法 …………………164
3.5　タイヤ性能試験……………164
　3.5.1　タイヤの基礎的試験 …164
　　（1）　ホイールバランス試験法 ……………………165

（2）自動車用タイヤのユニフォーミティ試験法（JASO C 607-87）…………166
　3.5.2　コーナリング特性試験…171
　　（1）タイヤの六分力試験 ……171
3.6　振動乗り心地・騒音試験…174
　3.6.1　振動乗り心地試験 ……174
　3.6.2　乗り心地の評価 ………175
　　（1）主観的評価 ……………175
　　（2）客観的評価 ……………176
　　（3）人体の振動特性 ………176
　3.6.3　騒　音　試　験 …………177
　　（1）車内騒音試験 …………177
　　（2）車外騒音試験 …………182
3.7　衝　突　試　験 ………………191
　3.7.1　実車衝突試験 …………191
　　（1）バリア衝突試験 ………191
　　（2）ムービングバリア衝突試験方法 …………………192
　　（3）車対車の衝突 …………193
　3.7.2　衝突模擬試験 …………193
　　（1）台車衝撃試験 …………193
　　（2）台上衝撃試験 …………194
　3.7.3　測　定　機　器 …………194
　　（1）人　体　模　型 …………194
　　（2）電　気　計　測　器 …………195
　　（3）高速度カメラおよびフィルム解析 ……………196
　3.7.4　低速度車両衝突実験 …196
　　（1）概　　　要 ……………196
　　（2）衝突速度の設定 ………197
　　（3）実　験　方　法 …………197
　　（4）実　験　結　果 …………200
　　（5）ま　と　め ……………207
　3.7.5　シートベルトと乗員損傷部位 ………………209
　　（1）概　　　要 ……………209
　　（2）調　査　方　法 …………209
　　（3）調　査　結　果 …………209
　　（4）ま　と　め ……………211
　3.7.6　衝突に関する関連規格…212
　　（1）JIS 関係 ………………212
　　（2）JASO 関係 ……………212
　　（3）SAE 関係………………213
3.8　乗員に関する試験法……213
　3.8.1　人体機能の測定法 ……214
　　（1）人体測定法 ……………214
　　（2）人間の能力の測定 ………214
　　（3）心身反応測定 …………216
　3.8.2　フィーリング評価試験…217
　3.8.3　乗員に関する試験規格…219
　　（1）JIS 関係 ………………219
　　（2）JASO 関係 ……………220
参考文献 ………………………220

第4章　法　規　一　般 …………………………………………223
　4.1　法　　　規 …………223
　　4.1.1　わが国の法体系 ………223
　　4.1.2　自動車に関する法規 …224
　　（1）安全に関する法 ………225
　　（2）規制に関する法 ………225
　　（3）公害に関する法 ………225

（4）道路に関する法 226
　　　（5）保障に関する法 227
　　　（6）運送に関する法 227
　　　（7）税法に関する法 227
　4.2　道路運送車両法 228
　　4.2.1　道路運送車両法の機構 ...229
　　4.2.2　わが国の検査制定 229
　　　（1）検査の種類 229
　　　（2）検査の有効期間 231
　　　（3）自動車の検査基準 232
　　4.2.3　諸外国の検査制定 242
　　　（1）検査に関する動向 242
　　　（2）検査の有効期間 242
　4.3　国際単位系 SI 242
　　4.3.1　概　　要 242
　　　（1）SI の構成 242
　　　（2）用語解説 243
　　　（3）SI 単位 243
　　　（4）SI 補助単位 244
　　　（5）SI 組立単位 244
　　　（6）SI と他の単位系の対比 ...246
　　4.3.2　SI の動向 246
　参　考　文　献 247

第5章　自動車走行性能に関する用語解説 249

　5.1　動力性能に関する用語 ...250
　5.2　旋回性能に関する用語 ...251
　5.3　制動性能に関する用語 ...254
　5.4　振動および乗り心地性能に
　　　　関する用語 255
　5.5　安全,衝突に関する用語 ...258
　参　考　文　献 260

第1章　概　　　　論

　蒸気自動車から始まった自動車は，内燃機関を用いるようになり，やがて製品化され，さらに，各装置に性能向上が見られ，現在の自動車に至っては，電子制御部品が数多く取り入れられるようになった．

　また，安全性の面においてもサイドインパクトビームやエアバッグなどの装備が導入されてきた．

　一方，1992年現在，世界の自動車保有台数は約6億742万台あり，今後，年間約1600～1700万台の伸びが見られることから，自動車産業は経済の中心的役割を果たすことには変わりはない．

　ここでは，概論として自動車の歴史から始まり，主要生産国の動向および日本における技術動向などについて述べる．

1.1　自動車の歴史

1.1.1　蒸気機関

　機械技術の基礎である"てこ"は車輪が物を移動するために用いられ，その後，人力に代わって牛馬による荷車が使用され，さらに，交通機械として風力も利用されてきた．

　紀元前3000年ごろエジプトのピラミッドが建築されたが，この製作には車輪および滑車が用いられた[1]．

　一方，人工動力としては，1781年クランク軸回転式の蒸気機関がワットによって完成され，炭鉱などの巻上げ用の機械および製粉工場などに用いられ，これらの蒸気機関はイギリスにおける産業革命のけん引力になっていった[1]．

1.1.2　蒸気自動車

　蒸気機関が蒸気自動車として用いられたのは，1769年，フランス人キューニョにより，2シリンダ蒸気推進前輪駆動三輪車で，時速約4kmの走行性能であった（図1.1）．

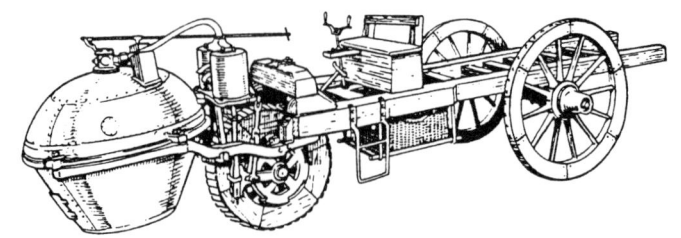

図 1.1　キューニョの蒸気自動車[3]

なお,キューニョの砲車としてのおもな諸元は,ホイールベース 3 076 mm,トレッド後輪 1 750 mm,全長 7 320 mm,全高 2 200 mm,駆動輪直径 1 280 mm,けん引力 4〜5 ton であった.

その後,蒸気自動車が実用化されたことからも交通安全のために,世界最初の道路交通法がイギリスにおいて施行された.

さらに,蒸気自動車を取り巻く問題として重量が重すぎる,黒煙が出る,石炭ガラを落とすなどの市民の苦情が多く,公害問題として取り上げられた.

また,イギリスでは蒸気自動車の使用に対し,鉄道業者と馬車業者がともに反対し,郊外および市内の速度制限の義務付けとして 1865 年,赤旗法が実施された.このような状況から蒸気機関は自動車部門より退き,鉄道と船舶に向けられた[1)2)].

1.1.3　内燃機関

1859 年,フランス人ルノアールは蒸気機関を改良し,火炎点火から低圧電気点火へと考案し,ガス機関の実用化に成功した(図 1.2).

また,1876 年,ドイツ人オットーは現在の 4 サイクルの原型をなす内燃機関を実用化した.

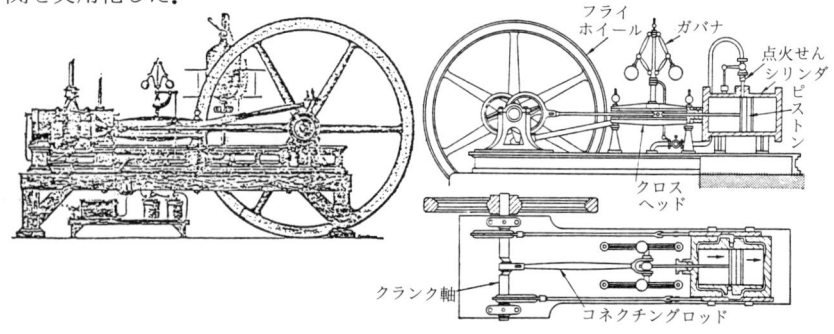

図 1.2　ルノアール機関[1]

1.1 自動車の歴史

1.1.4 自動車の誕生

オットーの内燃機関を小形軽量化し，1885年，ダイムラーは二輪車に取り付けての走行に成功し（図1.3），さらに，1886年には四輪車に取り付け走行した。これが世界最初の内燃機関による自動車といわれている。

一方，ベンツは1886年4サイクルガソリン機関を三輪車に搭載した。

その後，ダイムラーとベンツは1926年両者の工場を合併し，ダイムラー・ベンツ社を設立した。

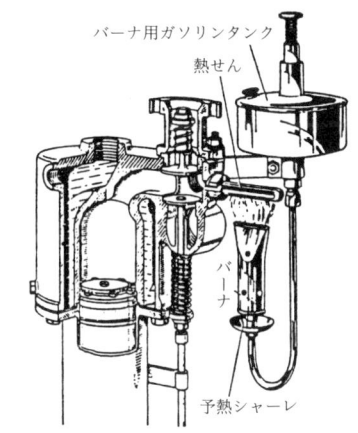

図1.3 ガソリン自動車第1号のダイムラーエンジン（1885年）[2]

1.1.5 ディーゼルエンジンの誕生

ルドルフ・ディーゼルは，蒸気機関を理論的に改良を加え，1893年，圧縮点火機関を製作し，さらに，実用可能なエンジンとして1897年に完成させた。この圧縮着火機関は，発明者の名をとってディーゼル機関と呼ばれるようになった[1]。

1.1.6 主要生産国の動向

(1) 日 本

国産第1号車は，蒸気自動車として1904年に登場し，1907年にはガソリン車が製作された。

その後1924年にはフォード社が，1927年にGM社が国内で組立を開始した。一方，国産初の量産形乗用車として「三菱A形」を九十九商会（三菱の前身）が1917年に生産し，その後，1933年，自動車製造株式会社（同年，日産自動車と改称）が，さらに1937年，

図1.4 三 菱 A 形

トヨタ自動車工業株式会社がそれぞれ設立され生産体制に入った[4]。

(2) アメリカ

1899年にオールズはデトロイトにオールズ自動車会社を設立し，アメリカでの最初の自動車製造会社となり，デトロイトが世界の自動車都市としての

基盤を作った[1]．

一方，1903 年にヘンリー・フォードがフォード自動車会社を，また，1908 年にデュラントがゼネラルモーター社を設立し，その後ビュイック社，オールズ社などフォード社を除く多くの自動車会社や部品会社を吸収していった．

また，フォード社が 1908 年に大量生産を開始し，安価な車を提供したこともあり，T 形フォードは 1908～1927 年に 1 500 万台生産された．

図 1.5　T 形フォード車（1926 年）製
（北海道自動車短期大学蔵）

その後，ユーザーは高級車へのニーズが高まるとともに GM 社の経営理念がフォード社との地位を逆転させた．

（3）ヨーロッパ

イギリスの自動車工業は，ダイムラー，ローバー，オースチン，ロールスロイスなど，アメリカとほぼ同時期に成立した．

また，1911 年にフォードが進出し主力メーカーとなった．

ドイツでは，ダイムラー・ベンツがガソリンエンジン自動車を製作したのが，自動車工業の始まりである．

その後，1925 年にフォードがドイツフォード社を設立し，1929 年に GM がオペル社を買収し，また，1937 年には高速道路アウトバーン建設に着手した．

フランスの自動車工業では，1910 年ごろよりアメリカのフォードを中心とした大量生産システムを導入し，さらに，イギリスのオースチンやドイツのオペルの技術を取り入れ，1934 年にはシトロエンが世界最初の量産前輪駆動車を生産するなど，自動車技術の発達は目覚ましいものであった．

イタリアの自動車工業は，1899 年にフィアット社が設立され，生産を開始したが，その後の発展は比較的遅く，1960 年代に入ってから大幅な伸びを示した[4]．

1.1.7　日本におけるおもな技術動向（1989～1990 年）

（1）エンジン

低速から高速まで高出力，高トルクを得るために 4 気筒に 16 バルブ，6 気筒に 24 バルブが付けられ，さらに，可変バルブタイミング，バルブリフト制御システムが採用され，日産の NVCS がインフィニティの V 8 およびサニー

GA系1.6lに，また，ホンダのVTECはシビックの1.6lおよびNSXのV6に装着された．

一方，低燃費のために機械損失の低減および材料の軽量化が図られたが，前者はフリクションの低減の工夫として日産GA系1.8lの2本ピストンリングの採用があり，後者ではアルミブロックがホンダのほかに日産のSR系，トヨタのV8などにも新たに採用された[5]．

(2) トランスミッション

無段階自動変速機に電子制御を組み合わせたECVT（エレクトロニックコンティニアリバリアブルトランスミッション）は自動変速機のように出力ロスが少なく，また，歯車を使っていないので変速ショックが少ないなどの利点があり，富士重工業が開発し実用化された[6]．

(3) サスペンション

サスペンションの機構には，アクティブサスペンションとマルチリンクサスペンションが採用された．

アクティブサスペンションは，スプリングの役目をする電子制御の油圧装置を用いて，走行中の路面状況や走行パターンによっても姿勢変化が少なく，乗り心地，操縦性にメリットがある．

また，マルチリンクサスペンション[7]は，車輪を支える腕の数を増やし，必要に応じ車輪の動き方を変化させるようにしたもので，このため走行中の接地性が高まり，コーナリングが向上した．この機構は日産プリメーラのフロントなどに用いられている（図1.6）．

一方，サスペンションも軽量化され，アルミニウムなどの新材料を採用したのは，ホンダNSX車にダブルウィッシュボーンサスペンションとして用いられた．

(4) トラクションコントロールシステム（TCS）

路面の摩擦が一定でない路面やすべりやすい路面において，左右の駆動輪

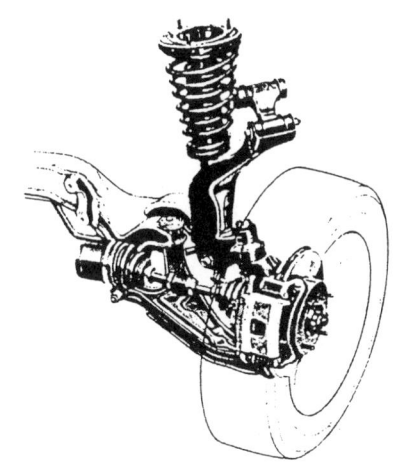

図1.6 マルチリンクサスペンション（1990，プリメーラ）[8]

の回転差が大きくなった場合，車速センサなどからのコンピュータの指示で，エンジン回転数またはブレーキによって駆動力を調整する機構で大きな出力の車両から普及してきた[7]．

（5） エアバッグ

衝突するとセンサにより瞬時のうちにエアバッグをふくらませ，乗員が飛び出したり，またはハンドルポストなどに胸を打ったりするのを防ぐ安全装置で，対米輸出車に装備されたものが国内で発売され普及し，現在では各社の運転席に標準装備され（乗用車），助手席に装備されるものも増加した．（図1.7）．

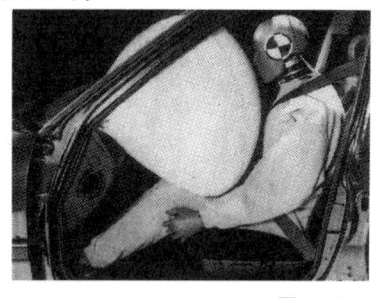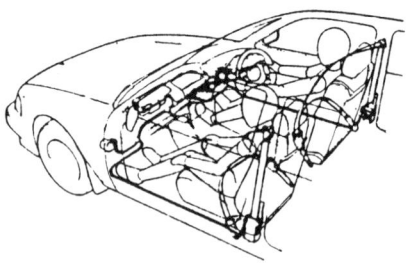

図 1.7 エ ア バ ッ グ[9]

（6） タ イ ヤ

積雪地方に使用されてきたスパイクタイヤは，舗装路面の摩耗や粉じんを発生させるなどの理由により，1990 年 6 月，環境庁より「スパイクタイヤ粉じんの発生防止に関する法律」が制定され，スパイクタイヤの製造を 1990 年 12 月で中止，販売も 1991 年 3 月以降禁止され，さらに，使用禁止は 1991 年 4 月 1 日からとなった[9]．

1.2 自動車の生産

日本の自動車生産の歴史はおよそ 75 年であるが，当初はトラック生産が中心であり，生産台数は 1950 年で 32 000 台であった．乗用車はマイカー元年といわれた 1966 年には 228 万 6 千台と急激に伸び，1990 年の 1 349 万台をピークになった．その後生産台数は減少ぎみで 1996 年では 1 034 万台と減少したが，世界の生産台数の約 20 ％を示している．（表 1.1）

1.2.1 主要国の自動車総生産台数の推移

1980 年から1990 年にかけて世界の総生産台数は約 26 ％伸びた．1996 年

表 1.1 主要国の自動車総生産台数の推移

(単位：万台)

年\国別	日本	アメリカ	ドイツ	フランス	イギリス	イタリア	全世界
1980	1 104	801	388	338	131	161	3 884
1985	1 227	1 165	445	302	131	157	4 534
1990	1 349	978	516	377	157	212	4 878
1993	1 123	1 087	399	316	157	127	4 917
1996	1 034	1 183	484	359	192	154	5 146

には総生産台数が5 146万台とやや増加したものの，日本は1 034万台と減少した．(表 1.1)

1.2.2 日本の自動車輸出

日本の自動車輸出は総数で1985年673万台をピークに1996年では455万台まで減少した．原因としては各メーカともに現地生産が本格化し，定着したことが影響しているものと見られる[10]．(表 1.2)

表 1.2 日本の自動車輸出台数

(単位：万台)

年\種類	乗用車	総台数
1980	397	597
1985	443	673
1993	391	502
1996	357	455

1.2.3 主要国の自動車保有台数

1992年の世界主要国の保有台数のうち，アメリカが31.2％，日本が10.2％と，2カ国で約半数を占めている．主要6カ国では62.8％の保有であった．また1996年では日本は6 880万台の保有台数となった．(表 1.3)

表 1.3 主要国の自動車保有台数

(単位：万台)

年	項目\国別	日本	アメリカ	ドイツ	フランス	イギリス	イタリア	全世界
1992	乗用車	3 896	14 382	3 909	2 402	2 364	2 960	46 402
	総台数	6 166	18 969	4 201	2 906	2 684	3 235	60 742
	比率(％)	10.2	31.2	6.9	4.8	4.4	5.3	100
1996	乗用車	4 687	12 900	4 105	2 550	2 555	3 040	49 347
	総台数	6 880	20 335	4 417	3 076	2 880	3 332	67 130
	比率(％)	10.2	30.3	6.6	4.6	4.3	5.0	100

1.2.4 日本の自動車保有台数

総保有台数のうち乗用車の割合が1997年では69.4％となった．（表1.4）このように乗用車の占める割合が増加した原因には，乗用車の耐用年数が長くなったことも原因として考えられる．

表 1.4 日本の自動車保有台数

(単位：万台)

年 \ 種類	乗用車	総台数	乗用車の割合（％）
1980	2 366	3 786	62.5
1985	2 784	4 616	60.3
1993	4 065	6 316	64.4
1997	4 861	7 000	69.4

1.2.5 世界の自動車保有台数の予測

1988年から1992年，および1992年から1996年の保有台数の実績を基に2000年および2010年の世界の保有台数を予測する．1988年～1992年では年間1 780万台，また1992年から1996年では年間1 600万台の増加であるから，1996年から2000年の増加は年間1 400万台と推定される．2000年の保有台数は72 730万台と予測され，また2010年では経済状況により多少異なるが年間1 500～1 600万台の増加で，保有台数は87 730～88 730万台と予測される．（表1.5）

表 1.5 世界の自動車保有台数の予測

(単位：万台)

種類 \ 年 分類	1988年実績		1992年実績		1996年実績		2000年予測	2010年予測
	乗用車	合計	乗用車	合計	乗用車	合計	合計	合計
全世界	40 767	53 622	46 402	60 742	49 347	67 130	72 730	87 730 ～88 730

1.2.6 国産乗用車の販売台数推移

1996年における国産乗用車のうちAT車の割合は84.2％と，殆んどの乗用車がAT車となった．また4WD車が38.8％と急激に増加し，さらにRV車が販売台数の50％を越え，ユーザの多用化が見られる．

なおRV車はステーションワゴン，1BOXワゴン，オフロード4WDお

よびセミキャブワゴンの合計である[11].（**表 1.6**）

表 1.6 国産乗用車の販売台数の推移

(単位：%)

年＼種類	AT 車	4 WD 車 (軽除く)	RV 車	総販売台数
1984	43.2	—	—	2 860 026
1988	64.0	11.3	—	3 430 099
1992	74.7	24.9	26.9	3 498 414
1996	84.2	38.8	55.3	3 317 955

装備となった[11].

一方，ディーゼル車についてはほとんど比率は同じであるが，4 WD 車(四輪駆動車)については近年著しい増加が見られた(ただし，新車登録時で軽自動車は除かれている).

参 考 文 献

1) 井口雅一：自動車の歴史と社会，自動車工学全書，第 1 巻，第 1 章，山海堂，1980 年
2) 新編自動車工学便覧，第 1 編，第 1 章，自動車一般，(社)自動車技術会
3) 徳大寺有恒訳：世界自動車図鑑，誕生から現在まで草思社
4) 日産自動車株式会社編：自動車産業ハンドブック，1986 年版
5) 日本自動車会議所・日刊自動車新聞社共編：自動車年鑑 1991，自動車技術，素材 90, p.302, 309
6) 自動車ガイドブック，Vol.34, 1987〜88, 主な技術動向, p.122
7) 自動車ガイドブック，Vol.36, 1989, 主な技術動向, p.139
8) 樋口明ほか：FF 車のサスペンション動向，自動車技術，Vol.45, No.5, p.81, 1991
9) 日本自動車会議所・日刊自動車新聞社共編：自動車年鑑，1991, 部品産業, p.353
10) トヨタ自動車株式会社，トヨタの概況 1998
11) 日刊自動車新聞社発行：自動車産業ハンドブック，1998 年版

第2章　自動車の性能

2.1　走行抵抗

　走行抵抗とは，自動車が走行する場合にその進行方向と逆方向に作用する力の総和をいう．自動車が走行する際には，その進行を妨げる力は不必要な力であるので，走行抵抗は限りなく小さいことが望ましい．そのためには走行抵抗の発生原理を理解し，走行性能に与える影響を考慮する必要がある．走行抵抗はその発生原因より類別すると，次の四つからなっている．
　① 　ころがり抵抗
　② 　空気抵抗
　③ 　こう配抵抗（登坂抵抗）
　④ 　加速抵抗
　自動車の走行性能を評価する場合は，その駆動性能と走行抵抗の両者から検討を行ない，走行性能の向上に際しては駆動性能の改善と走行抵抗の低減の両者を行なう必要がある．

2.1.1　ころがり抵抗

　自動車のタイヤが回転しながら移動する際には，タイヤ接地面にて路面からタイヤへ進行を妨げるころがり抵抗が作用している．
　ころがり抵抗のおもな発生メカニズムは，タイヤが回転しながら移動する場合にはタイヤ接地面は刻々と移動している．すなわち，タイヤの接地前端部から接地後端部までの部分には変形が発生し，接地後端部以降で再び復元するという現象がタイヤ全周において起こっている．そのタイヤの接地部の変形および復元により作用している力とひずみとの間には，ヒステリシスによってエネルギの損失があり，それが内部抵抗となり発生すると考えられる．
　また，上記のタイヤの変形によるエネルギ損失以外には，路面を変形させる抵抗，タイヤと路面間のすべりによる抵抗，タイヤの回転により起こる空

気抵抗などが考えられる.

しかし,実際にはこれらが複雑に作用してころがり抵抗は発生しているので,理論的にその値を求めることはむずかしく,実験的に求める方法をとるが,便宜上次の式で表わされる.

$$R_r = \mu_r \cdot W \quad \cdots\cdots\cdots\cdots\cdots\cdots\cdots\cdots\cdots\cdots\cdots\cdots\cdots\cdots\cdots\cdots\cdots\cdots\cdots\cdots\cdots (2.1)$$

　　R_r：ころがり抵抗,kN {kgf}
　　μ_r：ころがり抵抗係数
　　W：車両総重量,kN {kgf}

式(2.1)からころがり抵抗 R_r は,車両総重量 W に比例すると考えられるので,ころがり抵抗係数 μ_r が一定と仮定すると,その自動車のころがり抵抗 R_r は常に同じ値となる.

しかし,ころがり抵抗係数 μ_r は路面状態,速度,タイヤ構造,タイヤ空気圧(内圧)などにより変化するので,ころがり抵抗 R_r は一定の値とはならない.

表2.1に示すころがり抵抗係数 μ_r の値からも,路面状態の影響をおおよそ見ることができる.特に軟弱な路面では,路面自体が変形するためにエネルギ損失も大きく,舗装路面に比べてはるかに大きいことがわかる.

表 2.1　μ_r の値

路面の状況	μ_r
良好な舗装路	0.01〜0.02
手入れのよい平坦未舗装路	約 0.04
新しく敷いた砂利道路	約 0.12
粘土質の道路	0.2〜0.3

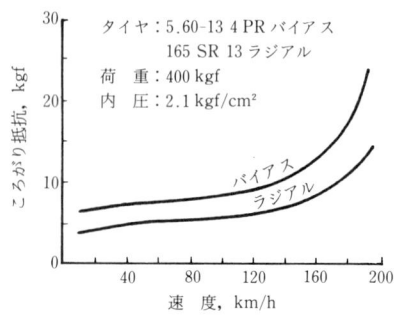

図 2.1　速度ところがり抵抗

また,図2.1に示すように速度によっても変化することがわかる.速度が0〜140 km/h 程度の間では若干の増加傾向を示すが,この速度領域ではころがり抵抗係数 μ_r をほぼ一定として用いることができる.しかし,それ以上の速度領域では,スタンディングウエーブ(波打ち現象)の発生によりころがり抵抗係数 μ は急激に増加する.

さらに,ラジアルタイヤとバイアスタイヤとでは,その内部構造の違いから,サイドウォール部が柔軟でかつトレッド部の剛性が高く,タイヤ内部の変形よる摩擦が少ないラジアルタイヤのほうがころがり抵抗係数 μ_r は小さい.

タイヤ空気圧によるころがり抵抗係数 μ_r の変化については，図 2.2 に示すようにタイヤ空気圧が高いほうがころがり抵抗係数 μ_r は小さく，かつ，速度変化による影響も受けにくい．これは空気圧が高くなるにつれてトレッド部の変形が少なくなるためであるが，逆に乗り心地の悪化やトレッド中央部の早期摩耗を招くので，むやみに高い状態で使用することはできない．

2.1.2 空気抵抗

自動車が走行する場合は，周囲の空気を押し分けながら進行するために，自動車は空気から大きな力（抵抗）を受けることになる．それは，車体の形状により車体回りの空気の流れに変化が生じるためであり，図 2.3 に示すように車体前部や前面ガラス付近には正圧が，エンジンフードやルーフ先端付近などでは負圧が作用しているためである．

空気抵抗は車体表面に空気の粘性により発生する摩擦抵抗と，車体回りの圧力分布から正圧，負圧を全表面についての総和である圧力抵抗に分けられる．

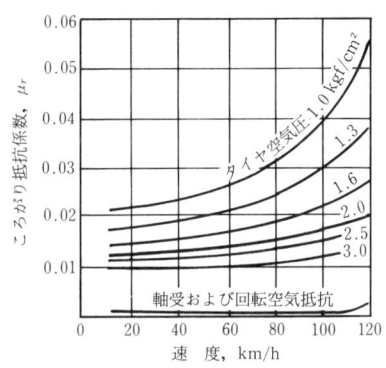

図 2.2 タイヤ空気圧によるころがり抵抗係数の変化

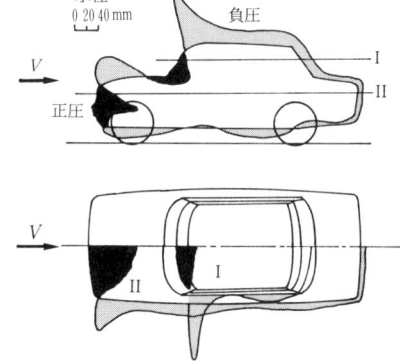

図 2.3 車体表面の圧力分布

また，圧力抵抗はさらに四つに分類される．
① 形 状 抵 抗：圧力抵抗の大部分を占め，車体形状に起因するもの．
② 干 渉 抵 抗：車体表面の凹凸による気流の乱れで発生するもの．
③ 内部流抵抗：冷却，換気のため取り込まれた空気の排出時の流速低下によるもので，特にラジエータへの冷却風量の影響が大きい．
④ 誘 導 抵 抗：気流のエネルギ損失により発生する揚力の影響．

自動車の空気抵抗では図 2.4 に示すように圧力抵抗が非常に大きく，その

なかでも最大のものは車体形状による形状抵抗で, 全空気抵抗の約60 %を占めている.

空気抵抗 R_a は, 次の式で表わされる.

$$R_a = \mu_a \cdot A \cdot V^2 \cdots\cdots (2.2)$$

R_a：空気抵抗, kN {kgf}
μ_a：空気抵抗係数
A：前面投影面積 m² {m²}
V：対気速度, km/h {km/h}

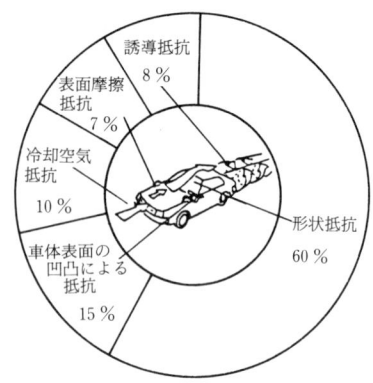

図 **2.4** 空気抵抗の成分比率

式 (2.2) から空気抵抗 R_a は速度 V の2乗に比例するため, 低速度域よりも高速度域において全走行抵抗に占める割合は非常に大きくなる. そのため, 高速走行時での燃費性能や最高速度性能への影響も大きくなる.

また, 前面投影面積 A および空気抵抗係数 μ_a にも比例するが, 空気抵抗係数 μ_a は車体形状が異なると違った値を示すので, 空気抵抗 R_a も大きさが異なってくる. よって, 空気抵抗 R_a を低減するためには, 前面投影面積 A および空気抵抗係数 μ_a をともに小さくする必要がある.

空気抵抗係数 C_D を用いて, 空気抵抗 R_a を表わすと次の式になる.

$$R_a = C_D \cdot \frac{\rho}{2} \cdot A \cdot v^2 \cdots\cdots\cdots\cdots\cdots\cdots\cdots\cdots\cdots\cdots\cdots (2.3)$$

C_D：空気抵抗係数
v：対気速度, m/s
ρ：空気密度, kg/cm³

式 (2.2) と式 (2.3) とでは, 一般的に式 (2.2) が実車によるだ行試験結果から求める方法と, 式 (2.3) は風洞実験における車体の空力特性結果から求める方法との違いであり, 数値的には無次元量である空気抵抗係数 C_D を用いる式 (2.3) の形で表わすことが多いが, 式 (2.2) の形で表わすこともある.

μ_a と C_D の関係を式 (2.2) と式 (2.3) から求めると, 次のようになる.

$$C_D \cdot \frac{\rho}{2} \cdot A \cdot v^2 = \mu_a \cdot A \cdot V^2 \quad (V = 3.6 \cdot v)$$

$$C_D = 2 \cdot 3.6^2 \cdot \mu_a / \rho \quad \cdots\cdots\cdots\cdots\cdots\cdots\cdots\cdots\cdots\cdots\cdots\cdots\cdots\cdots\cdots (2.4)$$

15℃，1気圧の標準大気では，$\rho = 1.226$ (kg/cm³) であるので

$$C_D = 25.92 \cdot \mu_a / \rho \quad \cdots\cdots\cdots\cdots\cdots\cdots\cdots\cdots\cdots\cdots\cdots\cdots\cdots\cdots\cdots (2.5)$$

として求められる．

(1) 空力特性の評価[1]

空気抵抗を改善するためには，自動車の空力特性を種々の方法で評価し，検討，改良を施す方法がとられる．空力特性の評価方法としては，次のような項目，方法が一般的である．

(a) 空気流れ

① タフト法：車体表面に絹糸を張り，車体表面付近の空気の流れ方向を肉眼および写真撮影などにより観察する方法で，比較的簡単に行なうことができる．

② 油膜法：車体表面に油膜を塗り，流れによって発生した油膜模様から車体表面の空気の流れ方向および境界層の遷移を観察する方法である．流れの様子が保存できるが，風洞を汚す欠点がある．

③ トレーサ法：車体回りの空気の流れのなかに煙（ミスト）を細く線のように流し，その流れの方向や乱れの発生などを肉眼および写真撮影により観察する方法で，煙風洞を用いる．ミストによるモデルの汚損，フィルタによるミストの回収が必要などの欠点もある．

(b) 空気力

① 風洞実験：車両に作用する力をはかりやロードセルなどにより測定する．

風洞実験は模型と実車による二つの方法があるが，模型実験はその利便性から多く利用されるが，精度などの面で問題点もあり，最近では実車実験を行なう傾向が強い．

② 実車走行：路上走行により，実車に作用する力を直接測定する．実車試験は測定した空気力のなかに他の要因も含まれてしまうので，各種の工夫，補正が必要となる．

(c) 圧力分布

① 風洞実験：風洞のなかで静的に圧力を測定する．
② 実車走行：路上走行により圧力を測定する．

2.1.3 こう配抵抗（登坂抵抗）

自動車が図 2.5 に示すような上り坂を走行するときには，水平な路面に比べて登坂を妨げるように余分な力が作用するため，より大きな駆動力が必要となる．また，下り坂においては，それとは逆にその抵抗力が自動車を走行させる力（マイナスの抵抗力＝駆動力）として作用するので，本来のエンジン動力による駆動力がなくとも自動車は走行できるが，ブレーキ装置によりその力を制御しなくては安全な走行はできない．しかし，水平路ではこう配抵抗は考慮する必要がないので，道路環境を考えても坂路の設計に際してはあまり急こう配とならないような配慮がなされている．一般に道路のこう配は $\tan\theta \times 100$（％）として表わされ，高速道路では 5 ％以下が多く，山岳路でも 7〜10 ％程度である．そこで，θ が小さい場合は $\tan\theta = \sin\theta$ として扱っても差し支えない．

こう配抵抗 R_c は，次の式により求められる．

$$R_c = W \cdot \sin\theta \quad \cdots\cdots\cdots\cdots\cdots\cdots (2.6)$$

R_c：こう配抵抗，kN {kgf}
W：車両総重量，kN {kgf}
θ：坂路こう配，deg {deg}

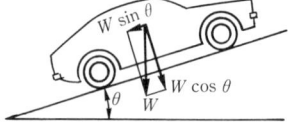

図 2.5 こう配抵抗

式 (2.6) より，こう配抵抗 R_c は車両総重量 W および坂路こう配 θ に支配されるため，水平な路面（平坦路）では $\sin\theta = 0$ となり，存在を無視することができる．しかし，それ以外のこう配の道路では車両総重量 W が大きいほど，かつ，坂路こう配 θ が大きいほど，この抵抗による走行性能への影響も大きくなるため，こう配抵抗 R_c の軽減も重要となる．その方法として，一般的には道路環境の整備もあげられるが，自動車の重量軽減，すなわち，自動車本来の性能をそこなわない軽量化という観点により，特に材質面での改善などが考えられる．

2.1.4 加速抵抗

自動車の走行状態は，高速道路のような一定速度での走行（定常走行）を除くと，ほとんどが加減速を含んでいる．自動車が加速状態に入るためには定常走行時よりも多くの力が必要となる．その余分に必要となる力(慣性力)は加速時にエンジン，クラッチ，トランスミッション，プロペラシャフト，タ

イヤなどの回転部分も加速されることになるので，それに伴い増加する慣性抵抗に起因している．すなわち，この慣性抵抗を加速抵抗と称している．

加速抵抗は R_s は，次の式により求められる．

$$R_s = (W + W_f) \cdot a/g \quad\cdots\cdots\cdots\cdots\cdots\cdots\cdots\cdots\cdots\cdots\cdots\cdots (2.7)$$

R_s：加速抵抗，kN {kgf}
W：車両総重量，kN {kgf}
W_f：回転部分相当重量
a：加速度，m/s² {m/s²}
g：重力加速度（＝9.8 m/s²）

式 (2.7) より回転部分相当重量 W_f は，一般には簡素化して自動車の重量増加として扱う場合が多く，加速時では次の値とされている．

$W_f = 0.10 \cdot$ 車両重量，kN {kgf}［普通貨物自動車の場合］
$W_f = 0.08 \cdot$ 車両重量，kN {kgf}［乗用車，小形貨物自動車の場合］

また，制動およびだ行時では，エンジン，クラッチ，トランスミッションは回転部分から切り離されるため，若干減少して次の値とされいる．

$W_f = 0.07 \cdot$ 車両重量，kN {kgf}［普通貨物自動車の場合］
$W_f = 0.05 \cdot$ 車両重量，kN {kgf}［乗用車，小形貨物自動車の場合］

加速抵抗 R_s の軽減は，車両本体では重量低減が効果的であるが，さらに，動力伝達装置の高効率化および伝達経路の短縮などが，走行方法では急激な加減速を伴わない運転手法の励行などが考えられる．

2.1.5 全走行抵抗

前述のように実際に走行している自動車には，ころがり抵抗 R_r，空気抵抗 R_a，こう配抵抗 R_c および加速抵抗 R_s の四つからなる走行抵抗が作用しているため，それらの総和を全走行抵抗 R と称している．全走行抵抗 R は次式により表わされる．

$$R = R_r + R_a + R_c + R_s \quad\cdots\cdots\cdots\cdots\cdots\cdots\cdots\cdots\cdots\cdots (2.8)$$

しかし，これ以外の抵抗としては，動力伝達過程に作用する損失（抵抗）も考えられるが，それらについては走行抵抗とは分けて動力伝達損失として扱い，動力伝達効率として表わすのが一般的である．

走行性能曲線図[2]などでは，定常走行時の値を基に走行抵抗線図を作成するため，加速抵抗 $R_s = 0$ として走行抵抗を表現し，さらに坂路こう配が $\theta = 0$（水平路）のときは $\sin\theta = 0$ となり，こう配抵抗 $R_c = 0$ となる．また，坂路こう

配の表示については，道路のこう配表示にならって正弦 (tangent) の表示とし，こう配抵抗 R_c を 0％，3％，5％，10％として，それ以上を5％飛びで求めたものを用いて，全走行抵抗 R をそれぞれ表示する．

2.2 動力性能

動力性能とは，自動車の走行性能を表わすなかでも基本的であり，かつ，一般的にもよく知られている性能である．

これは，自動車の性能を表わすうえで「エンジン-動力伝達装置」系においての出力性能やトランスミッションの種類を含めた動力伝達機構，燃費性能（燃料消費率），加速性能および最高速度性能などが，一般的にも公表されているためである．また，自動車の使用者もこれらの性能を自らが自動車を運転することで体験し，理解されやすいためでもある．ここでは自動車の動力性能として，

① 加速性能
② 登坂性能
③ 最高速度性能
④ 燃費性能（燃料消費率）

について考え，それらのまとめとして走行性能曲線図についても検討する．

2.2.1 加速性能

種々の交通状況に適応して自動車をスムーズに走行させるためには，短い時間で他の自動車の流れに乗ることが必要になる．そのため，自動車には素早く速度変化を行なえる性能が求められ，この適否を表わしたものが加速性能である．

一般に加速性能は，発進加速性能と追抜き加速性能の二つにより表現される．

（1） 発進加速性能

発進加速性能は車両を停止状態から急発進をさせ，その自動車の最大加速状態で走行させたときの性能であるが，その評価は一般的に停止状態から一定距離を走行する間の所要時間で表わす方法と，同様に一定速度に達するまでの所要時間で表わす方法の二つがある．

前者は測定区間を 200，400 m などと設定し，停止状態からトランスミッシ

ョンのシフトアップおよびアクセルペダルの踏込み量を最適状態（最大加速状態）で加速させたときの所要時間を測定し，評価する方法である．

後者は，前者と同様に到達速度を 60 km/h, 100 km/h などと設定し，その速度に達するのに要した時間により評価する方法である．

発進加速性能ではエンジンの中，高速回転域を使うため，エンジンの出力性能とその自動車の重量が評価に大きく影響してくる．よって，高出力かつ軽重量の自動車に有利な性能となる．この両者の比を表わした値，すなわち，パワーウエイトレシオ（最大出力あたりの車両重量）の大小に左右されてしまう．

（2） 追抜き加速性能

追抜き加速性能は，トランスミッションの各ギヤで安定した低速度（10 km/h きざみの初速度とする）からシフトアップはせず，アクセルペダルの操作のみで急加速させたときの 10 km/h ごとの速度増加に要した時間を計測し，評価する方法である．一般には速度設定を 40→60, 40→80, 40→100 km/h などとして行なう場合が多い．

追抜き加速性能では，比較的に低速度からも加速させることとなるため，エンジンも低回転域からの加速となる．そのため，エンジンの最大出力値よりもアクセルを全開にしたときのエンジンのねばり強さとトルク特性が評価に大きく影響する．すなわち，高回転域での性能よりも低回転域の性能を，特にトルク値とその発生傾向（トルクバンドの広さ）が問題となる．

（3） 力学的にみる加速性能

加速性能を力学的に表わすと，自動車の駆動力 F と走行抵抗 R の差，すなわち，余裕駆動力 $(F-R)$ で表わされる．

$$F = \frac{T \cdot I_t \cdot I_f \cdot \eta_m}{r} \quad \cdots\cdots(2.9)$$

$$R = \mu_r \cdot W + \mu_a \cdot A \cdot V^2 \quad \cdots\cdots(2.10)$$

式 (2.9), (2.10) より

$$F - R = (W + W_f) \cdot \frac{a}{g} \quad \cdots\cdots(2.11)$$

$$a = \frac{g \cdot (F-R)}{W + W_f} = \frac{g \cdot (F-R)}{(1+\phi) \cdot W} \quad \cdots\cdots(2.12)$$

F：駆動力，kN {kgf}

T：エンジントルク，kN·m {kgf·m}

I_t：トランスミッション変速比

I_f：ファイナルギヤ減速比
η_m：動力伝達効率
r：タイヤ有効半径, m {m}
R：走行抵抗力, kN {kgf}
μ_r：ころがり抵抗係数
W：車両重量, kN {kgf}
μ_a：空気抵抗係数
A：前面投影面積, m² {m²}
V：走行速度, km/h {km/h}
α：加速度, m/s² {m/s²}
g：重力加速度 ($=9.8$ m/s²)
W_f：回転部分相当重量, kN {kgf}
ϕ：回転部分による見かけの重量増加係数

となり，加速度 α は余裕駆動力 ($F-R$) に比例し，車両重量 W に反比例する関係となる．加速性能の向上は，余裕駆動力 ($F-R$) の増加（すなわち，出力性能の向上および動力伝達機構の改善と走行抵抗力の低減の両面）と車両重量 W の軽減が重要となる．

2.2.2 登坂性能

自動車の登坂性能は，種々のこう配の坂路での発進および登坂に関する評価であり，一般には急坂路での登坂性能（最大登坂性能）が知られているが，試験目的によっては長坂路で行なう場合もある．

（1）最大登坂性能（急坂路登坂性能）

急坂路における登坂性能は，一般にどれだけの急な坂を登ることができるかを表わすことが多く，理論上の登坂可能な坂路こう配を最大登坂こう配として正接 ($\tan \theta$) または百分率 (%) で表わし，トランスミッションギヤ第1速での最大駆動力時の値として求められる．よって，最大登坂こう配は次式のようになる．

$$F - R = W \cdot \sin \theta \quad \cdots\cdots\cdots\cdots\cdots\cdots\cdots\cdots\cdots\cdots\cdots\cdots (2.13)$$

$$\therefore \tan \theta = \tan [\sin^{-1}\{(F-R)/W\}] \quad \cdots\cdots\cdots\cdots\cdots\cdots (2.14)$$

θ：坂路こう配 (deg) {deg}

登坂性能の向上は，加速性能と同様に余裕駆動力 ($F-R$) の増加と車両重量 W の軽減が重要である．

2.2.3 最高速度性能

自動車が平坦路において無風状態時に出すことのできる最高の速度を表わす性能であり,加速中に余裕駆動力 $(F-R)=0$ となり,それ以上加速しない速度,すなわち,駆動力 F と走行抵抗 R が等しくなり,加速度 α が 0 となる速度であり,最高速度は次の式により求められる.

$$F-R=0 \qquad\qquad\qquad\qquad\qquad (2.15)$$
$$F=\mu_r \cdot W + \mu_a \cdot A \cdot V^2 \qquad\qquad\qquad\qquad\qquad (2.16)$$
$$\therefore V_{\max} = \sqrt{(F-\mu_r \cdot W)/(\mu_a \cdot A)} \qquad\qquad\qquad (2.17)$$

式 (2.17) より,空気抵抗は高速度域ほどその影響が大きいので,μ_a,A ともに小さな値とすることが最高速度性能の向上に関係する.すなわち,最高速度性能の向上は加速,登坂両性能と同様な改善とともに,空力特性の改善と車体の前面投影面積の削減が重要となる.

2.2.4 燃料消費性能(燃料消費率)

一般に燃費といわれ,経済性の面で評価を受ける性能であるが,その表現法にはいくつかの表わし方があり,燃料消費率として次のような値(単位)などで表現する.

① km/l :燃料 1 l(リットル)あたりの走行距離 km [日本など]
② M/G :燃料 1 G(ガロン)あたりの走行距離 M(マイル)[アメリカ]
③ l/100 km :走行距離 100 km あたりの消費燃料 l [ヨーロッパ]
④ l/h :1 h(時間)あたりの消費燃料 l
⑤ l/km :走行距離 1 km あたりの消費燃料 l
⑥ t・km/l :燃料 1 l あたりの走行距離 km に t(トン)(車両総重量あるいは積載重量)を掛けたもの
⑦ その他

燃料消費性能は,前記の表現法においても自動車の走行条件が異なると性能値も変化してしまうので,一定条件のもとでの試験結果をもって評価する必要があり,次のような評価条件で実施するのが一般的である.

(1) 定地燃費

水平な直線舗装路面を一定速度で走行したときの測定区間を通過するに要した時間と燃料消費量を測定し,その結果より平均速度 (km/h) と燃料消費率 (km/l) を求めて評価する.一般には 60 km/h 定地燃費として性能値を評

価する場合が多い．

また，室内試験ではシャシダイナモメータ上で走行抵抗を設定して行なうことも可能である．

（2） 運行燃費

現実的な走行状態では一定速度だけではなく，加減速および停止状態も含まれるため，定地燃費の60〜80％程度といわれている．走行モードを市街地，郊外，高速道路などと設定して，試験区間30〜60 kmを往復走行したときの平均速度，停止回数，停止時間および燃料消費量などを測定し，平均燃料消費率（km/l）を求めて評価する．

（3） モード燃費

シャシダイナモメータ上で走行させた排出ガス試験において，その排気ガス組成（CO_2, CO, HC）の分析結果から燃料消費率（km/l など）を求めて評価する．走行モードは日本，アメリカ，ヨーロッパでは異なり，各国の燃料消費性能の公表方法も多少違いがあるが，日本では10・15モード燃費として評価する場合が多い．

（4） 燃料消費性能を左右する諸因子[3]

燃料消費性能は，同一の評価条件で行なった試験結果においても個々の自動車ではその性能評価に違いが現われる．これは燃料消費性能に影響を与える諸因子の違いが大きいためである．それらの諸因子には次のようなものがある．

（a） 車両重量

加速抵抗ところがり抵抗に影響を与える因子であるが，走行モードによってもその影響度が異なる．加減速が多く，平均速度が低くなる走行モードでは影響度合いも大きくなるが，一定速度でかつ高速度走行のモードでは逆に小さくなる．

（b） 走行抵抗

ころがり抵抗と空気抵抗との和がその影響因子となる．ころがり抵抗はころがり抵抗係数と車両重量により影響を受け，空気抵抗は空気抵抗係数と前面投影面積により影響を受ける．それぞれの抵抗の影響度合いは速度域から考えると，低速度域ではころがり抵抗の，高速度域では空気抵抗の影響が大きくなる．

（c） トランスミッション

トランスミッションの種類とギヤ比などがその影響因子となる．一般的にオートマチックトランスミッションとマニュアルトランスミッションでは，トルクコンバータのスリップの影響があるオートマチックトランスミッションのほうが低い評価となる．これは，低速度時にロックアップ機構を使用すると運転性が悪化するために評価には影響があるが，高速度時にはロックアップ機構によりマニュアルトランスミッションと同等の評価を得られる．また，ギヤ比については，低下させるとエンジン回転数も低下し，摩擦損失の低減となり有効であるが，駆動力の適切化という面では，エンジン性能との関係を考慮しなければならない．

(d) エンジン

熱効率と機械損失がその影響因子となる．熱効率はエンジンの圧縮比，燃焼室の形状，空燃比(A/F)，点火時期などにより影響を受ける．特に空燃比は，できるだけ希薄燃焼（リーンバーン）させると評価は向上するが，これはそのエンジンの燃焼特性上制限されてしまう．また，限界を越えた希薄燃焼となるとミスファイアにより，かえって燃費性能，運転性ともに悪化となる．

機械損失では摺動部分の摩擦損失，吸排気系のポンプ損失，補機装置の駆動損失などがあるため，これらの改善が必要となる．

(e) 排気ガス規制

排ガス規制ではNOxの規制がその影響因子として関連性が大きい．NOxの排出低減には圧縮圧力の低下，点火時期の遅角制御が考えられるが，評価を悪化させる方向に作用するため，三元触媒による浄化作用を採用するのが一般的である．しかし，三元触媒を効果的に作用させるためには理論空燃比に制御する必要があるため，希薄燃焼を採用したエンジンでは燃費改善が行ないにくいなどの問題点もある．

(f) パワーステアリング，エアコンディショナなどの補機類

パワーステアリング，エアコンディショナなどの補機類の装備およびその使用度合いは，エンジンに対しての負荷になり，車両重量の増加と伴い，影響を与える因子となる．よって，それぞれに軽量化，高効率化が求められる．

(g) 走行速度

一般に定地燃費では，エンジンの燃費性能は常用回転域を中心にトルク特性を考慮しているので，それを走行速度として当てはめると40〜60 km/h付

近が最も良好な傾向となる．しかし，トランスミッションギヤの適切なシフト操作を怠ったり，むやみに高速度走行を行なったりした場合，または，加減速が非常に多い走行では，大きく評価に影響する．

（5） 燃料消費性能の改善[4]

前述のような諸因子により影響される燃費性能を改善する方法としては，エンジン，トランスミッション，車体などに各種の試みが行なわれているが，最近では電子制御化が進み，最適制御を行なうことでムダを省く方向での改善が主である．その代表例としては次のようなことが考えられる．

（a） エンジンの改良

主として燃焼状態の改善とフリクションロスの低下が考えられる．

　ⅰ） 燃焼状態の改善
　　① 燃焼室の改良
　　② 高圧縮比化
　　③ 空燃比制御の精度向上
　　④ 点火時期制御の精度向上
　　⑤ 減速時燃料カットシステム

　ⅱ） フリクションロスの低下
　　① ポンプロスの低減
　　② 摺動部抵抗の低減
　　③ 運動部の軽量化
　　④ バルブ駆動部の抵抗軽減
　　⑤ 高品位潤滑油

（b） トランスミッションの改良
　　① シフトポイントの最適化　　② 伝達効率の改善　　③ 多段化

（c） 車体の改良
　　① 軽量化　② 空力特性の改良　　③ ころがり抵抗の低減

2.2.5 走行性能曲線図

自動車の動力性能を表わす方法の一つとして走行性能曲線図が用いられる．これはトランスミッションの各ギヤごとに，一定速度で走行するときの各速度に対するスロットルバルブ全開時の最大駆動力とエンジン回転数および全走行抵抗の関係をグラフ化したものである．

全走行抵抗については，ころがり抵抗，空気抵抗およびこう配抵抗の総和

として，坂路こう配（％）ごとに速度の関数として表わされている．

また，駆動力はエンジンのスロットルバルブ全開時のエンジン性能曲線からトランスミッションの各ギヤごとの駆動力を求め，同時にエンジン回転数との関係を含め，速度の関数として表わされる．

走行性能曲線図は，駆動力曲線と走行抵抗力曲線との関係から最高速度，最大登坂能力，加速能力などを評価することができる．

（1）　自動車走行性能線図の様式（JASO Z 003-90）

（a）　適応範囲

この規格は，自動車走行性能線図（以下，走行性能線図という）に記載する項目，用語およびその様式を規定する．

（b）　制定の目的

走行性能線図の様式を統一し，利用者の便宜を図ることを目的とする．

（c）　記載項目および用語

走行性能線図は，線図およびこれに記載する項目と，これを補足する項目に分かれ，補足する項目は，一定の記入欄を設けてこれに記載する（図2.6，2.7参照）．

Ⅰ．記載する線図

記載する線図は，**表2.2**のとおりとする．

表 2.2　記載する線図

番号	線図名	記載要領
(1)	車速線図	車速とエンジン回転数の関係を，各変速ごとに表わす．無段変速についてはそれを最大変速特性で表す．
(2)	駆動力曲線	車速とエンジン全負荷時の駆動力の関係を，各変速ごとに表わす．無段変速についてはそれを最大変速特性で表す．
(3)	走行抵抗曲線	車速と走行抵抗の関係を，各こう配ごとに表わす．

Ⅱ．線図に記載する項目および用語

線図に記載する項目および用語は，**表2.3**のとおりとする．

第2章 自動車の性能

表 2.3 線図に記載する項目および用語

番号	項目および用語	単位	記載要領
(4)	車　　　　速	km/h	
(5)	エンジン回転数	rpm	
(6)	駆　動　力	kN {kgf}	
(7)	走　行　抵　抗	kN {kgf}	
(8)	こう配抵抗	kN {kgf}	こう配は，正接（tangent）の％表示とする．

III. 補足として一定の記入欄に記載する項目および用語

補足として一定の記入欄に記載する項目および用語は，**表 2.4** のとおりとする．

表 2.4 補足として一定の記入欄に記載する項目および用語

番号	項目および用語	単位	記載要領
(9)	エンジン最高出力	kW {PS}	最高出力発生時のエンジン回転数も併記する．kW/rpm {PS/rpm}
(10)	エンジン最大トルク	N・m {kgf・m}	最大トルク発生時のエンジン回転数も併記する．N・m/rpm {kgf・m/rpm}
(11)	自動車総質量	kg	トレーラ連結時は，けん引される質量を（　）内に併記してもよい．
(12)	自動車総荷重	kN {kgf}	トレーラ連結時は，けん引される荷重を（　）内に併記してもよい．
(13)	ころがり抵抗係数		
(14)	空気抵抗係数	$[N \cdot h^2/Mm^4]$ $\{[kgf \cdot h^2/(m^2 \cdot km^2)]\}$	単位は記載しない．
(15)	前面投影面積	m^2	
(16)	タイヤサイズ		JIS D 4202（自動車用タイヤの諸元）などによるタイヤの呼びを記載する．
(17)	タイヤ有効半径	m	JIS D 4202 などによる動荷重半径を記載する．
(18)	変　速　比　　　　　1 速　　　　　2 速　　　　　〜　　　　　後退　　　　　前進　　　　　後退		変速機の変速段数に応じて記入欄に設定し，不必要な記入欄は記載する必要はない．　　　　　　　　　　　　　　　　　　　　　　　無段変速については最大値と最小値を記載する．

表 2.4 補足として一定の記入欄に記載する項目および用語（つづき）

番号	項目および用語	単　位	記　載　要　領
(19)	副　変　速　比 高速(H) 低速(L)		使用する場合のみ必要に応じて記載する．
(20)	減　速　比 高速(H) 低速(L)		終減速機のほか，変速機やエンジンと変速機との間に挿入された減速機などの減速比も含み，総合した減速比を記載する．減速比が二つ以上ある場合は，(1次)×(2次)×(3次)の形で記載してもよい．2速減速機などを使用する場合のみ減速段数に応じて記載する．
(21)	動 力 伝 達 効 率		全動力伝達効率を記載する．ただし，トルクコンバータやフルードカップリング付きの場合は，これらの効率以外の効率を記載する．無段変速機については，変速比を対比させて記載する．
(22)	ストールトルク比		トルクコンバータ付きの場合のみ記載する．
(23)	排気消音器等 損失修正係数		JIS D 1001（自動車用エンジン出力試験方法）などの試験方法により得られたグロス軸出力を使用する場合のみ必要に応じて記載する．最高出力発生時の値を小数点表示で記載し，そのときのエンジン回転数も併記する．

備考　1. (11)自動車総質量および(12)自動車総荷重は，実際に使用するにあたりいずれか一方の項目を省略することができる．
　　　2. 記載項目の有効けた数は，図の実例に従う．

Ⅰ．機械式（手動式）変速機使用の場合（ネット軸出力使用時の例）
Ⅱ．ロックアップクラッチ付きの自動変速機使用の場合（グロス軸出力使用時の例）
（d）記 載 様 式
記載様式の実例ⅠおよびⅡを図 **2.6**, **2.7** に示す．

28　第2章　自動車の性能

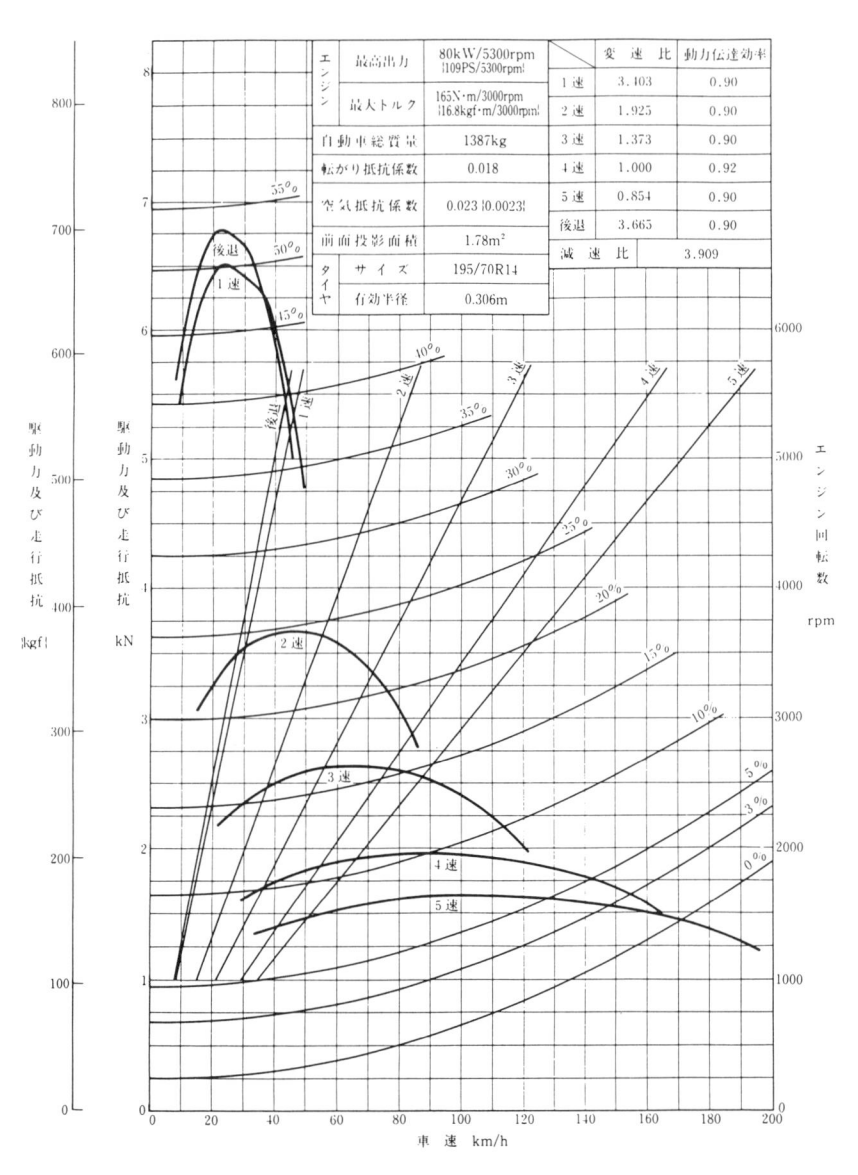

エンジン	最高出力	80kW/5300rpm (109PS/5300rpm)		変速比	動力伝達効率
	最大トルク	165N·m/3000rpm (16.8kgf·m/3000rpm)	1速	3.103	0.90
自動車総質量		1387kg	2速	1.925	0.90
転がり抵抗係数		0.018	3速	1.373	0.90
空気抵抗係数		0.023 (0.0023)	4速	1.000	0.92
前面投影面積		1.78m²	5速	0.854	0.90
タイヤ	サイズ	195/70R14	後退	3.665	0.90
	有効半径	0.306m	減速比		3.909

図 2.6　走行性能線図

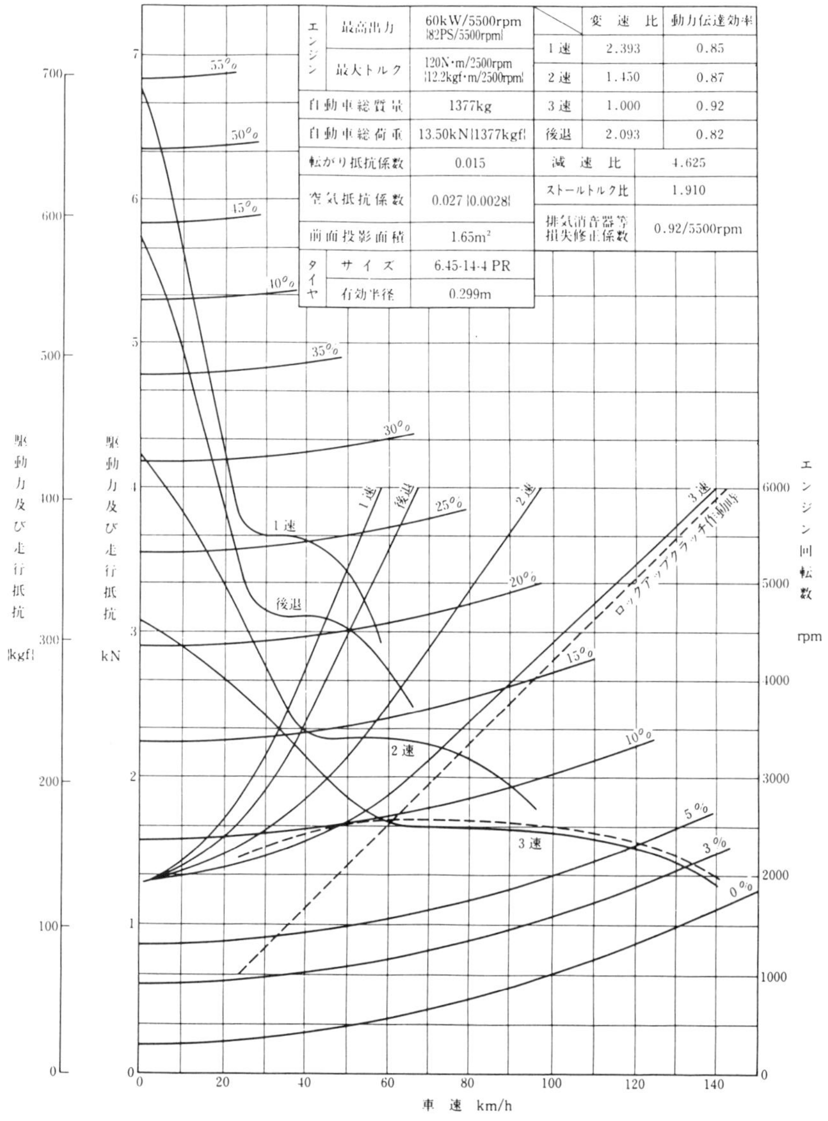

2.2 動力性能

エンジン	最高出力	60kW/5500rpm 82PS/5500rpm		変速比	動力伝達効率
	最大トルク	120N·m/2500rpm 12.2kgf·m/2500rpm	1速	2.393	0.85
	自動車総質量	1377kg	2速	1.450	0.87
	自動車総荷重	13.50kN/1377kgf	3速	1.000	0.92
	転がり抵抗係数	0.015	後退	2.093	0.82
	空気抵抗係数	0.027 (0.0028)	減速比	4.625	
	前面投影面積	1.65m²	ストールトルク比	1.910	
タイヤ	サイズ	6.45-14-4 PR	排気消音器等 損失修正係数	0.92/5500rpm	
	有効半径	0.299m			

図 2.7 走行性能線図

2.3 だ行性能

2.3.1 だ行の力学

だ行とは,走行中に変速機を中立にして,以降慣性によって走行し,ある距離を走って停止する状態である.このだ行初速度をいろいろ変えることにより,だ行距離と時間の関係が求められる.

また,だ行中の自動車に作用する走行抵抗のうち,動力伝達機構内の諸抵抗,タイヤおよび車軸関係の抵抗,さらに,車体の空気抵抗を求めることができる.

すなわち,一定速度でだ行を開始させるとだ行距離の長い自動車ほど抵抗が少なく,ころがりやすく,また,空気抵抗も小さい自動車ということになる.

だ行中自動車に作用する走行抵抗 R は,式 (2.18) で表わせる.

$$R = \frac{W + \Delta W}{g} \cdot \frac{dv}{dt} \quad \cdots\cdots (2.18)$$

W:自動車の重量,kgf
ΔW:回転部分相当重量(エンジン関係を含まない)
ΔW:$0.07\ W$ トラック車,$\Delta W = 0.05\ W$ 乗用車
v:任意の瞬間速度,m/s
t:瞬間時間,s
g:重力加速度

一方,走行抵抗 R は平坦路で一定速度の場合は

$$R = \mu_r \cdot W + \mu_a \cdot A \cdot V^2 \quad \cdots\cdots (2.19)$$

μ_r:ころがり抵抗係数
μ_a:空気抵抗係数
W:試験時重量,kgf
A:前面投影面積,m^2
V:走行速度,km/h

したがって,式 (2.18),(2.19) より

$$\frac{W + \Delta W}{g} \cdot \frac{dv}{dt} = \mu_r \cdot W + \mu_a \cdot A \cdot V^2 \quad \cdots\cdots (2.20)$$

式 (2.20) より

$$\frac{dv}{dt} = \frac{g}{W+\Delta W}(\mu_r \cdot W + \mu_a \cdot A \cdot V^2) \quad \cdots\cdots (2.21)$$

となる．

だ行試験の目的は，減速度 $\left(\dfrac{dv}{dt}\right)$ を算出して μ_r と μ_a を求めることにあるが，このためにはだ行開始直後の速度変化，すなわち，$\dfrac{dv}{dt}$ はだ行初速度を変えて求め，これからだ行初速度と抵抗を算出する[5]．

だ行試験より $\dfrac{dv}{dt}$ を求めるには，だ行距離-時間，または，速度-時間の関係により算出できる．

図 2.8 のようにだ行開始点 A の直前で変速機を中立とし，t_1 および t_2 を計測し，次に AC 間の平均速度 V および平均減速度 $b\left(\dfrac{dv}{dt}\right)$ は，次式[6]により求められる．

$$V = 100/t_2 \times 3.6 = 360/t_2 \text{ (km/h)} \quad \cdots\cdots (2.22)$$

$$b = \frac{50/t_1 - 50/t_2 - t_1}{t_2/2} = \frac{100}{t_2}\left(\frac{1}{t_1} - \frac{1}{t_2 - t_1}\right) \text{ (m/s}^2\text{)} \quad \cdots (2.23)$$

図 2.8 だ行試験

$l_1 = 50 \text{ m}$
$l_2 = 50 \text{ m}$
t_1：AB 間所要時間
t_2：AC 間所要時間

V をいろいろ変えることにより，b が求まり，式 (2.18) により R と V の関係が求められ，グラフに示すと図 2.9 のようになる．

これら，R と V の値から最小 2 乗法により求めると

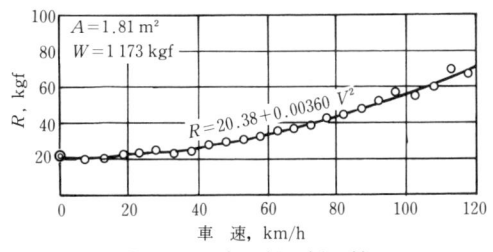

図 2.9 走行抵抗

$A = 1.81 \text{ m}^2$
$W = 1\,173 \text{ kgf}$
$R = 20.38 + 0.00360\,V^2$

$$R_a = R_r + CV_a^2 \quad \cdots\cdots (2.24)$$

式 (2.24) を 2 乗し，R_r および C でおのおの微分し，整理すると

$$nR_r + (\Sigma v_i^2)\cdot C - (\Sigma R_i) = 0 \quad \cdots\cdots (2.25)$$

$$R_r(\Sigma v_i^2) + (\Sigma v_i^4)\cdot C - (\Sigma R_i \cdot V_i^2) = 0 \quad \cdots\cdots (2.26)$$

となる．ここで，$\Sigma R_i = S_1$，$\Sigma v_i^2 = S_2$，$\Sigma v_i^4 = S_3$，$\Sigma R_i \cdot V_i^2 = S_4$ とおくと

$$nR_r + C \cdot S_2 - S_1 = 0 \quad \cdots\cdots (2.27)$$

$$S_2 R_r + CS_3 - S_4 = 0 \quad \cdots\cdots (2.28)$$

式 (2.27), (2.28) より

$$C = \frac{\dfrac{S_4}{S_2} - \dfrac{S_1}{n}}{\dfrac{S_3}{S_2} - \dfrac{S_2}{n}} \quad \cdots\cdots (2.29)$$

$$R_r = \frac{S_1}{n} - \frac{S_2}{n} \cdot C \quad \cdots\cdots (2.30)$$

となる. 一方,

$$R_r = \mu_r \cdot W \quad \cdots\cdots (2.31)$$

$$C = \mu_a \cdot A \quad \cdots\cdots (2.32)$$

で表わされるから, 式 (2.31), (2.32) より

$$\mu_r = \frac{R_r}{W}, \quad \mu_a = \frac{C}{A}$$

が求められる.

2.3.2 だ行性能に及ぼす要因

だ行性能に及ぼす要因には, 車両重量, 車体形状, 風向風速, 路面こう配および動力伝達機構の抵抗, さらに, タイヤ空気圧および形状などがある.

(1) だ行距離

だ行性能の判定として, だ行距離を測定し, 比較する場合, 指定初速度 v と測定初速度 v' が違った場合, 次式で補正可能である[5)7)].

$$S_0 = S \cdot (v/v')^2$$

S_0: 指定初速度 v_0 のときのだ行距離, m

S: 実測しただ行距離, m

v: 指定初速度, km/h

v': 実測した初速度, km/h

(2) 空気抵抗およびころがり抵抗の影響

空気抵抗は車体形状による影響が最も大きいが, だ行初速度が高い場合に影響が大きい. 一方, ころがり抵抗はタイヤによる要因が大きく, 空気圧, ゴム質, トレッドパターンなどによる影響を受ける[7)8)].

また, 上りこう配では動力伝達系を含めたころがり抵抗がこう配分だけ増したものと考えられる[5)].

なお，風の影響については複雑で，正確な風向風速の計測から十分検討しなければならない[5)7)]．

2.4 制動性能

2.4.1 制動の力学
(1) 制動能力の限界

制動装置は，ドライバーの意思どおりに自動車の速度を減速し，方向性を保持しながら安全に停止できるものでなければならない．したがって，制動装置は重要保安装置である．この制動能力は，制動装置のみによる性能だけではなく，タイヤ，車体の運動および制動操作上の人間工学的な見地から総合的にとらえなければならない．

そこで，制動性能の限界を支配しているおもな要因をあげる．

(a) 路面とタイヤ間の摩擦係数

車輪に発生する制動トルクは，操作力に比例して実用的には無制限に増大させることは可能であるが，路面とタイヤの摩擦係数は，両者の接触状況，すべり率，タイヤのトレッドパターン，路面の状況および自動車の積荷の条件などによって，大きく差異を生じる．

(b) タイヤの荷重と荷重移動

タイヤと路面間の制動力は，タイヤ荷重によって大きく影響を受ける．タイヤ荷重は，設計の段階で，FF 車，FR 車などによって前後軸重の分担を考慮されており，さらに，積荷状態による荷重変動と制動による荷重変動があり，特に後者に対しては，後輪から前輪側へ荷重移動による後輪早期ロックの問題がある．この対策として，後輪タイヤの早期ロック防止装置が施されたが，現在は，全輪ロック防止による有効な制動能力を発揮させるとともに，自動車の方向安定性を保持させるアンチロックブレーキシステム（ABS 装置）の開発により，普及化がいちだんと進みつつある．

(c) ブレーキ本体の性能

有機質ライニングのブレーキ特性として，履歴による効きの変化，スピードスプレッド特性，浸水時の効きの低下などがあり，ブレーキペダル踏力と制動力に一定の関係を常に保持されない点などが考えられる．

(2) 自動車の制動力

自動車の制動力は，次のように区分して考えられる．

(a) 車輪が転動しているときの制動力

タイヤ接地面に働く制動力は,ブレーキペダル踏力と制動装置により決定される.

ペダル踏力が小さければ,車輪は停止するまで転動する.この場合の制動力は,近似的に次式で表わされる(図2.10).

$$F_A = \mu_L \cdot P \cdot r_D / R \quad \cdots\cdots\cdots\cdots\cdots\cdots\cdots (2.33)$$

ただし,W:車輪荷重
F_A:タイヤ接地面に働く制動力
μ_L:ドラムとライニングの摩擦係数
P:ブレーキドラムにかかる全制動圧力
r_D:ブレーキドラム半径
R:タイヤの有効半径

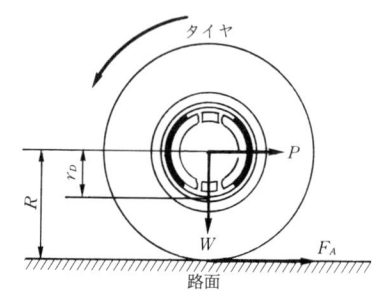

図 2.10 路面とブレーキ力

P はライニング面積およびホイールシリンダ押付け力に比例する.ホイールシリンダ押付け力は,ペダル踏力,ペダルレバー比,マスタシリンダとホイールシリンダの面積比などによって決定される.

(b) タイヤと路面の摩擦係数

ⅰ) 車輪ロック

走行中の自動車を制動すると,ブレーキペダル踏力が増すとともに制動力も増加していくが,あるところからは,車輪は回転せずすべっていく状態となる.この状態が車輪ロック状態である.この状態になると,それ以上いくら強くブレーキペダルを踏んでも,制動力は増加しない.このとき得られる制動力は,単にタイヤの接地部が路面に対してすべる状態となる.すなわち,すべり摩擦力だけによって決定される.

ⅱ) すべり摩擦力

図2.11のように,平面に置かれた物体を,面に沿って動かすのに必要な力をすべり摩擦力という.

この摩擦力の大きさは,面に直角に加えられている荷重の大きさ,および摩擦面の状態,

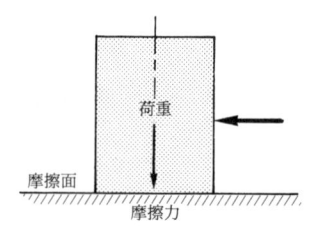

図 2.11 すべり摩擦力

すなわち粗さ，潤滑の有無によって決まる（図2.11）．

 iii) すべり摩擦係数

物体の面に加わっている荷重が大きいほど，これによって生ずる摩擦力も大きくなる．図2.12に示すように，荷重 W を摩擦力 F の関係についてみると，

$W=20$ kgf のとき，$F=10$ kgf

$W=40$ kgf のとき，$F=20$ kgf

であるとする．

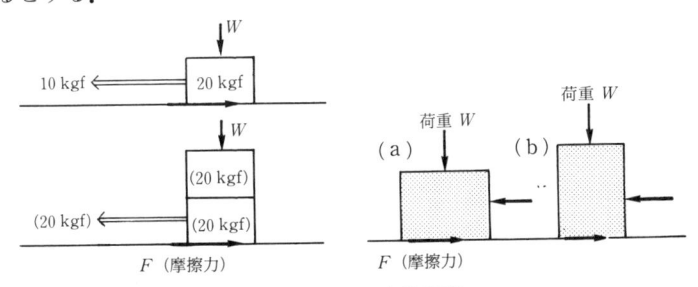

図 2.12 すべり摩擦係数

F/W の値は，$10/20=0.5$，$20/40=0.5$ となり一定である．この値をすべり摩擦係数（一般には摩擦係数）といい，μ（ミュー）で表わされる．この値は，摩擦面の状態が均一であるならば常に一定値であるが，摩擦面の状態が変わると微妙に変化する．

また，図2.12に示すように，摩擦面の状態および荷重が同じであれば，接触面積が変わっても，摩擦力は変わらない性質があり，(a)図の状態または(b)図の状態であっても，立方体の面の状態が同じであれば摩擦力の大きさは同じである[9]．表2.5に，タイヤと路面間の一般的な摩擦係数 μ を示す．

 (c) 全車輪ロック時の制動力

自動車では，車輪の荷重とタイヤと路面の状態で摩擦力（制動力）は決まる．

したがって，一般的に自動車の各車輪荷重はわずかながら，それぞれ

表 2.5 タイヤと路面間の摩擦係数

路面状態	タイヤと路面間の摩擦係数, μ
乾燥アスファルト路	0.75〜0.85
砂利道	0.5〜0.6
ぬれたアスファルト路	0.4〜0.7
雪路	0.2〜0.4
氷上路	0.1〜0.2

異なるが，タイヤと路面の状態が同一と考えると，次のようになる．自動車の車両重量 W，各車輪荷重（前輪右：W_1，前輪左：W_2，後輪右：W_3，後輪左：W_4），各車輪の摩擦力（制動力）を F_1, F_2, F_3, F_4 とすると，摩擦係数は
$$F/W_1 = \mu, \quad F_2/W_2 = \mu, \quad F_3/W_3 = \mu, \quad F_4/W_4 = \mu$$
で，路面の状態が各車輪とも共通であれば，μ の値は，すべて同じ値となる．これらより，自動車全体の制動力 F が求められる．
$$F = (F_1 + F_2 + F_3 + F_4) = \mu \times (W_1 + W_2 + W_3 + W_4) = \mu \cdot W$$
したがって，車輪がロック時の制動力は車輪がロックし，滑走状態のタイヤ接地面に働く制動力は，次式で表わされる．
$$F = \mu \cdot W \quad \cdots\cdots\cdots\cdots\cdots\cdots\cdots\cdots\cdots\cdots\cdots\cdots (2.34)$$
ただし，F：タイヤ接地面に働く制動力，N {kgf}

　　　　μ：タイヤと路面間の摩擦係数

　　　　W：車両重量，N {kgf}

式 (2.33) と式 (2.34) の制動力の関係は，$F_A > F$ となると車輪はロックして滑走することになる．最大制動力 F_{max} が得られるのは，車輪がロックする直前であり，制動速度，タイヤの種類および路面状況などによって変動はあるが，一般的にすべり比が $0.1 \sim 0.3$ 付近で最大の制動力が得られる．タイヤのすべり比は，次式で表わされる．
$$S = (V - \omega \cdot R)/V \quad \cdots\cdots\cdots\cdots\cdots\cdots\cdots\cdots\cdots\cdots (2.35)$$
$$= \left(\frac{車体速度 - 車輪速度}{車体速度} \right)$$
で表わされる．

　　ただし，S：すべり比

　　　　　V：車体速度

　　　　　ω：タイヤの回転角速度

　　　$\omega \cdot R$：タイヤの周速度（車輪速度）

　　　　　R：タイヤの有効半径

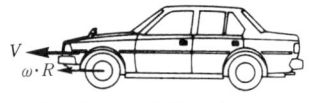

図 2.13　車体と車輪速度

したがって，車輪が全くすべらずに回転しながら路面を走行している場合（車体速度＝車輪速度）には，すべり比は 0 である．車輪がロックして路面を滑走した場合（車輪速度＝0）は，すべり比は 1.0 となる．

たとえば，車体速度が 60 km/h，車輪速度が 48 km/h の場合のすべり比は

$$\frac{60-48}{60} = 0.2$$

となる．

図 2.14 にタイヤ特性と路面別のすべり率を示す．各路面においてもすべり比が 0.1〜0.3 付近が有効な摩擦が得られるが，実際の低 μ 路では，人的なコントロールは非常にむずかしい．

(d) 外気温度による摩擦係数の変化

タイヤと路面の制動時の摩擦係数の変化の実験結果例（スタッドレスタイヤの場合）を図 2.15 に示す[11]．

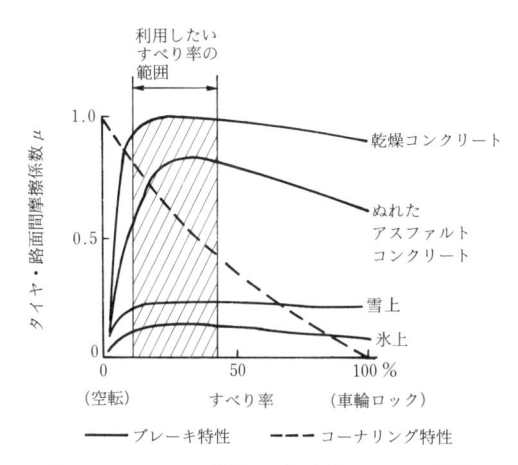

図 2.14 タイヤ特性と路面別のすべり率[10]

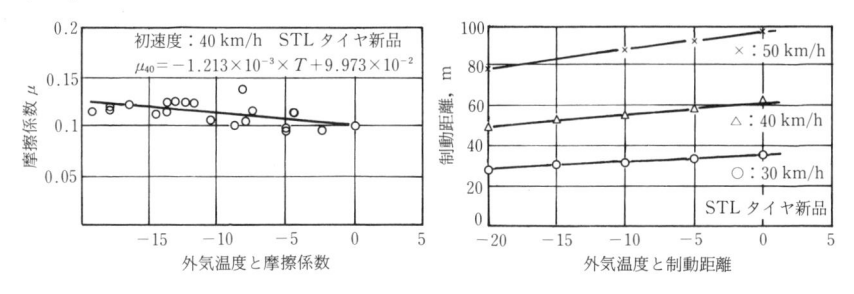

図 2.15 外気温度による摩擦係数および制動距離

図 2.15 は，スタッドレスタイヤを用いて，氷盤路での急制動試験を外気温による変化を示したものである．外気温が -7〜$-10°C$ 以上付近になると，摩擦係数は大きくなる傾向を示し，$-3°C$ 付近から $0°C$ 近くなると著しく低下し，非常にすべりやすくなる．また，初速度 30〜50 km/h における外気温度別の制動距離を示す．

図 2.16 に，コンクリート舗装路における摩擦係数と路面温度との関係を示す．

38　第2章　自動車の性能

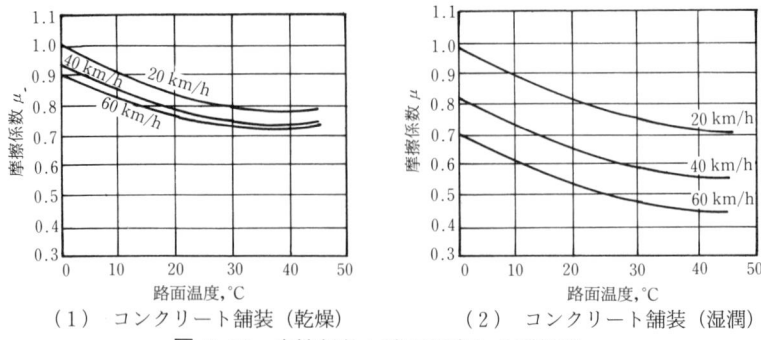

図 2.16　摩擦係数と路面温度との関係[12]
（1）コンクリート舗装（乾燥）　（2）コンクリート舗装（湿潤）

（e）凍結防止剤散布後のすべり抵抗値

平成3年3月スパイクタイヤの販売が中止となり[51]，スタッドレスタイヤの装着率は平成4年度の57.7％に対して平成8年度では97.3％と，ほぼ全道に使用されるようになった．

このような状況から北海道における冬期路面管理は凍結防止剤の散布が主流となり，平成4年度で14 100トンに対し平成8年度では73 600トンと5.22倍[53]増加している．

ここで凍結防止剤散布後のすべり抵抗値について，札幌市内の一般道路において散布後の経過時間および交通量との傾向について整理したものを報告する．

なお，凍結防止剤は塩化カルシウム（以下塩カルで表す）およびカルシウム・マグネシウム・アセテート（以下CMAで表す）で，1 m²当り40 gを各々散布し，5時間経過後までのすべり抵抗値を求めた．

その結果，散布直後から5時間までの散布ナシ路と塩カルおよびCMAを比較すると，散布ナシ路で0.263〜0.265に対し，塩カルは0.281〜0.318，CMAは0.271〜0.281と塩カルが高かった．（図2.17）

防止剤別経過時間とすべり抵抗値(1)

散布ナシ　$\mu = -4.0 \times 10^{-4} \times h + 2.651 \times 10^{-1}$
CMA　$\mu = -2.0 \times 10^{-3} \times h + 2.812 \times 10^{-1}$
塩カル　$\mu = -7.6 \times 10^{-3} \times h + 3.187 \times 10^{-1}$

通過台数によるすべり抵抗値指数(2)

塩カル　$S = -5.2 \times 10^{-3} \times D + 119.08$
CMA　$S = -1.4 \times 10^{-3} \times D + 106.29$

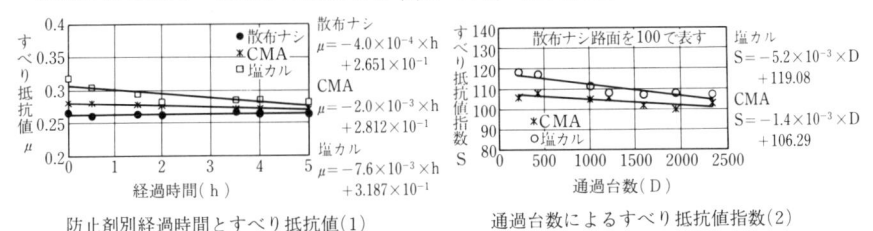

図 2.17　凍結防止剤別すべり抵抗値

次にすべり抵抗値（μ）と経過時間（h）の関係を直線近似式で示すと，散布ナシ路で$\mu=-4.0\times10^{-4}\times h+2.651\times10^{-1}$，塩カル路で$\mu=-7.6\times10^{-3}\times h+3.187\times10^{-1}$およびCMA路で$\mu=-2.0\times10^{-3}\times h+2.812\times10^{-1}$と表され，散布ナシの近似式と交叉する時間帯まで散布効果が持続するものと見られる．今回の試験時の気象条件では散布後およそ6時間付近まで効果が見られた[52]．

さらに，散布ナシ路における車両通過台数時のすべり抵抗値を100とすると，塩カルは107～118，CMAは103～106で示され，指数（S）と通過台数（D）による直線近似式の塩カルは$S=-5.2\times10^{-3}\times D+119.08$，CMAは$S=-1.4\times10^{-3}\times D+106.29$で表され，$S=100$との交叉する通過台数まで持続するものと見られる[52),54)]．

なお，通過台数とすべり抵抗値の関係において，通過台数が増加するにつれ，すべり抵抗値が低くなったのは防止剤の経時変化，通過車両による路面形成および路面温度の変化によるものかは決めかねるが，これらの複合的な影響と見るのが打倒と思われる[52),53)]．

（3） 制動時の方向安定性

（a） 左右制動力の不つり合い

自動車の制動時には，制動力の総和と慣性力とがつり合って停止に至るのであるが，一般に路面の状態，ブレーキの摩擦材と摺動面の状態などにより，左右車輪に制動力差を生じ，片効きと称する現象が生ずる．

図2.18に示すように，左右の制動力がつり合っていなければ，制動力の総和の作用線が自動車の慣性力の作用線と一致せず，自動車の重心点G回りのモーメント（ヨートルク）が生じ，ハンドルが巻き込まれる[13]．

これらの対策として，前輪ブレーキをディスクの装着や車によっては，キングピンオフセットを負の値にすることなどにより，ハンドルの巻込み防止の軽減を図っている車両も見られる．

（b） 前輪早期ロックの方向安定性[14]．
前輪が早期ロックすると，ハンドル操作は不能になるが，図2.19に示すよ

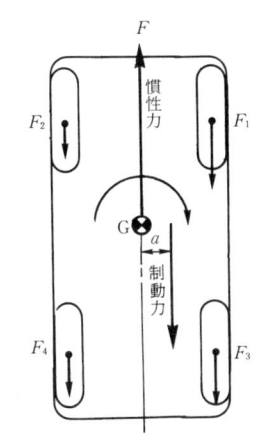

図2.18 制動力不つり合いによるヨートルク

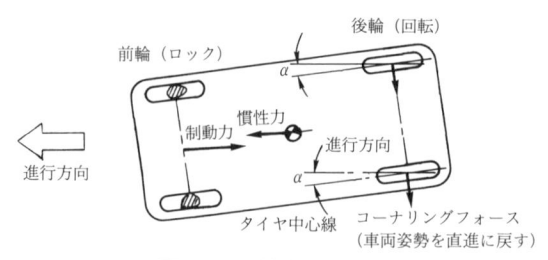

図 2.19　前輪早期ロック

うに，前輪のコーナリングフォースがなくなり，自動車が進行方向に対してわずか尻を振った場合，後輪には矢印の方向にコーナリングフォースが作用して，自動車が尻を振ったものを元に戻すような作用をするため，自動車は停止するまで修正されながら直進状態を保持しながら走行できる．したがって，自動車の直進性が保持される前輪早期ロックの場合のほうが走行安定性の面からは危険度が少ない．これは，ブレーキを解除することにより，ハンドル操作で回避することも可能となるからである．しかし，低 μ 路においては運転者の心理状況から判断すると，回避操作もむずかしい場合が多い．

（c）　後輪早期ロックの方向安定性[14]

自動車が進行中に，進行方向に対してわずかに尻を振った状態のとき，前輪は回転し後輪がロックすると，前輪には図 2.20 に示すように，矢印の方向にコーナリングフォースが作用するが，後輪はただ進行方向と反対方向の制動力が作用するだけで

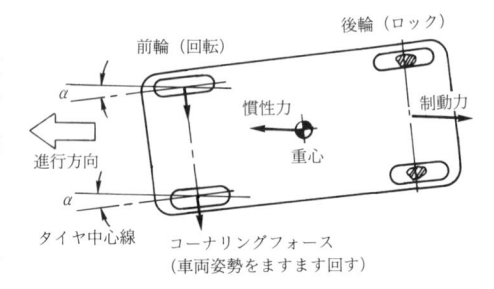

図 2.20　後輪早期ロック

あり，コーナリングフォースの作用はない．したがって，自動車の向きを回転させる作用が強くなり，急激にスピンするような状況にまで至る．この場合，前輪がロックしていないので，ハンドル操作は可能であるが，実際上では直進状態を保持することは極めて困難な状態に陥る．さらに，前輪早期ロックの場合よりも，対向車などを考慮すると回避困難な状況となり，危険度は高くなる．

（d）　前後輪同時ロックの方向安定性

前後輪が同時にロックすると，コーナリングフォースがないため，自動車

2.4 制動性能　41

にはヨートルクが発生せず，外乱がなければそのまま進行方向に移動し，前輪ロックの近い直進状態で停止する．現実的には，車輪はロックしないで制動効果が得られるのが理想であるが，その対策として，一般には前輪を早期ロックさせるように制動力を配分している．すなわち，前後輪の制動力配分が動的荷重配分（後述項で説明）と等しくなるような点を採用し，同時ロック点を見つけることにより，理想的な制動効果をできるだけ得られるような対策がなされている（後輪の油圧制御，さらには，全輪のロックを防止するアンチロックブレーキシステムなどがある）．

(e) 制動時の荷重移動

制動時には，ブレーキの強さによって後輪から前輪へ荷重の移動が行なわれる．

その荷重の移動分だけ前輪は重くなり，後輪は軽くなる．これらの関係は次式で表わされる．

$$Z = F \cdot H / L \quad \cdots\cdots\cdots\cdots\cdots\cdots\cdots\cdots\cdots\cdots (2.36)$$

ただし，F：慣性力（制動力），N {kgf}
　　　　H：重心高さ，m
　　　　L：ホイールベース，m
　　　　Z：荷重移動量，N {kgf}

式(2.36)は，図2.21に示すように，車輪の接地部は制動力 F で後に引かれ，車体の重心は慣性力 F で前に押されるので，自動車には前向きに回転させようとするモーメント $F \cdot H$ を受ける．

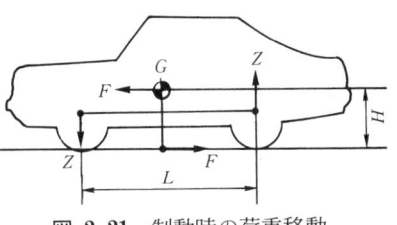

図 2.21　制動時の荷重移動

このモーメントに対して，車輪で踏ん張って支えようとするモーメントの状態は

$$F \cdot H = Z \cdot L$$

で表わされる．

したがって，制動時の荷重移動量 Z は，制動力が大きく重心高さが高く，ホイールベースが短いほど大きな荷重移動が行なわれる．

(f) 理想制動力配分とロック限界

i) ブレーキテスタ上の前・後軸制動力 F_f'，F_r' は

42　第2章　自動車の性能

$$\frac{F_f'}{W_f} = \frac{F_r'}{W_r} = \mu \quad \cdots\cdots\cdots\cdots\cdots\cdots\cdots\cdots\cdots\cdots\cdots\cdots\cdots\cdots (2.37)$$

式(2.37)より

$$F_f' = \mu \cdot W_f, \quad F_r' = \mu \cdot W_r$$

である．

図2.22の関係は，ブレーキテスタ上の理想制動力配分線を示す．これはタイヤとローラ間の摩擦係数にかかわらず，前後輪が同時にロックする配分線である．したがって，Ⓐのケースの場合は後軸が早期ロックであり，Ⓑのケースの場合は前軸が早期ロック状態である．現在の自動車では，少なくとも後軸の早期ロック防止対策がされている．

ⅱ) 実走行時の制動力

実走行時の制動条件下では，荷重の移動を考慮しなければならない．

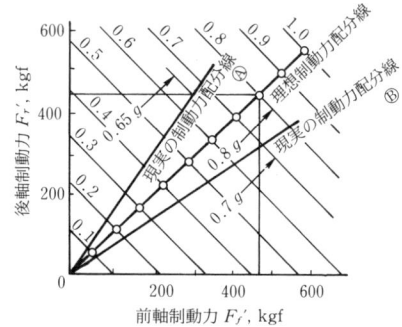

図 2.22　静的状態の理想制動力配分線[9]

このときの前・後軸制動力 F_f, F_r は，

$$F_f = \mu(W_f + z) = \mu\left(W_f + \frac{F \cdot H}{L}\right) = \mu\left(W_f + \frac{\mu \cdot W \cdot H}{L}\right) \quad \cdots (2.38)$$

$$F_r = \mu(W_r - z) = \mu\left(W_r - \frac{F \cdot H}{L}\right) = \mu\left(W_r - \frac{\mu \cdot W \cdot H}{L}\right) \quad \cdots (2.39)$$

式(2.38)，(2.39)により，実走行時の理想制動力配分線を求められる．図2.23に示すように実走行時の制動力配分線が，実際のタイヤと路面の摩擦係数の範囲内で，この理想制動力配分線に近くなるように決定される．

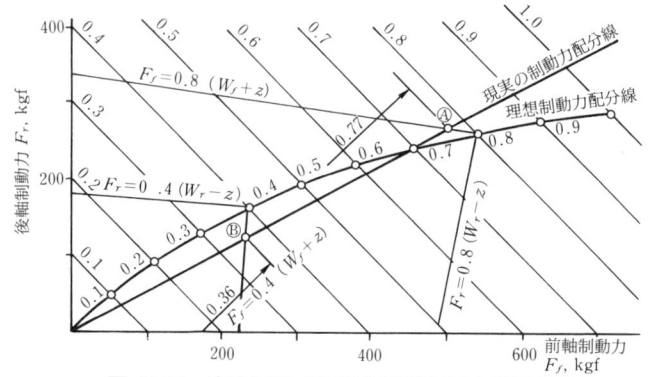

図 2.23　実走行時の現実と理想制動力配分線[9]

(g) ブレーキ液圧制御

ブレーキ液圧制御バルブは，後輪ロックを遅らせ，理想制動力配分線に近づける効果を目的とする装置である．

これらの液圧制御バルブには，次のような装置がある．

ⅰ) プロポーショニングコントロールバルブ（PCV）

積載荷重が，比較的軽い乗用車に採用されて，マスタシリンダの液圧がバルブ作動開始点を過ぎると，後輪のホイールシリンダの液圧は一定の比で減圧されるものである．

その使用例を図2.24に示すようにPCVなしの場合よりも，効きは低下するが，真空制動倍力装置などによって補われる．

ⅱ) イナーシャバルブ（Gバルブ）

バルブの作動開始点を車両の減速度で決め，慣性ボールにより入力圧をしゃ断し，以降はピストンの入出力側面積比で減圧されるタイプである．

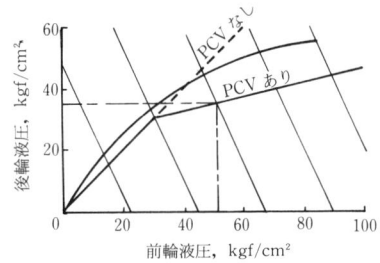

図 2.24 PCVを装着した例[15]

ⅲ) リミッティングバルブ

制動中の荷重移動の大きい車両に用いられ，マスタシリンダからの液圧が一定圧に達すると，以降後輪圧が上昇しないタイプである．

ⅳ) ロードセンシングバルブ

積み荷の状態に応じて，バルブの作動開始点を変えるもので，車体とアクスルのたわみで積載荷重を検出するタイプと，Gバルブを利用して車両重量を検出するものがある（図2.25）．

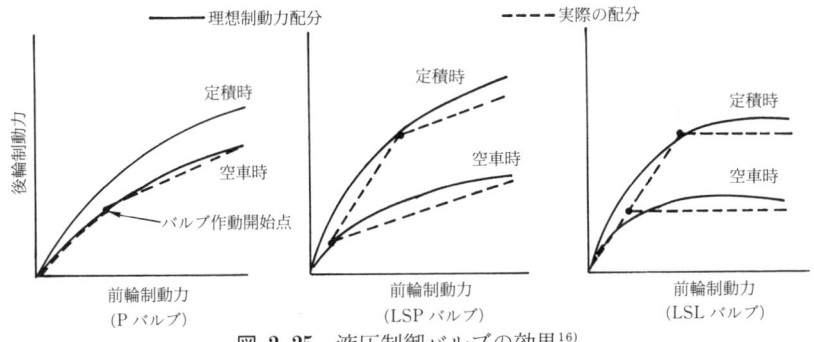

図 2.25 液圧制御バルブの効果[16]

44　第2章　自動車の性能

(h) アンチロックブレーキシステム（ABS）

ⅰ) ABSの概要

走行中に制動すると，路面の状態によって特に湿潤路，雪路および凍結路などのすべりやすい路面では，運転者の意思どおりの走行ができない状況に陥る場合がある．

たとえば，横すべりやスピンを起こしたり，ハンドル操作をしても追従せず，障害物の回避が困難となり，交通事故につながるケースが見られる．これらは，いずれも車輪ロックによる結果であることから，この車輪ロックを防止し，制動中の車両の安定性や操縦性の確保および制動停止距離の短縮を図ることを目的とする電子制御のブレーキコントロールシステムである．

ⅱ) ABSの原理

メーカーによって，ABS装置がやや異なる面は見られるが，基本的に求める性能は同じである．

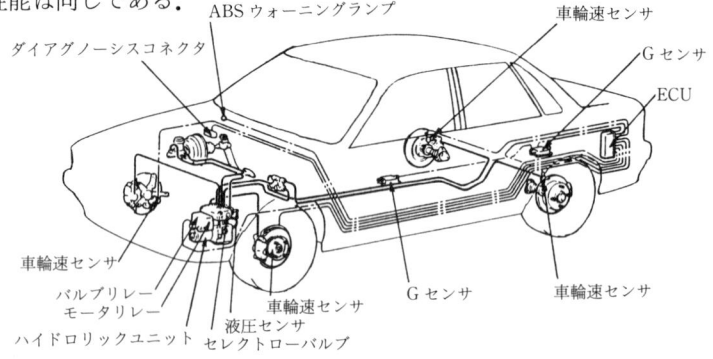

図 2.26　アンチロックブレーキシステム例

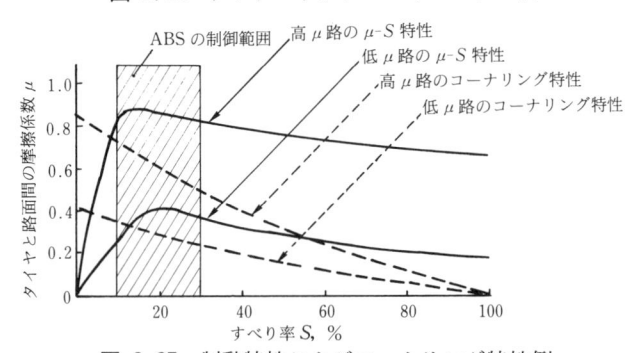

図 2.27　制動特性およびコーナリング特性例

図 2.26 に，2 チャンネル・4 センサ方式（4 輪にスピードセンサを装着し，右前・左後および左前・右後の対角輪 2 系統の液圧を制御する方式）の使用例を示す．

図 2.27 に，制動特性およびコーナリング特性についてタイヤと路面間の摩擦係数とすべり率の傾向例を示す．

iii) ABS の効果

① 制動時の方向安定性

図 2.28 に示すように，後輪ロックを防止することにより，スピン現象が発生しづらくなり，安定した姿勢で停止が可能となる．

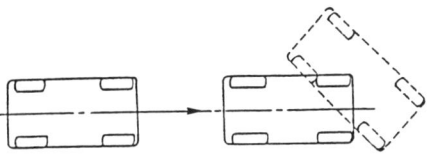

図 2.28 制動時の方向安定性

② 制動時の操縦性の確保

前輪をロック防止することにより，操縦性を確保することが可能となる．したがって，障害物の回避，レーンチェンジ，コーナリングなどの走行性が容易となる（図 2.29）．

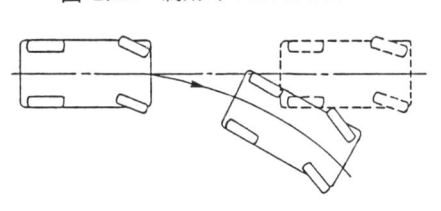

図 2.29 制動時の操縦性

③ 制動距離の短縮

タイヤと路面間の最も効率のよい最大に近い範囲でコントロールするため，適切な制動力が得られる．したがって，路面の状況により制動距

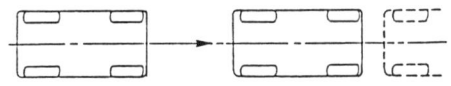

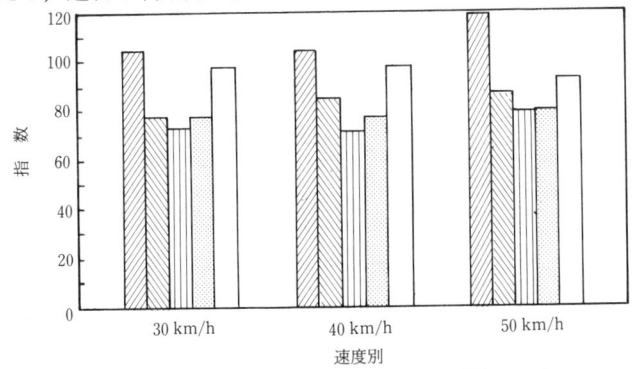

図 2.30 制動距離の短縮

図 2.31 氷盤路面における制動試験結果（ABS 装置が OFF の場合を 100）

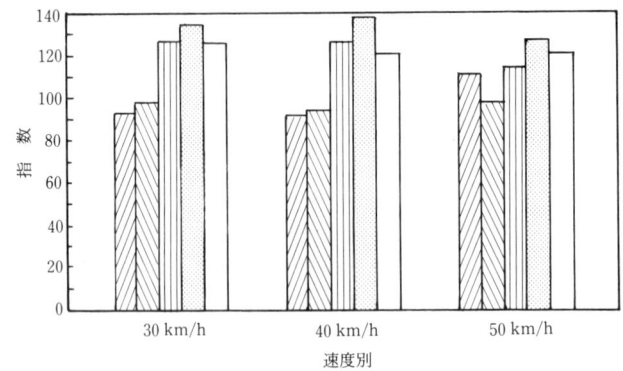

図 2.32 圧雪路面における制動試験結果（ABS装置がOFFの場合を100）

離の短縮も可能な場合もある（図 2.30）.

図 2.31, 2.32 に氷盤路および圧雪路で，スタッドレスタイヤによる実験例を示す[17]．

なお，氷盤路における平均減速度は，約 0.06〜0.10 であり，圧雪路では 0.20〜0.30 の範囲内である．

2.4.2 停止距離
（1） 制動の経過

制動能力として，第一に求められるものが停止距離である．図 2.33 に示すように，停止距離は，空走距離と制動距離の和で表わされる．

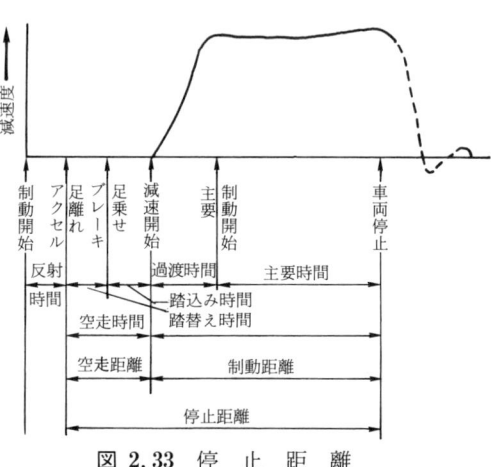

空走時間のなかに反射時間を含めて考える場合もあるが，自動車自体の制動能力を判断するという見地から，ドライバーの個人差の大きい反射時間は含めないで考えられている．

図 2.33 停止距離

制動に至るまでの経過について見ると，

① 反射時間（一般的に 0.4〜0.5 秒）

　危険を感知して，アクセルペダルから足を離し，制動の行動を開始

するまでの時間．

② 踏替え時間（一般的に 0.2 秒）

アクセルペダルから，ブレーキペダルに足が乗るまでの時間．

③ 踏込み時間（一般的に 0.1 秒）

ブレーキペダルを踏み始めてから，実際にブレーキが効き始めるまでの時間．

なお，踏替え時間，踏込み時間は，車両によってペダルの高さや間隔，遊び，ストロークなどが影響する（一般的に乗用車より大形トラック，バスのほうが長くなる）．

したがって，これらの制動操作の遅れによる時間は 0.7～0.8 秒となり，この間は空走することになる．

(2) 制 動 距 離

(a) 制動距離の算出

制動距離は，図 2.34 に示す関係より求められる．

$$L_s = \frac{v}{2} \cdot t \quad \cdots\cdots\cdots (2.40)$$

ただし，L_s：制動距離，m
　　　　v：制動初速度，m/s
　　　　t：制動時間，s

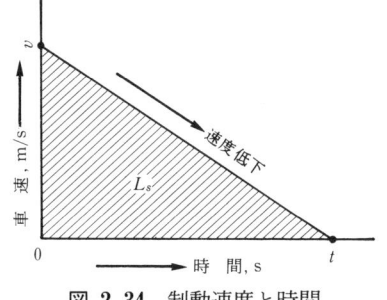

図 2.34 制動速度と時間

式 (2.40) より

$$t = \frac{2 \cdot L_s}{v} \quad \cdots\cdots\cdots\cdots\cdots\cdots\cdots (2.41)$$

平均減速度 $(b) = \dfrac{v_2 - v_1}{t} \cdots\cdots\cdots\cdots\cdots\cdots\cdots\cdots (2.42)$

いま，初速 v_2 は v，t 秒後の速度 v_1 は，停止により 0 であるので

$$b = \frac{v}{t} \quad \cdots\cdots\cdots\cdots\cdots\cdots\cdots\cdots\cdots\cdots\cdots (2.43)$$

式 (2.43) に，式 (2.41) を代入

$$b = \frac{v}{\dfrac{2 \cdot L_s}{v}} = \frac{v^2}{2 \cdot L_s} \quad \text{より} \quad L_s = \frac{v^2}{2 \cdot b} \quad \cdots\cdots\cdots (2.44)$$

v m/s の代わりに V km/h で表わすと，

$$L_s = \frac{\left(\frac{V}{3.6}\right)^2}{2 \cdot b} = \frac{V^2}{25.9 \cdot b} \quad \cdots\cdots (2.45)$$

減速度 b m/s² と重力の加速度 $g(9.8 \text{ m/s}^2)$ において

$$\frac{b}{g} = \mu \text{（減速度比）より，} b = \mu \cdot g$$

となる．

式 (2.44)，(2.45) は

$$L_s = \frac{v^2}{2 \cdot \mu \cdot g} = \frac{V^2}{25.9 \cdot \mu \cdot 9.8} = \frac{V^2}{254 \cdot \mu} \quad \cdots\cdots (2.46)$$

となり，制動距離が求められる．

(b) 制動力と制動距離

$F = \mu \cdot W$ より，$\mu = \dfrac{F}{W}$ となり，式 (2.47) に代入すると

$$L_s = \frac{V^2 \cdot W}{254 \cdot F} \quad \cdots\cdots (2.47)$$

制動において，車両重量 W のほかに慣性による増加分（動力伝達装置の回転部分，車輪など）である回転部分相当重量 ΔW を加える必要がある（ΔW が不明のときは，JIS により普通貨物車で W の 7 %，乗用車および小形貨物車で W の 5 %を採用する）．

したがって，式 (2.47) は，

$$L_s = \frac{V^2 \cdot (W + \Delta W)}{254 \cdot F} \quad \cdots\cdots (2.48)$$

(c) 停止距離

停止距離 L は，空走距離と制動距離の和で求められる．空走距離は，制動初速度と空走時間 t_n で求められ，$\dfrac{V}{3.6} \cdot t_n$ である．

したがって，式 (2.47)，(2.46) 式に加えると，次式の両者で求めることができる．

$$\left. \begin{array}{l} L_1 = \dfrac{V^2}{254 \cdot \mu} + \dfrac{V}{3.6} \cdot t_n \\ L_2 = \dfrac{V^2 \cdot (W + \Delta W)}{254 \cdot F} + \dfrac{V}{3.6} \cdot t_n \end{array} \right\} \quad \cdots\cdots (2.49)$$

(d) こう配路の場合の制動距離

平坦路の場合の制動距離は，式 (2.46) で求められたが，道路に上り，下

りがある場合のこう配路についての制動距離を求める．

エネルギの保存の法則より，「制動後の運動エネルギは，制動前の運動エネルギから制動による摩擦仕事を差し引いたものである」より

$$\frac{1}{2}\cdot m\cdot v_A{}^2=\frac{1}{2}\cdot m\cdot v_B{}^2-\mu\cdot m\cdot g\cdot s \quad\cdots\cdots\cdots\cdots(2.50)$$

　　　（制動後の運動　（制動前の運動　　（摩擦仕事）
　　　　エネルギ）　　　エネルギ）

式 (2.49) より，いま，$v_A=0$（停止）で考えると

$$L_s=\frac{v^2}{2\,\mu\cdot g}$$

となり，式 (2.46) と同式となる．

ただし，m：自動車の質量，kg
　　　　v_A：制動後の速度，m/s
　　　　v_B：制動前の速度，m/s
　　　　μ：タイヤと路面の摩擦係数
　　　　g：重力の加速度（9.8 m/s²）
　　　　L_s：制動距離，m
　　　　θ：道路のこう配，deg

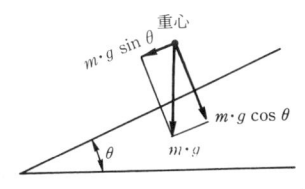

図 2.35　下りこう配路の車に作用する重力の分力

道路にこう配があると，図 2.35 に示すように，位置エネルギも考慮しなければならない．上り坂の場合

$$\frac{1}{2}\cdot m\cdot v_A{}^2=\frac{1}{2}\cdot m\cdot v_B{}^2-\mu\cdot m\cdot g\cdot L_s\cdot\cos\theta-m\cdot g\cdot L_s\cdot\sin\theta\cdots(2.51)$$

　（制動前の運動
　　エネルギ）
（制動後の運動　　　　　　（摩擦仕事）　　　　（位置エネルギ）
　エネルギ）

式 (2.51) より，いま，$v_A=0$（停止）で考えるので

$$L_s=\frac{v_B{}^2}{2\,g(\mu\cos\theta+\sin\theta)} \quad\cdots\cdots\cdots\cdots\cdots\cdots\cdots\cdots(2.52)$$

同様に，下り坂の場合

$$L_s=\frac{v_B{}^2}{2\,g(\mu\cos\theta-\sin\theta)} \quad\cdots\cdots\cdots\cdots\cdots\cdots\cdots\cdots(2.53)$$

上り坂あるいは下り坂での制動の場合は，式 (2.52)，(2.53) によって制動距離が求められる．

2.5 旋回性能

2.5.1 停止状態の操舵性能

停止状態（すえ切り状態ともいう）で操舵すると，タイヤのトレッド部がねじられて路面上をすべる状態となる．フロントホイールアライメントでは，キングピン軸の中心延長上の点は一般にタイヤの接地面中心より内側にオフセットされ，前後方向にはキャスタによるトレール量だけずれた状態にある．したがって，操舵するとタイヤはわずかながら転動するが，この転動を無視すると，タイヤの接地部全体ですべると考えるならば，最大トルク T は[18]，

$$T = \iint \mu \cdot p(x,y)[(x-\varepsilon)^2+(y-\lambda)^2]^{\frac{1}{2}} dy dx$$
$$\fallingdotseq \mu \cdot W \cdot a/4 \quad \cdots\cdots\cdots\cdots\cdots\cdots\cdots\cdots\cdots\cdots\cdots\cdots\cdots (2.54)$$

ただし，μ：タイヤと路面の摩擦係数
　　　　ε：キングピンオフセット
　　　　λ：トレール
　　$p(x,y)$：点 (x,y) の接地圧
　　　　W：接地荷重
　　　　a：タイヤ接地長さ

式（2.54）で求められる．

したがって，最大トルクはタイヤと路面の μ，接地面荷重およびタイヤの接地長さに影響を与えるタイヤの形状，空気圧などによって変化する．現在の自動車は，パワーステアリングが標準装備化し，運転者は感覚的に操舵力の軽減により重さを感じさせないようになっている．

2.5.2 一般走行時の旋回

（1） 旋回の概要

一般走行の旋回では，操舵力に与える要因として，車速，操舵角度の大小，タイヤの形状および路面の状況などによって影響を受ける．自動車構造の面からは，キングピン回りに作用するセルフアライニングトルクが主体であり，たとえば，ホイールアライメントのキャスタ角が過大であると操舵力は重くなる．

すえ切り時や低速走行時のハンドル操作を軽減することを目的として，パワーステアリングが装着され，さらに，一般および高速走行時の操舵力感は

2.5 旋回性能

走行安定性上必要であることから，舵角に対応する操舵力が車速とともに増す車速応動形が使用されている．図2.36にパワーステアリング装置の有無の違いを比較した例を示す．

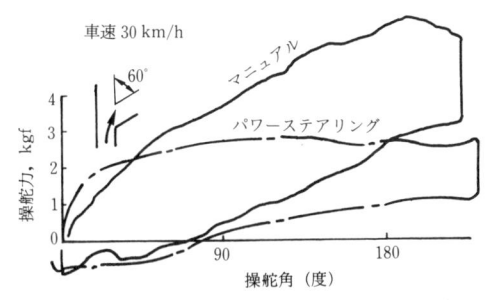

図 2.36 パワーステアリングの効果[18]

(2) 走行時の旋回

実際には遠心力が働き，一定の半径で自動車が旋回するためには，重心に作用する遠心力につり合う力が必要である．

この力がコーナリングフォースである（図2.37）．

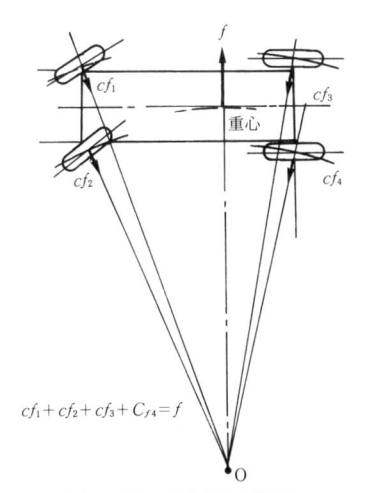

$cf_1 + cf_2 + cf_3 + C_{f4} = f$

図 2.37 走行時の旋回

(3) ステアリング特性

(a) US（アンダステア）とOS（オーバステア）

自動車が一定速度，一定半径で旋回している場合には，遠心力とタイヤに発生するコーナリングフォースの総和とは等しい状態である（ニュートラルステア）．ハンドル角を固定した状態で加速した場合，速度が増すほど，走行軌跡が外側にはみ出して旋回半径が大きくなる傾向を生ずる現象をアンダステアという（この場合は，リヤタイヤに発生するコーナリングフォースが大きい場合である）．

走行軌跡が，内側に巻き込み旋回半径が小さくなる傾向を示す現象をオーバステアという（フロントタイヤに発生するコーナリングフォースが大きい場合である）（図2.38）．

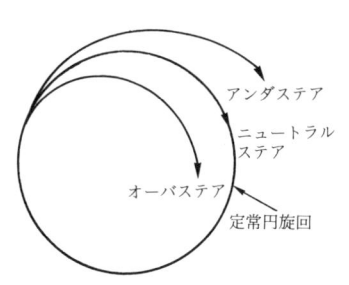

図 2.38 ステアリング特性

さらに，初めはアンダステアであるが，後にオーバステアに変わって内側に巻き込む場合(4WD車)をリバースステア現象という．

これらの特性より，アンダステアの場合には増しかじを，オーバステアの場合には戻しかじをとらなければならない．

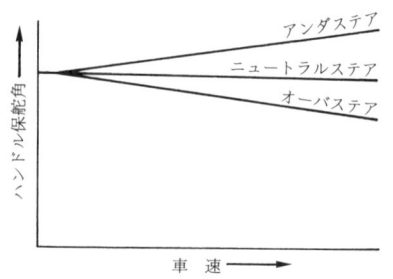

図 2.39 定常旋回するための保舵角

したがって，一般には弱アンダステアが望ましいとされており，一般的に乗用車はほとんどが弱アンダステアである．このステアリング特性は，車両重心の前後方向の位置，前後輪タイヤのコーナリングパワー，サスペンションの特性，車体のローリング特性などで決まる．

コーナリングパワーは，横すべり角に対するコーナリングフォースの増加率（N/rad）であり，基本的には，重心位置とタイヤのコーナリングパワーで決定される．

アンダステア，オーバステアの試験結果例を図 2.40 に示す．

図 2.40 は，定常円旋回試験においての結果であり，この車両はアンダ傾向を示している．

なお，$R/R_0 = S/S_0 = \dfrac{v \cdot S}{\gamma \cdot \eta \cdot L}$ ……………………………………(2.55)

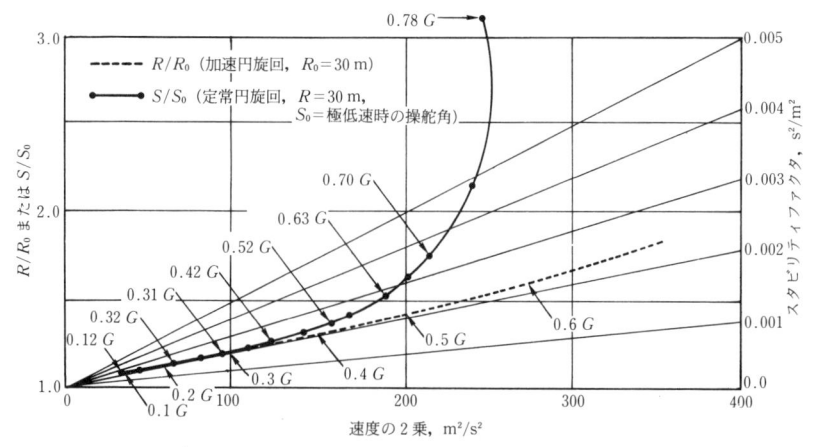

図 2.40 アンダステア，オーバステア特性例（モーターファン・ロードテスト）

で表わされる.

ただし, R：加速円旋回試験において測定された半径(ヨー角速度から計算で求める), m

R_0：加速前の基準旋回半径（例 30 m）

S：定常円旋回試験において測定された操舵角(ハンドル角), deg

S_0：極低速時の操舵角, deg

v：車速, m/s

γ：ヨー角速度, deg/s

η：オーバオールステアリングレシオ

L：試験車両のホイールベース, m

また,

$$S/S_0,\ R/R_0 = 1 + Kv^2 \quad \cdots\cdots (2.56)$$

でも表わされ, K は自動車のステア特性を示す指標として, スタビリティファクタ(s^2/m^2)といい, この K を係数として速度の2乗に比例する関係にある.

この試験例のように K の値が正であり, $S_0 < S$ となって, S_0 よりも余分にハンドル角を与えなければならず, アンダステアの性質を有していることになる. $S_0 = S$ (1.0) のときはニュートラルステアであり, K の値が負であるならばオーバステアであることを示す[19].

(4) 自動車の速度と旋回半径

自動車の速度と旋回半径との間には, 次の関係式が成立する.

$$R = \left\{1 + \frac{m(K_r \cdot L_r - K_f \cdot L_f)}{K_f \cdot K_r \cdot L^2} \times v^2\right\} \frac{L}{S} \quad \cdots\cdots (2.57)$$

ただし, R：旋回半径, m

m：自動車の質量, kg

K_f, K_r：前輪および後輪のコーナリングパワー, N/rad

L_f, L_r：前, 後車軸-重心間距離, m

L：ホイールベース ($L_f + L_r$), m

v：車速, m/s

S：前輪の実舵角, rad

速度の項の係数 ($K_r L_r - K_f L_f$) が正ならば, R は v の上昇とともに増加し, 負ならば, R は v の上昇とともに低下する.

すなわち，$K_rL_r-K_fL_f>0$ のときアンダステア，
$K_rL_r-K_fL_f<0$ のときオーバステア
となる．

ここで $K_f\fallingdotseq K_r$ のとき，$L_f<L_r$，つまり，重心が前に寄るとアンダステア，$L_f>L_r$ の場合は，重心が後寄りとなるのでオーバステアである[19]．

(5) 操舵力と横加速度

自動車が円旋回運動をしているとき，横加速度の理解が必要である．

円運動している自動車の求心加速度 a は，遠心力に対抗するものであり，式 (2.58) で求められる．

$$a=\frac{v^2}{R} \quad\quad\quad\quad\quad\quad\quad\quad\quad\quad\quad\quad (2.58)$$

ただし，v：速度，m/s
　　　　R：旋回半径，m

（例：自動車が旋回半径 30 m の円に沿って 45 km/h で走行しているときの横加速度は，$a=\dfrac{45^2}{30\times 3.6^2}\fallingdotseq 5.21$ m/s² となる）

一般に重力の加速度である 9.8 m/s² を 1 G として，例の 5.21 m/s² は 5.21/9.8$\fallingdotseq$0.53 G と表現される．

なお，求心加速度は旋回の中心に向かう加速度であり，横加速度は車体の横方向の加速度である．したがって，通常の旋回走行では車体の横すべり角が小さいと考えると，両者はほぼ等しいと考えてよい．

この横加速度は，一般道路を走行しているときの値は 0.2～0.3 G くらいであり，これ以上になると不快感や恐怖心を抱くようになる．

また，横加速度 G はタイヤと路面の摩擦係数 μ と対比でき

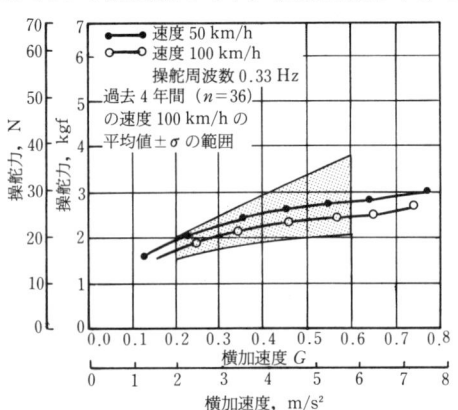

図 2.41 操舵力と横加速度（モーターファン・ロードテスト）

る．$\mu = F/W$（摩擦力/荷重）であり，一般道路（乾燥アスファルト路）では，μ は高くても 0.8 付近であることから，横加速度が 0.8 G 以上になるようなコーナの旋回では，タイヤはグリップを全く失うことになる．

操舵力と横加速度の関係（**図 2.41**）については，一般的に横加速度が大きくなると操舵力も大きくなり，速度が速くなると操舵力は小さくなる（横加速度と操舵力がともに大きくなるのは，タイヤのセルフアライニングトルクと前輪のキャスタ効果により，直進状態に戻そうとする力に抗して操舵することによるものである．また，速度に関しては同じ操舵角を与えた場合，速度が高いほど横加速度が大きくなるが，同じ横加速度ならば速度が高いほど小さな操舵角ですむことになる．したがって，セルフアライニングトルクもキャスタ効果も小さくなる）．

2.5.3 旋回速度の限界

操縦安定性を表わす運動として，曲線路の走行，高速道路での追越しや障害物を避けるための走行あるいは，高速走行時に突風を受けたりして進路が乱れる走行などが考えられる．

曲線路を走行する場合には，速度，路面状態を無視すると交通事故と直結する可能性が高い．そこで，道路の曲率半径とタイヤと路面の摩擦係数の関係から，旋回速度の限界を求める．

自動車が旋回運動をすると，重心位置に遠心力が作用する．

これに抵抗する力がタイヤのコーナリングフォースであり，すなわち，タイヤの横方向の摩擦力である．

したがって，遠心力＜横方向の摩擦力の関係でなければ，安全に曲線路を回ることはできない．

$$\frac{m \cdot v^2}{R} \text{（遠心力）} < m \cdot G \cdot \mu' \text{（横方向の摩擦力）} \quad \cdots\cdots\cdots (2.59)$$

ただし，m：車の質量，kg
　　　　v：車の速度，m/s
　　　　R：曲線路の曲率半径，m
　　　　G：重力加速度（9.8 m/s²）
　　　　μ'：タイヤと路面間の横すべり摩擦係数

この μ' は，縦すべり摩擦係数より幾分大きな値で，実験式によると $\mu' = 0.97 \cdot \mu + 0.08$ が得られている．

式 (2.59) より，曲率半径 R の曲線路の限界速度 V_{max} は

$$V_{max} = 3.6 \cdot \sqrt{\mu' \cdot G \cdot R} \quad \cdots\cdots\cdots\cdots\cdots\cdots\cdots\cdots (2.58)$$

で求められる．

したがって，旋回半径 R が小さい曲線路であるほど，旋回の限界速度は低下することになる．

曲線路での走行速度は，この限界速度を上回る場合に，対向車両との衝突または路外への転落事故へとつながる．

2.5.4 過渡的ステア特性

過渡的特性を表わす応答試験として，ステップ応答試験，パルス応答試験，ランダム応答試験などが行なわれている．

(1) ステップ応答試験

ステップ応答試験は，直進走行中に一定の操舵角まで素早くステアリングホイールを操舵し，そのまま保持する試験方法である（**図2.42**）．

図2.42中のヨー角速度とは，1秒間に車両が左右に何度向きを変えるかを示す値で，度／秒の単位で表わされる．

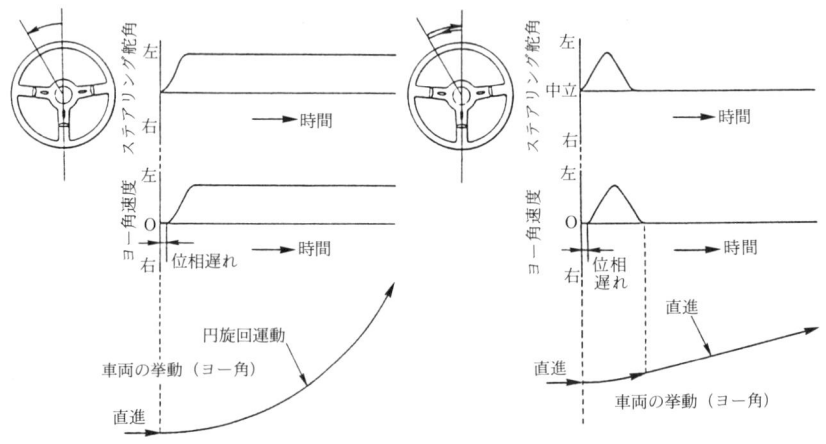

図 2.42 ステップ応答試験の概念[19]　　図 2.43 パルス応答試験の概念[19]

(2) パルス応答試験

パルス応答試験は，ステアリングを図2.43に示すように，三角波状に一方向に切って中立状態に戻す操舵法である．

(3) ランダム応答試験

ランダム応答試験は，不規則なスラローム走行であるが，図2.44に規則的

2.5 旋 回 性 能　57

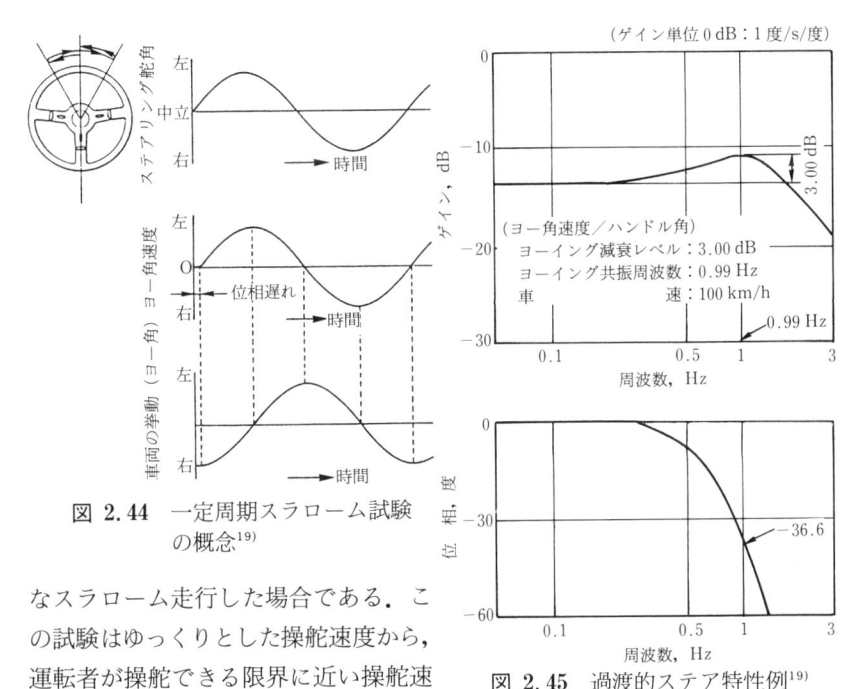

図 2.44　一定周期スラローム試験の概念[19]

図 2.45　過渡的ステア特性例[19]

なスラローム走行した場合である．この試験はゆっくりとした操舵速度から，運転者が操舵できる限界に近い操舵速度までのステアリング操作をし，スラローム走行を行なう方法である．

(4) 過渡的ステア特性試験結果

過渡的ステア特性試験結果例を図2.45に示す．この試験は，100 km/hで走行しているときに横加速度が0.2〜0.3 Gとなる操舵の条件下で行なっている．上図は，ステアリング操舵角入力に対してどの程度のヨーレイト出力(車両が向きを変える度合い) が得られるかを表わしている．

ゲイン (dB) の単位は，0 dB がステアリング操舵角を1度切ったときのヨー角速度が1度/秒であることを示す基準値である．

したがって，100 km/hで走行中のヨー角速度1度/秒は，進路が毎秒約48 cmずれるヨーイング運動に相当する．

ゲインは，$20 \log B/A$ という相対値で表示される．

ただし，A：基準値（ステアリング舵角1度でヨー角速度1度/秒）
　　　　B：測定値

これらより，ゲインは0 dBに近いほど，かじの効きがよく，ゲインが負の値になるとかじの効きが悪くなることを表わしている．

また，操舵周波数が大きくなると，かじの効きが悪くなることは，直進走行中に素早い操舵を小さな操舵角で与えた場合は，同じ操舵角をゆっくり与えた場合よりも車両のヨーイング運動が小さくなることを示す（ゲインがピーク値を示すときの操舵周波数をヨーイング共振周波数と呼び，この値が大きいほど，操舵性がよいといわれている）．

図2.45の下図の位相と操舵周波数例については，図2.44に示されるように，1Hzのステアリング操舵角をサインカーブで与えたとき，車両のヨー角速度の位相遅れを表わし，この例では36.6°の遅れを示したものである〔なお，1回のサイン波形操舵(位相として360度であり，ステアリングの操舵角が360度という意味ではない) を1秒間に与えた (1Hz) ことであり，時間的には$36.6°/360° ≒ 0.10$秒の遅れとなる〕．

2.5.5 ファジィ，電子制御と旋回性能

(1) ファジィ制御

自動車を取り巻く道路環境はさまざまであり，上り坂，下り坂，曲線路，乾燥路，低μ路および凹凸路などが見られる．

ファジィ制御は，自動車のほうで運転者に代わって道路状況の認識，判断し，運転者の意思に沿い，状況に応じた適切な走行ができるようにコントロールするものである（**図2.46**）．

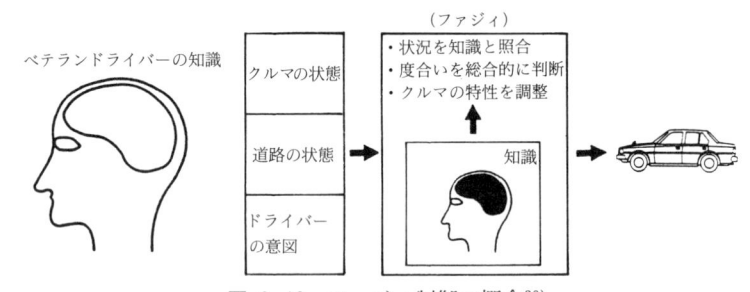

図 2.46 ファジィ制御の概念[20]

したがって，一般の運転者がコントロールしにくい状況でも，ベテランの運転者の経験や知識に近い判断をコンピュータで制御させて，走行の安全性を高めようとする目的のもとにある．この制御を取り入れたものとして，AT車のシフト位置，トラクションコントロール，電子制御フルタイム4WD，アクティブ4WS，アクティブプレビューECS，エアコンなどに応用されている．

2.5 旋回性能

(2) ファジィ制御と旋回性能

(a) ファジィトラクションコントロール (TCL)

TCL は，車速，ハンドル角，アクセル開度の情報により，エンジン出力を曲線路に合わせてコントロールするものである．

従来の TCL 制御は，平坦な曲線路では十分な効果が見られているが，特に上り坂，下り坂の曲線路での制御をしようとするもので，道路のこう配をコンピュータが認識し，平坦路に対して，上り坂ではエンジン出力の抑え方を小さくし，下り坂では大きくしている．

図 2.47 に示す従来の TCL は，目標加速度を定め，たとえば，ある車速と横加速度での運転状態が P 点とすると，目標加速度の線より上にあると限界性能に対して余裕がないため駆動力を減らす制御を行なって，P 点を目標加速度基準線に近付けて旋回を可能にしている．

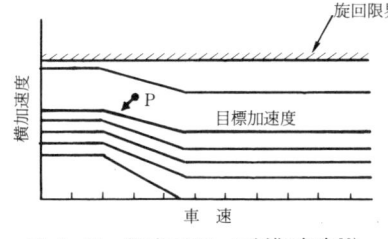

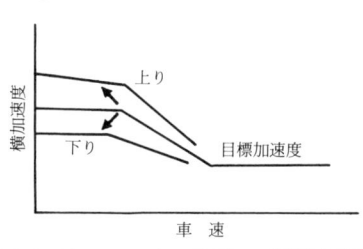

図 2.47 従来 TCL の制御内容[20]　　図 2.48 ファジィ TCL の制御内容[20]

図 2.48 のファジィ制御では，目標加速度を車速と上り坂，下り坂のこう配に応じて変え，上り坂で車速が低い場合では平坦路に比べ目標加速度をやや高めに設定し，曲線路での加速不足感を回避しており，また，下り坂では速度が増すことを考慮して，目標加速度をやや低めに設定となるようなコントロールをしている．

(b) 電子制御フルタイム 4 WD

従来の 4 WD 車は，加速しながら旋回走行をすると，センタデフがフリーのときは車両が巻き込むか，直結時でも車両はコースの外にふくらむ傾向にある（図 2.49）．

電子制御フルタイム 4 WD は，各センサ（すべりやすさ，ハンドル，アク

図 2.49 従来の 4 WD 車の車両挙動[20]

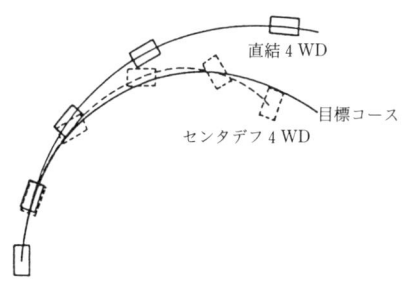

セル,ブレーキ)情報から路面の状態,運転者の意図に応じて4車輪の駆動力を自動的に,センタデフとリヤデフの差動をコントロールするものである.特に,ハンドルを大きく切ったときや高速で急旋回したとき,ブレーキを作動したときなどに,旋回性能や制動性能を向上させるときには,センタデフを主とする駆動力配分としている.

電子制御フルタイム4WDの効果を図2.50, 2.51に,路面別に加速旋回したときの横加速度とハンドルの修正角を比較したものを示す.

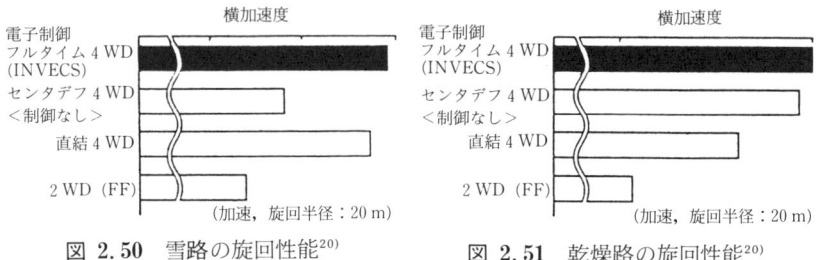

図 2.50 雪路の旋回性能[20]　　　図 2.51 乾燥路の旋回性能[20]

(c) アクティブ4WS

従来の4WSは,操舵力または操舵角により後輪の舵角を制御し,平坦路の曲線では安定性が発揮されているが,アクティブ4WSでは,さらにセンサ情報(坂の上り下り,すべりやすさ,曲線,ブレーキなど)により,坂路や低μ路でも安定性と曲がりやすさを可能とし,後輪の舵角を自動的にコントロールするものである(図2.52, 2.53).

図2.52の基本制御では,高速走行時の安定性の向上のため,ハンドル角に

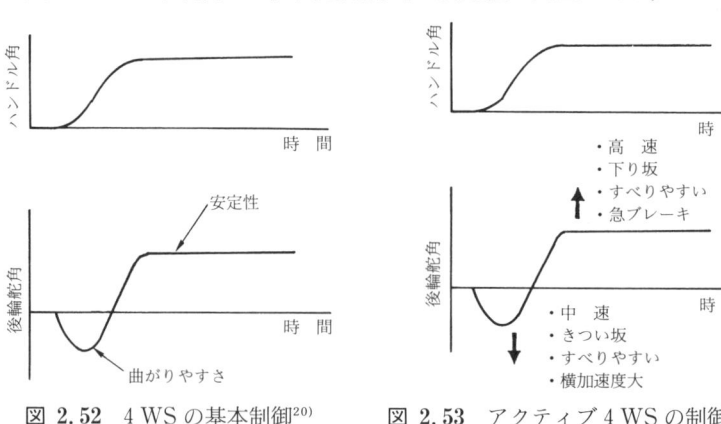

図 2.52 4WSの基本制御[20]　　　図 2.53 アクティブ4WSの制御内容[20]

比例して後輪舵角も同相にしている．さらに，アクティブ4WSでは，下り坂や低 μ 路での同相操舵量の増加および急こう配の上り下り坂，低 μ 路でも逆相操舵量の増加を行ない，安定性と回頭性の確保を図っている．また，横加速度の大きい旋回走行時には，

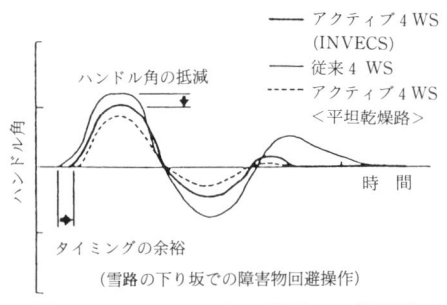

図 2.54 すべりやすい路面での効果[20]

ハンドルの切り増しをして，応答性確保のため逆相操舵量の増加や，旋回急制動時の車両の巻込み防止のため，減速度に応じた同相操舵を行なっている．

アクティブ4WSの効果例を，低 μ 路の下り坂での回避性，曲線路での効果および旋回急制動時の効果を図 2.54 に示す．

2.6 タイヤ特性

自動車が「走る」「曲がる」「止まる」という基本的運動は，自動車と路面との唯一の接点であるタイヤの特性により成立している．したがって，タイヤの特性を十分理解したうえで使用することが，自動車本来の運動性能を発揮させることとなる．

2.6.1 タイヤの力学

タイヤが回転しながら移動する場合，タイヤからその性能を左右する力，モーメントが発生する．それらの力，モーメントとしては，ころがり抵抗，コーナリングフォース，キャンバスラスト，セルフアライニングトルクなどが重要であるが，これらの値はタイヤの接地荷重，横すべり角，キャンバ角などによっても変化する．また，タイヤには制動力や駆動力も同時に作用している場合も考えられるので，タイヤ特性を理解するには，これらの力やモーメントの発生原理とその特性をとらえる必要がある．

（1） タイヤの座標系と発生する六分力

タイヤの座標系を図 2.55 のように車輪中心面と路面との交線を X 軸，回転軸を含み路面に垂直な面と路面との交線を Y 軸，X，Y 軸の交点を通り直交する軸を Z 軸とする．そして，車輪の接地点の進行方向を X' 軸，これと直交する路面内の軸を Y' 軸，さらに X，X' 軸のなす角度を横すべり角 α，

ZY 面内で垂直軸と車輪中心面とのなす角度をキャンバ角 ε する．

タイヤの発生力の定義については，力およびモーメントの符号は Z 軸の正を路面から上方にとり右手系とする．X 軸方向の力 F_x はタイヤの前後力で自由転動時はころがり抵抗 R_r，駆動時は駆動力 ($F_x>0$)，制動時は制動力 ($F_x<0$)，Y 軸方向の力 F_y は横力(サイドフォース)，Z 軸方向の力 F_z は接地荷重と定義される．

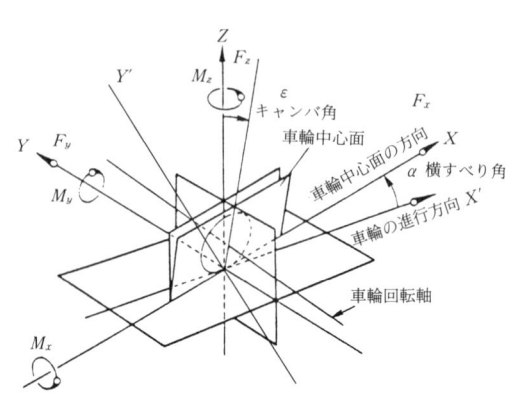

図 2.55 タイヤの座標系 (JASO Z 208-94)

また，X 軸回りのモーメント M_x をオーバターニングモーメント，Y 軸回りのモーメント M_y をころがり抵抗モーメントとする．Z 軸回りのモーメントをセルフアライニングトルク M_z とし，符号は横すべり角 α が減少する方向を正として逆にとる．

タイヤの発生力は，必ずしも幾何学的な接地点である XYZ 座標系の原点を通らないので，座標系原点を通る力 F_x, F_y, F_z とモーメント M_x, M_y, M_z に分けて六つの分力として考える．

キャンバ角 0 度，横すべり角 α で自由転動しているタイヤに発生する平面力の XY 軸座標系上および $X'Y'$ 座標系上での分力を図 2.56 に示す．XY 座標系上では，X 軸方向がころがり抵抗 ($F_x<0$)，Y 軸方向が横力 ($F_y>0$) であり，$X'Y'$ 座標系上では，X' 軸方向の力をコーナリングドラッグ ($F_x'<0$)，Y' 軸方向の力をコーナリングフォース ($F_y'>0$) と呼ぶ．

車両の平面運動を解析する場

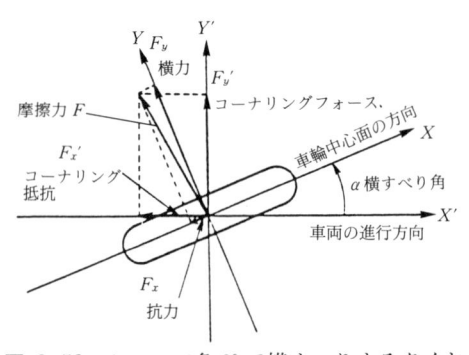

図 2.56 キャンバ角 0° で横すべりするタイヤに発生する平面力 (JASO Z 208-94)

合には，この $X'Y'$ 座標系における分力が用いられることが多く，路面に発生する摩擦力を F とすれば，F_x，F_y と $F_x{}'$，$F_y{}'$ の関係は次式で表わされる．

$$F^2 = F_x{}^2 + F_y{}^2$$
$$= F_x'{}^2 + F_y'{}^2 \cdots\cdots\cdots\cdots\cdots\cdots\cdots\cdots\cdots\cdots\cdots\cdots (2.61)$$
$$F_x{}' = F_y \sin\alpha + F_x \cos\alpha \cdots\cdots\cdots\cdots\cdots\cdots\cdots (2.62)$$
$$F_y{}' = F_y \cos\alpha - F_x \sin\alpha \cdots\cdots\cdots\cdots\cdots\cdots\cdots (2.63)$$

これらのタイヤの発生力のなかで，横力 F_y あるいはコーナリングフォース $F_y{}'$ とセルフアライニングトルク M_z の特性をコーナリング特性と呼ぶ．

（2） 直進時に発生する力

（a） ころがり抵抗

前述の 2.1.1 項でも述べたように，タイヤが回転しながら移動する際には接地面にて路面からタイヤへ進行を妨げるころがり抵抗が作用している．

ころがり抵抗は路面状態，速度，タイヤ構造，タイヤ空気圧などにより変化するので常に一定の値とはならない．しかし，理論的にその値を求めることはむずかしく実験的に求める方法をとるが，便宜上次の式で表わされる．

$$R_r = \mu_r \cdot W \cdots\cdots\cdots\cdots\cdots\cdots\cdots\cdots\cdots\cdots\cdots\cdots\cdots (2.64)$$

R_r：ころがり抵抗，kN {kgf}
μ_r：ころがり抵抗係数
W：車両総重量，kN {kgf}

上記の式より，ころがり抵抗 R_r は車両総重量 W に比例し，ころがり抵抗係数 μ_r が一定と仮定すると，常に一定の値と考えることができる．

（b） 制動力と駆動力

自動車を加速させることも，停止させることも，タイヤと路面間で駆動力または制動力を発生させることにより成立している．しかし，駆動力および制動力はともにタイヤと路面間の摩擦状況に左右され，その能力も制約されてしまうので，この間の関係を考える必要がある．

ⅰ） すべり比

自動車のタイヤの回転力（駆動力）はエンジン出力などを大きくすることで可能ではあるが，タイヤ自体が空転（ホイールスピン）してしまうと自動車を進行させることはできない．また，ブレーキ容量を大きくすることでタイヤの回転を強力に拘束することは可能であるが，車輪がロックしてしまうとブレーキの効きは効果的ではなくなる．これはタイヤと路面間のすべりの

発生度合い,すなわち,すべり比の影響であり,次のように定義される.

駆動時:$S=\dfrac{V-\omega\cdot R}{\omega\cdot R}$ ……………………………………(2.65)

制動時:$S=\dfrac{V-\omega\cdot R}{V}$ ……………………………………(2.66)

S:すべり比
V:車 速
ω:タイヤの回転角速度
R:タイヤの有効半径

ii) 制動力係数と駆動力係数

タイヤのグリップの良否を評価する要素として,次の式による制動力および駆動力係数が用いられる.

制動力係数,駆動力係数$=\dfrac{タイヤと路面間の摩擦力}{接地荷重}$ …………(2.67)

この係数が大きいほど,制動時の最大制動力および発進加速時の最大駆動力も大きく,タイヤのグリップがよいことを意味する.

iii) すべり比と制動力,駆動力係数

すべり比の状態は,図 2.57 に示すように制動時において完全に車輪がロックした場合は $S=1$,駆動時においてホイールスピンを起こして前進しない場合は $S=-1$,すべりが全くなく回転しているときは $S=0$ となる.

制動時および駆動時ともにタイヤと路面間の摩擦力が最大状態となるのは,一般的にすべり比が $S=0.1\sim0.3$ 付近のときである.すなわち,最も効率的な加速または制動を行なうためには,常にすべり比がこの領域となるように制御しなければならない.しかし,運転者の技量によってのみでは,この領域を生かした最適制御は非常にむずかしく,かなりの熟練を要するため,今日の自動車では各種の電子制御技術を応用して効果的に対応する装置が装備されている.その例として,制動時ではアンチロックブレーキシステム(ABS)装置が車輪のロック回避を行ない,駆動時ではトラクションコントロール装置がホイールスピンの回避を行ない,運転者に代わってその制御を行なっている.

iv) 路面状態の影響

路面状態の影響は,その表面の骨材の凹凸状態および耐摩耗性と水膜の有無が摩擦係数に大きな影響を与える.凹凸状態はタイヤの粘着摩擦力と変形

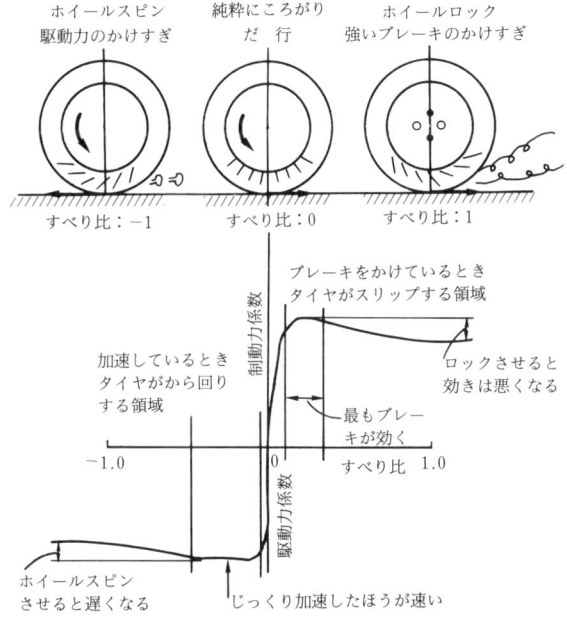

図 2.57 すべり比と制動力, 駆動力係数の大きさ

損失摩擦力を左右し, さらに, タイヤと路面の接地部に水膜が介在すると粘着摩擦力の低下を, 骨材の摩耗による凹凸の減少は接地圧低下による粘着摩擦力と変形損失摩擦力の両者の低下を招き, 摩擦係数の減少となる.

また, 水膜の影響として高速時に発生するハイドロプレーニング現象があり, 自動車の操縦性を失い危険な状態となることもある. これはタイヤの排水能力が低い場合に起こりやすく, タイヤのトレッドパターン, 溝の減少, 空気圧の低下の影響もその要因となる.

(3) 横すべり時に発生する力

(a) コーナリングフォース

旋回時に遠心力は自動車に対して旋回円の外側方向に作用するが, 反対にタイヤ接地部では求心力が内側方向に発生し, この両者がつり合うことで運動は成立する.

コーナリングフォースとは, 旋回時にタイヤの進行方向に対する直角方向の分力であり, 横すべり角を与えたときのタイヤ接地面の変形に対する反力として発生する.

一般にコーナリングフォースは，実用的な横すべり角10度以下での性質が重視される．その範囲でのコーナリングフォースの発生傾向は，横すべり角が5度程度までは直線的な増加（線形）傾向を示すが，それ以上の領域ではその増加傾向もにぶくなる．通常の走行状態では横すべり角が3度以内の領域を多用することが多く，急激な旋回時を除くとほとんど線形となる．しかし，限界性能を考えるとコーナリングフォースの最大値が大きいほど優れている結果となり，接地面の剛性の大きさからバイアスタイヤよりもラジアルタイヤのほうが，同一構造のタイヤでもタイヤサイズが大きいほど，リム径が大きいほど性能が高くなる．

また，路面状態の影響は，濡れた路面では乾燥路面より性能は著しく低下するが，水膜の介在があると駆動力，制動力と同様にバイアスタイヤよりもラジアルタイヤのほうが，トレッドパターンの排水性がよいほど，優れた評価となる．

また，コーナリングパワーとは，横すべり角に対するコーナリングフォースのこう配の値をいい，この値が大きいほどステアリングホイールを操作したときの自動車の応答が速く，ステアリング応答性の良否を評価できる．

（b）キャンバスラスト

車輪の回転中心面が鉛直状態から傾いて回転している場合，タイヤには横方向の力が発生する．この力をキャンバスラストといい，二輪車では旋回時に車体を傾けることによって，四輪車ではサスペンションストロークによるホイールアライメントの幾何学的変化から，それぞれ効果的な値を発生させ，運動している．

キャンバスラストはキャンバ角にほぼ比例して増大する．また，タイヤの空気圧が一定の条件では接地荷重にほぼ比例して増加し，空気圧を低下させるとキャンバスラストは増加する傾向がある．

（c）セルフアライニングトルク

走行中のステアリングホイールの手ごたえと，旋回後のステアリングホイールの自然な戻りとして作用している力の一部は，タイヤから発生するセルフアライニングトルク（復元トルク）である．これは，タイヤの接地部でコーナリングフォースの着力点がタイヤ接地中心よりオフセットして後部にあるため，横すべり角を減少させる方向のトルクとして作用する．

この値はステアリング操作力に大きな影響を与えており，一般に横すべり

角が4〜6度付近で最大となる．

また，セルフアライニングトルクはほぼ接地荷重に比例し，タイヤ構造の違いからバイアスタイヤよりもラジアルタイヤのほうが，タイヤ溝深さが摩耗しているほうが，タイヤ空気圧が少ないほうが大きくなる．

2.6.2 タイヤのコーナリング特性

（1） タイヤモデルによるコーナリング特性の説明[23]

タイヤのコーナリング特性の発生機構を説明する場合，力学的タイヤモデルを用いる．力学的タイヤモデルには，ソリッドタイヤモデル，リジットリングタイヤモデル，弾性リングタイヤモデルがあるが，ここでは，Fiala[23]により提案された弾性リングタイヤモデルを用いて行なうこととする．

図 2.58 に示すように弾性リングタイヤモデルは，剛体のリムの回りにブレーカ（ベルト）に相当する円環状の弾性体のリングが，カーカス部に相当するばねによって支えられていて，剛体リングの外側にはトレッド部を表わす弾性体が付いている．

このようなモデルにおいて，タイヤモデルが横すべり角 α として横すべりしながら転動している場合は，図 2.59 に示すように円環状の弾性体リングはAからCの方向

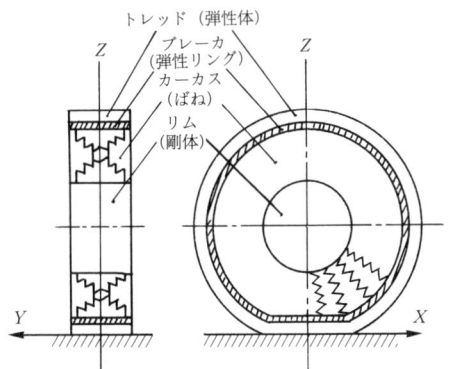

図 2.58 Fiala のタイヤモデル（弾性リングタイヤ）

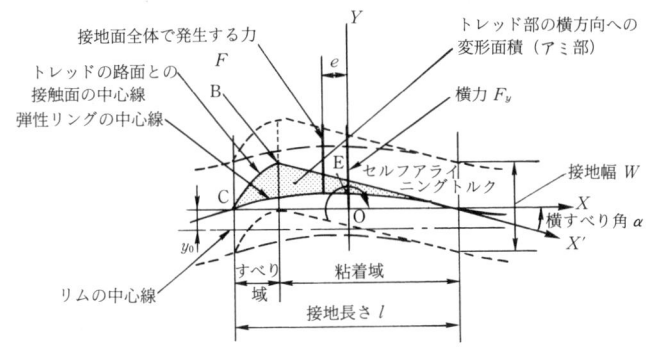

図 2.59 弾性リングタイヤのトレッド部変形詳細

へ回転し，トレッドゴムに相当する弾性体の表面は点 A で路面と接触し，接触しながら点 B まで移動する．トレッドゴムは弾性リングと路面間で横方向のせん断変形を受け，矢印の方向に力が発生する．点 B 以降ではせん断力が摩擦力より大きくなり，トレッドがすべりを発生して点 C で元に戻る．弾性リングは発生する力によって曲線 AEC のように曲げ変形する．このため，接地面におけるトレッド部の横方向への変形面積は弾性リングが変形した分だけ少なくなり，曲線 ABC と曲線 AEC により囲まれた部分(図中の斜線部分)となる．よって，接地面全体で発生する力 F は，この変形面積と単位面積あたりのトレッド部の横方向弾性係数との積となり，前半部に粘着域が，後半部にすべり域が存在する．また，F は X 軸の原点 O よりも後方 e にあるため，F は O を着力点とする横力 F_y と Z 軸回りのモーメント $F \cdot e$ に分けて考えられ，このモーメントがセルフアライニングトルク M_z となり，横すべり角 α を減少させる方向へ作用する．

（2） 制動・駆動時のコーナリング特性

ころがりながら横すべりしている状態のタイヤに制動力，または，駆動力が作用すると，横力の大きさが変化してコーナリングフォースの大きさも図 **2.60** に示すように変化が生じる．すなわち，旋回中に制動力または駆動力を作用させると，自動車の挙動はそれまでとは異なったものとなることを意味している．

路面上のゴムの摩擦係数は，ほぼクーロンの摩擦法則に従うので，基本的な摩擦力の性質としてタイヤと路面間に作用する平面内の各方向の力の合力

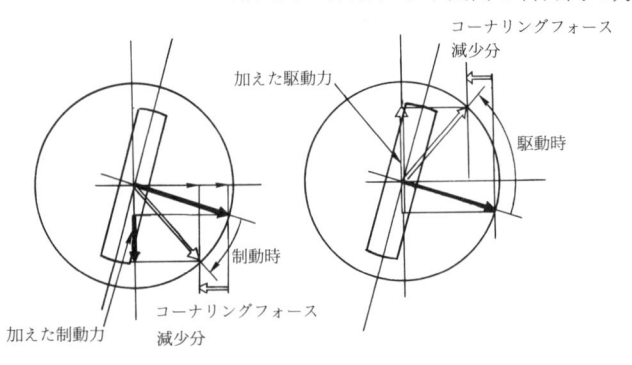

図 **2.60** 制動力，駆動力が加わったときのコーナリングフォースの変化

は，摩擦係数 μ と接地荷重 F_z の積を超えることがない．すなわち，F_x，F_y，F_z の間には次式の関係が成立する．

$$\sqrt{F_x^2 + F_y^2} \leq \mu F_z \quad \cdots\cdots (2.68)$$

XY 座標系の半径 μF_z の円を摩擦円といい，制動・駆動時のコーナリング特性の基本的な性質はこの摩擦円の概念で理解することができる．

まず，F_x が作用しているときの横力の最大値 $F_{y\max}$ は

$$F_{y\max} = \sqrt{\mu^2 F_z^2 - F_x^2} \quad \cdots\cdots (2.69)$$

となり，制動力，駆動力が作用すると横力の最大値 $F_{y\max}$ が低下することを意味する．

次に横すべり角と横力の低下に対する制動・駆動力の影響は，いかなる横すべり角においても同一低下率を示すと仮定する．すなわち，F_x の制動・駆動力が作用しているときの横すべり角 α 状態のタイヤの発生する横力を F_y，同一の横すべり角 α で $F_x=0$ のときの横力を F_{y0} とすると，次式のように表わされる．

$$F_y/F_{y0} = \sqrt{\mu^2 F_z^2 - F_x^2}/\mu F \quad \cdots\cdots (2.70)$$
$$(F_x/\mu F_z)^2 + (F_y/F_{y0})^2 = 1 \quad \cdots\cdots (2.71)$$

となる．ある横すべり角における F_x と F_y の関係がだ円の式で表わされ，F_y が最大となる横すべり角において摩擦円と一致する．ここで，操縦安定性にとって重要なのは制動・駆動力が作用するとコーナリングスティフネス K_y（横力の立上がりのこう配）が低下することである．同様な議論は，ドライビングスティフネス（駆動力の立上がりのこう配），ブレーキングスティフネス（制動力の立上がりのこう配）に対してもいえ，旋回時の横力の発生によって低下し，このことはブレーキ性能や ABS，トラクションコントロールの制御特性に影響を与える．

（3）コーナリング動特性[28]

自動車の走行中の速い操舵や横風により車体が急に進行方向を変える場合，シミー現象の解析を行なう場合などには，コーナリング動特性を考える必要がある．また，実走行の操舵では横すべり角やキャンバ角が動的に変化する場合や凹凸路面を旋回している場合（タイヤの縦たわみや垂直荷重が変化する）でも動特性を考える必要がある．

コーナリング動特性については，Schlippe[24]，Segel[25]，Pacejka[26] などの研究があり，モデルとしては，1 次遅れモデル[27]や Massless String

Model[24)~26)]などがあるが，難解複雑でなかなか理解しにくい面もあるので，ここでは，マクロ的なタイヤ模型を用いて横力の動特性について説明することとする．

図 2.61 に示すように，横すべり角 α が一定で微小距離 dx' 移動した場合のタイヤのマクロ的な変化から，タイヤの横変形 dy はトレッドにすべりが発生しない微小変形域では

$$dy = \sin \alpha \, dx' \fallingdotseq \alpha \, dx' \quad \cdots \cdots (2.72)$$

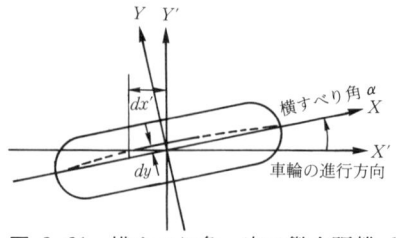

図 2.61 横すべり角一定で微小距離 dx だけ移動したときのタイヤの変形

であるが，横力の増加とともに路面とトレッドの間ですべりが発生し，横力が定常値に達した後は横変形量は増加しないので，横変形量 dy は $(\alpha - F_y/K_y)$ に比例して増加すると考えられるため次式となる．

$$dy = (\alpha - F_y/K_y) \, dx' \quad \cdots \cdots (2.73)$$

タイヤの横剛性を $G_y (= dF_y/dy)$ とすると，移動距離 x' に対する横力 F_y の変化率は，次式のようになる．

$$dF_y/dx' = G_y(\alpha - F_y/K_y) \quad \cdots \cdots (2.74)$$

式（2.74）を解くと

$$F_y = K_y \alpha \{1 - \exp(-G_y x'/K_y)\} \quad \cdots \cdots (2.75)$$

となる．

次に上記条件を踏まえて，横すべり角 α が周期的に変化する場合には，横すべり角変化を

$$\alpha = \alpha_0 \sin \omega x \quad \cdots \cdots (2.76)$$

として，F_y を次式のように定数 A，B を用いて仮定すると

$$F_y = A \sin(\omega x - B) \quad \cdots \cdots (2.77)$$

となり，これから A，B を求めると次のようになる．

$$A = G_y K_y \alpha_0 / \sqrt{G_y^2 + K_y^2 \omega^2} \quad \cdots \cdots (2.78)$$

$$B = \tan^{-1}(K_y \omega / G_y) \quad \cdots \cdots (2.79)$$

よって，横力の変化は

$$F_y = \frac{G_y K_y \alpha_0}{\sqrt{G_y^2 + K_y^2 \omega^2}} \sin\{\omega x - \tan^{-1}(K_y \omega / G_y)\} \quad \cdots \cdots (2.80)$$

となる．

2.6.3 タイヤのユニフォーミティ

タイヤはその構成材料から繊維，スチールワイヤ，ゴムなどの複合製品である．また，その製造過程においても人間の熟練技術を要する部分も多く，タイヤの周上に部分的な寸法および剛性の不均一や非対称性などの問題を含んでいる．一般にこれらのタイヤの不均一性をユニフォーミティと呼んでいて，タイヤの転動により路面から異常な力で車両の横流れ（手放し走行時）や周期的な反力変動により異常振動などの発生原因となる．

（1） ランナウト

タイヤの寸法上の不均一をランナウトと呼んでおり，これによるタイヤの振れが異常な力の発生源となる場合がある．一般的にランナウトは縦方向と横方向の成分に分けている．

（a） ラジアルランナウト

タイヤの半径方向の振れ（縦振れ）をラジアルランナウトといい，その絶対値で表わす．ラジアルランナウトはタイヤの部分的な断面形状およびトレッド部の厚さの違いやホイールの回転中心の偏心などが原因となって発生する．

（b） ラテラルランナウト

タイヤの軸方向の振れ（横振れ）をラテラルランナウトといい，タイヤの部分的な断面形状の非対称やホイールリムの横振れなどが原因となって発生する．

（2） ノンユニフォーミティにより発生する力[29]

タイヤに接地荷重を与え，横すべり角およびキャンバ角ともに0の状態で転動させたときに発生する力およびモーメントを六分力として，これをさらに平均値と変動値の成分とした12成分が考えられる．このうち車両に影響が大きい，次の6成分を主として検討していく場合が多い（図2.62参照）．

① ラジアルフォースバリエーション（RFV）

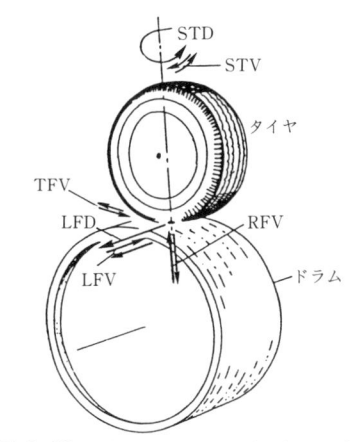

図2.62 ノンユニフォーミティによって発生する力の有害成分

タイヤの半径方向の力の変動の大きさ
② ラテラルフォースデビエーション（LFD）
タイヤの横方向の力の変動の平均値
③ ラテラルフォースバリエーション（LFV）
タイヤの横方向の力の変動の大きさ
④ トラクティブフォースバリエーション（TFV）
タイヤの前後方向の力の変動の大きさ
⑤ ステアトルクデビエーション（STD）
操舵トルクの平均値
⑥ ステアトルクバリエーション（STV）
操舵トルクの変動の大きさ

　これらの力はコーナリング試験機上でタイヤに接地荷重を与え，半径一定の状態でタイヤを転動させた場合に接地荷重 F_z が変動する．この変動量（全振幅）をラジアルフォースバリエーション（RFV）と呼ぶ．

　次に，タイヤに発生する横力（またはコーナリングフォース）F_y と横すべり角およびセルフアライニングトルク M_z と横すべり角との関係は，図 2.63 に示すように横すべり角が $\alpha=0$ でも $F_y=0$ および $M_z=0$ とはならない．この横力 F_y のずれ量の平均値をラテラルフォースデビエーション（LFD），その1回転中の変動量をラテラルフォースバリエーション（LFV）という．セルフアライニングトルクも同様に，そのずれ量をステアトルクデビエーション（STD），その変動量をステアトルクバリエーション（STV）という．

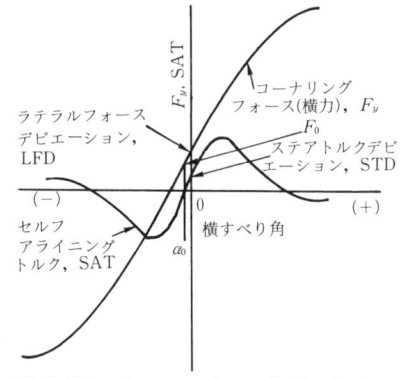

図 2.63 ノンユニフォーミティによって発生する力とコーナリング特性との関係

　さらに，ラテラルフォースデビエーション（LFD）は，コーナリング試験機上でタイヤが正転と逆転した場合の横力の発生方向から，次のように分けて考えられる．それは，ドラムの回転方向にかかわらず同一方向に横力が発生する場合は，キャンバ角が付けられたときに発生するキャンバスラストと同様の性質がある力と考えられる．これは，タイヤのベルト周長が左右で異

なり，ベルトがあたかも円すいの一部を形成している場合の力に似ているため，コニシティフォース（COF）と呼ばれる．これに対してドラムの回転方向により横力の発生方向が変わるものは，あたかも横すべり角が付いた状態でタイヤが発生する力と同様の性質があると考えられるので，この力をプライステアフォース（PSF）と呼ぶ．

これらの力の測定方法は，ドラム正転時の横力を $F_+(>0)$，逆転時の横力を $F_-(<0)$ と仮定すれば，

$$\text{COF} = (F_+ + F_-)/2 \quad\quad\quad\quad\quad\quad\quad\quad\quad (2.81)$$
$$\text{PSF} = (F_+ - F_-)/2 \quad\quad\quad\quad\quad\quad\quad\quad\quad (2.82)$$

となり，算出することができる．

プライステアフォース（PSF）は接地部内では，ベルトが伸縮することにより発生する．ベルトは，バイアスプライからなるので伸縮が起こると，ベルトの繊維またはワイヤコードは平行移動するような面内せん断変形を受ける．するとトレッドゴムブロックは，最外層のベルトの変形につられて面内せん断変形を受けるため，転動中にはプライステアトルク（PST）が発生する．このため，ベルト部が横すべり角が付いたようにねじられ，横力が発生する．この力をプライステアフォース（PSF）と呼ぶ．

ステアトルクデビエーション（STD）についても同様にコニシティトルク（COT）とプライステアトルク（PST）に分かれる．このうちコニシティトルク（COT）は，キャンバトルクと同じようにドラムの回転方向によって作用する方向が反転するが，プライステアトルク（PST）はドラムの回転方向によって作用する方向が反転しないので，ドラムを正転，逆転させた場合を測定し，分離することができる．

これらのコニシティフォース（COF），プライステアフォース（PSF），コニシティトルク（COT），プライステアトルク（PST）は，それらが構造要素のどの部分に起因しているかの要因分析をする場合に重要なものとなる．

トラクティブフォースバリエーション（TFV）は前後方向に変動する力でおもにラジアルフォースバリエーション（RFV）に起因するものであり，ラジアルフォースが増加するときには坂道を引き上げるような力，減少するときにはころがり落ちるような力となって現われるものであり，ラジアルフォースバリエーション（RFV）を接地長さを区間にとって微分したものに近いものとなるので，低次のラジアルフォースバリエーション（RFV）が小さい

タイヤほどトラクティブフォースバリエーション（TFV）が小さいといえるが，その相関関係はさほど大きなものではない．

（3）ノンユニフォーミティによる車両への影響

前述のように，ユニフォーミティによりタイヤに種々の力およびトルクが作用することとなるので，それらの性質を持ったタイヤを装着した車両にも影響が現われてくる．ここでは，手放し走行時の車両の挙動との関係から，その影響について考えることとする．

前輪にラテラルフォースデビエーションの値が LFD，ステアトルクデビエーションの値が STD からなるタイヤを装着した車両が，横断こう配 θ（左下がりをプラスとする）の道路を走行した場合の実舵トルク（1本あたり）を求めてみる．ただし，トーインおよびキャンバ角は両者とも0とし，サスペンションの影響もないものとする．なお，LFD および STD は右方向をプラスとする．

ここで，タイヤのコーナリングスティフネスを K_y，アライニングスティフネスを A_s と仮定すれば，横すべり角 α が小さいときの横力 F_y とセルフアライニングトルク SAT は次式で表わされる．

$$F_y = \text{LFD} + K_y\alpha \quad\quad\quad (2.83)$$

$$\text{SAT} = \text{STD} + A_s\alpha \quad\quad\quad (2.84)$$

横力 F_y がタイヤ中心からニューマチックトレール e_0 だけ離れた位置に作用しているものとすると，式 (2.83), (2.84) より

$$F_y e_0 = \text{SAT} \quad\quad\quad (2.85)$$

$$e_0 = \frac{(\text{STD} + A_s\alpha)}{(\text{LFD} + K_y\alpha)} \quad\quad\quad (2.86)$$

となる．

次に，アライメントにおけるメカニカルトレールを e_1 とすれば，全体のトレール e は，図 **2.64** に示すように $e = e_0 + e_1$ であるので

$$e = \frac{(\text{STD} + A_s\alpha)}{(\text{LFD} + K_y\alpha)} + e_1 \quad\quad\quad (2.87)$$

外力 F_1 が作用した場合のキングピン軸回りの実舵トルク T は

$$T = eF_1 \quad\quad\quad (2.88)$$

路面の横断こう配 θ，タイヤ荷重 F_z より

$$F_1 = F_z\theta \quad\quad\quad (2.89)$$

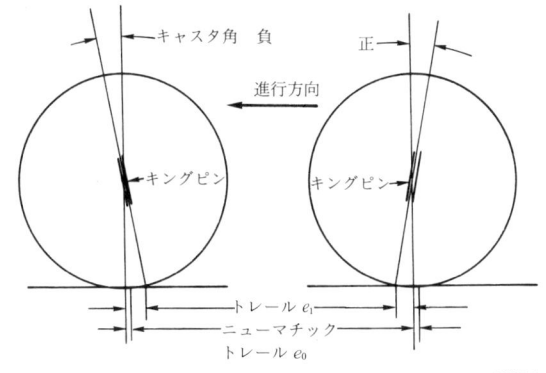

図 2.64 トレールとニューマチックトレールの関係

となる.このような条件下で車両が直進する条件を求めると,外力 F_1 と横力 F_y が等しくなる場合であるので,式 (2.83), (2.89) より

$$\mathrm{LFD} + K_y \alpha = F_z \quad \cdots\cdots\cdots\cdots\cdots\cdots\cdots\cdots\cdots\cdots (2.90)$$

となり,これより実舵角 α は

$$\alpha = (F_z - \mathrm{LFD})/K_y \quad \cdots\cdots\cdots\cdots\cdots\cdots\cdots (2.91)$$

となるので,実舵トルク T は

$$T = e_1 F_z \theta + \mathrm{STD} + \frac{A_s}{K_y}(F_z\theta - \mathrm{LFD}) \quad \cdots\cdots (2.92)$$

となる.また,STD と e_1 を省略して求める場合は

$$T = \frac{A_s}{K_y}(F_z\theta - \mathrm{LFD}) \quad \cdots\cdots\cdots\cdots\cdots\cdots (2.93)$$

となる.

これらの式において,実舵トルク T が正となれば,手放し走行時に車両が左側へ流れる挙動を示すことを意味している.

2.6.4 タイヤのスタンディングウエーブ

タイヤが転動中にある一定速度以上になると,タイヤ接地部後端から波を打った現象が現われる.タイヤは高速回転状態であるが,その波は停止しているように外部から観察できるので,スタンディングウエーブと呼ばれている(図 2.65 参照).

スタンディングウエーブは,タイヤが路面に接地したときの変形が接地後端以降で復元する過程に発生した振動が,タイヤの周方向に伝ぱしていく速度より高速度でタイヤが回転しているときに発生する.よって,高速度にな

るほどスタンディングウエーブは顕著となり，ころがり抵抗の増加で損失動力も増大する．

また，タイヤ内部では熱発生の急増がタイヤ温度の異常な上昇となり，極端な場合はタイヤが破壊されることもある．したがって，高速走行用のタイヤでは，スタンディングウエーブが発生する臨界速度を使用速度範囲以上に高く設定する必要がある．その方法としては，

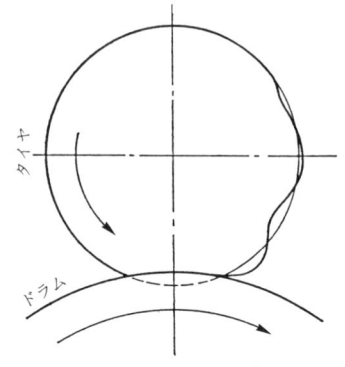

図 2.65 スタンディングウエーブ

 ⓐ タイヤ断面の半径を大きくする（扁平化）
 ⓑ タイヤ空気圧を高くする
 ⓒ トレッド部の肉厚を薄くして，軽量化する
 ⓓ タイヤコードの方向を円周方向に近づける

などが明らかにされている．実際のタイヤの使用例としては，高速道路走行時には一般道路走行時より若干タイヤ空気圧を増加させて使用することを推奨している例などがある．

また，ラジアルタイヤとバイアスタイヤとでは，トレッド部の剛性が高いラジアルタイヤのほうが臨界速度が高い．

2.6.5 タイヤのハイドロプレーニング

路面上に水膜があり，かつ，その路面上を高速走行させると，タイヤは水の圧力により浮き上がる．この現象をハイドロプレーニングといい，この状態が発生するとタイヤは非常にすべりやすくなり，操縦不能状態に陥る危険性が高くなる．

ハイドロプレーニングの発生は，速度，路面の粗さ，水膜の厚さ，タイヤのトレッドの溝深さ，トレッドパターン，タイヤ接地圧，タイヤ空気圧などに影響されるが，一般には高速度で，かつ，トレッド溝が少ないときやタイヤ空気圧が低いときに発生することが知られている．

また，その発生速度については，一般に走行速度が 60 km/h 以下の領域では水の圧力がそれほど高くはならないので発生しにくいが，速度が徐々に増加するに従って水の圧力も上昇するため，タイヤ接地前端部からくさび状

で水膜の進入が起こり，部分的ハイドロプレーニングが発生する．さらに速度が上昇し，80 km/h 以上ではタイヤ接地前端部からくさび状態で進入した水膜が接地後端部まで達してタイヤは完全に浮き上がり，完全ハイドロプレーニングとなる（図 2.66 参照）．

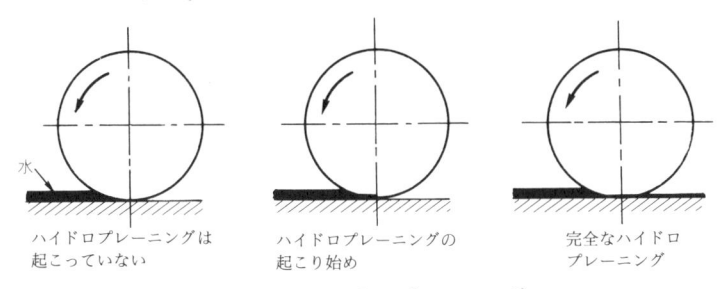

図 2.66 ハイドロプレーニング

今日では自動車の高速化，タイヤ形状の扁平化，幅広化に伴い，ハイドロプレーニングを考慮して，タイヤの排水能力を確保したトレッドパターンの設計が重要となっている．

2.7 振動乗り心地・騒音性能

2.7.1 概　　論

自動車の振動乗り心地および騒音に関する性能は，乗員の快適性と非常に密接な要素を有している．したがって，近年の自動車においては，振動および騒音低減に対する改良工夫がいちだんと進んだ状況下にある．

自動車が走行状態では，エンジン，動力伝達系，タイヤなどの装置が運動をしており，これらが，振動として伝達されるとともに，騒音としても快適性に影響を与える．

自動車における振動は，ばね上振動に見られるように，1～3 Hz の低周波数のものから，ディスクブレーキの鳴きのように数 kHz の高周波数まで広い範囲が見られ，振動の形態も多岐にわたっている．

自動車の騒音は，車室内騒音と車外騒音とに分けられる．車室内騒音は，エンジン，路面からの振動が駆動および懸架系を経て車体に伝達されるものと，空気伝達によって車室内に侵入するものとに分けられる．

車外騒音は，エンジン騒音，吸排気系騒音，タイヤ騒音などのように空気伝達により，直接車外に放射されるものである．

これらは，特に道路交通騒音として公害的な要素を有し，自動車の面からと道路環境の面からもいっそうの対策が望まれている．

以下，音源の主要なものをあげる[30]．

(a) エンジンの騒音と振動

冷却ファン，吸気管系，動弁系，補機部品，シリンダブロック，クランク軸など．

(b) 動力伝達系の騒音と振動

歯車のかみ合い音，トルク変動，回転部の不つり合い，シリンダブロックおよびトランスミッションの曲げ振動など．

(c) 懸架系の振動

路面状況，タイヤの構造および振動，ブレーキの摩擦による振動が起振源となるものなど．

(d) 吸排気系騒音

燃焼圧力変動と流量，吸排気管系の振動と音響など．

(e) ボデーの音響特性と振動

ボデーの曲げねじり振動，パネルの膜振動，車室内空洞共鳴など．

2.7.2 自動車の主要な振動・騒音

(1) 自動車の振動の分類

(a) 乗り心地（ピッチング，ローリング，バウンシング）
(b) シェイク（フロントシェイク，ラテラルシェイク）
(c) シミー
(d) ジャダ
(e) 3ジョイントプロペラシャフトの発進時振動
(f) エンジンクランク時振動
(g) アイドリング時振動

(2) 自動車の騒音の分類

(a) 低速こもり音
(b) 中速こもり音
(c) 高速こもり音
(d) エンジン音
(e) ロードノイズ
(f) パターンノイズ

(g) ギヤノイズ（トランスミッション，デファレンシャルギヤ）
(h) ブレーキ騒音
(i) 風切り音

(3) 各振動源[31]

(a) 乗り心地

乗り心地のなかでピッチング，ローリング，バウンシングの振動は，路面の状況によって受ける振動である（たとえば，凹凸路，未舗装路，波状の道路など）(図2.67)．

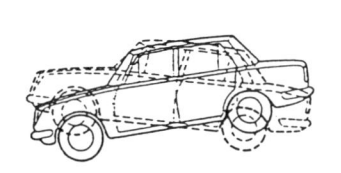

ピッチング　　　　ローリング　　　　バウンシング
図 2.67　車両の振動[31]

乗り心地は，前後，左右および上下などに搖れるが，現実的にはそれぞれの振動が同時に発生することも少なくない．

自動車は，ばねによって，ばね上質量（ボデーの部分）とばね下質量（タイヤ，アクスルなど）に分類されている（図2.68）．

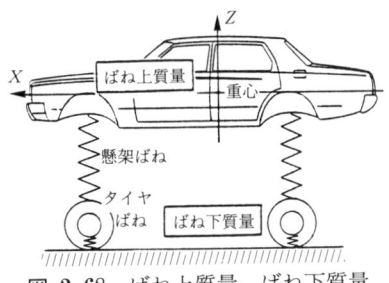

図 2.68　ばね上質量，ばね下質量

一般的には，ばね下質量を軽くすることによってゆれを少なくしている．したがって，ばね上質量が大きいほど乗り心地がよいといわれている．

(b) シェイク

シェイクには，フロントシェイクとラテラルシェイクがある．フロントシェイクは，ボデーやステアリングホイールが上下に振動する現象であり，ラテラルシェイクは，ボデーやシートが左右に振動する現象である．両者とも，比較的高速（たとえば，80 km/h以上）で走行した場合や路面に小さな凹凸がある場合で，中速で走行した場合にも発生する．

これらの原因は，タイヤのアンバランス，ランナウト，ユニフォーミティ

の不良が起因し，エンジン，ばね下の共振，ボデー曲げねじれ共振，ステアリングの共振およびシートの共振などによって発生し，タイヤによる振動を取り除くとほとんど解消される．

（c）シ　ミ　ー

シミーは，ステアリングホイールに発生する回転方向の振動である．この現象は，舗装道路である速度（たとえば，60～80 km/h）以上で発生することが多い．この現象は，タイヤのアンバランス，ランナウト，ユニフォーミティ，偏摩耗，さらにはアライメント関係，サスペンションのガタなどが関係して発生するが，図 2.69, 2.70 に示すようにダイナミックアンバランスがあると，遠心力によってキングピン回りのモーメントが発生し，ステアリングに伝達され，ステアリングホイールは左右方向に振動する．

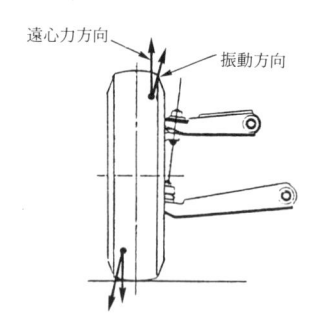

図 2.69　タイヤの振動方向　　　　図 2.70　シミーの発生

（d）ジ　ャ　ダ

ジャダは，クラッチを接続するときに発生する現象でおもに前後に振動し，クラッチが完全に接続されると止まるものであり，発進時に発生しやすい．この原因は，クラッチディスクがフライホイールとプレッシャプレート間の摩擦時にすべりが発生し，間欠的に起こることによりトルク変動となって駆動系にねじり振動を起こすことが要因である．

（e）3ジョイントプロペラシャフトの発進時の振動

この振動は，2分割されたプロペラシャフトの場合であり，トランスミッションのシフトレバー，シート，ボデー，ステアリングなどが細かい振動をする現象である．

これらは，FF車には発生せず，FR車でリヤ駆動車の場合である．

原因としては，プロペラシャフトのジョイント角による振動が，センタベ

アリングのマウントを通してボデーに伝達されて発生することが多い．

(f) エンジンクランク時の振動

エンジンの始動直後に発生し，ボデーのロール方向の振動である．

この原因としては，ロール軸回りにエンジンが回転すると，その反力としてボデーは逆方向に回転しようする力が作用して発生する振動である．したがって，エンジンのマウンティングを伝わって伝達されるので，ローリングの共振点を下げて減衰特性のよいものを使用する．

また，エンジン自身のコンプレッションが不ぞろいで発生する場合もある．

(g) アイドリング時の振動

アイドリング時に，ボデーがロール方向に振動する現象である．原因としては，エンジンクランク時と同様であるが，エンジンの不調（たとえば，失火，コンプレッションの不足など）やエンジンのマウンティングが原因となる場合もある．

一般には，アイドリング不調として現われ，エンジンの調整で対拠できるものである．

(4) **各騒音源**[31]

(a) 低速こもり音

低速こもり音は，連続的な「ボー」と低音で耳に圧迫を与えるような音であり，ボデー，シート，フロア，ルーフなどに細かい振動を感ずることもある．この現象は30〜40 km/h程度の速度で加速時に発生し，速度が上がることによって解消される音である（この音は，音としての感覚よりも耳に圧迫感を与える）．

原因としては，FR車の場合，低速域でエンジンのトルク変動による回転振動が発生源であり，リヤサスペンションのワインドアップ共振（エンジンからの駆動トルクの変動が，タイヤに伝達されると，変動に応じた分だけ，反力も変動し，スプリングのたわみも変動することによって振動が発生する）などにより増幅された振動が，リヤサイドメンバへ伝達されてボデー全体の曲げ振動となって発生する．

(b) 中速こもり音

中速こもり音は，低い連続的な音として，「ブォーン」「ワァーン」というような音であり，耳を圧迫するとともにフロアやルーフなどが細かい振動をしていることが多い．

この音は，特定のエンジン回転数あるいは車速（45〜80 km/h くらい）に達したときに発生し，その速度域以外では発生しないのが特徴である．また，発生速度の範囲は，その車速の5 km/h 前後くらいといわれている（図 2.71）．

この原因としては，FR車の場合，エンジンのトルク変動や駆動系の回転体のアンバランスおよびサスペンション関係があげられる（例として，エンジンの振動伝達，プロペラシャフトのアンバランス，リーフスプリングの共振など）．

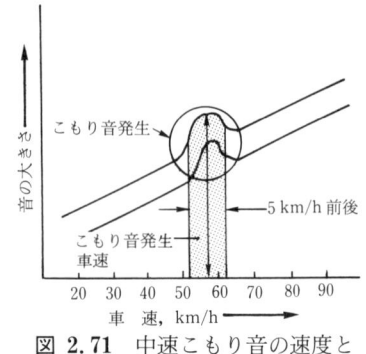

図 2.71 中速こもり音の速度と音の大きさ[31]

なお，FF車の場合には，エンジンのトルク変動により駆動系のねじり振動が発生しても，高回転数のため起振力は弱く発生しづらい．

（c） 高速こもり音

高速こもり音は，80 km/h 以上の速度で走行したとき，「ウォー」「ワーン」というような連続的な音として聞こえる．この音も特定のエンジン回転数および車速に達したときに発生し，この速度域以外では発生は見られない．中速こもり音と同様に発生速度の範囲は，その発生速度の5 km/h 前後であり，加速ぎみ時に特に大きく発生する場合が多い．

この原因としては，一般的にはエンジンによる振動伝達，駆動系の曲げ共振，タイヤのユニフォーミティにより発生する振動，プロペラシャフトのジョイント角およびアンバランスにより発生する振動，シャシスプリングの共振などがある．FR車の場合は，エンジンからの起振力により，駆動系の曲げ振動が発生し，リヤサスペンションを経てボデーに伝達されて発生する．

FF車の場合には，駆動系の曲げ共振が高いために発生しにくいが，ドライブシャフトからボデー，エンジンのマウントからボデーへと伝達されて，ボデーと共振する場合に発生することがある．

各こもり音の発生する周波数は，低速こもり音で約35 Hz 以下，中速こもり音で50〜80 Hz，高速こもり音では100〜200 Hz の領域で発生する傾向にある．

（d） エンジン音

この音は，エンジン回転数が上がるとともに大きくなり，特に高回転，高負荷時に比較的高い音となって発生する．

エンジン音のおもなものをあげると，吸気，排気，機械（補機類含む），燃焼，ファンおよびパネル共振により発生する騒音などがある．

ⅰ）吸気騒音

吸気騒音は，エンジンの吸入する空気の脈動音がエアクリーナで共鳴し，比較的大きい音を発生する．この音は，エアクリーナの形状および面積などによって影響を受ける．

ⅱ）排気騒音

排気騒音は，マフラが破損した場合などによく経験でき，かなり大きな音を発生する．この音は，吸・排気行程ごとに発生し，エンジン回転数と気筒数に関係する周期的な脈動音，排気管内での共鳴音，高速気流が消音器を通過するときの気流音，エンジンの振動や吸排気ガスの圧力変動などが起振源となる放射音，さらには，脈動音や気流音が消音器またはパイプより透過する音などがある．

ⅲ）機械騒音

機械騒音には，ピストンがシリンダ壁に衝突するときに発生するピストンスラップ音，チェーンとスプロケットがかみ合うときに発生するタイミングチェーン音，さらには，動弁系の振動として，タペットクリアランス過大による打音，カム面とタペットとの摩擦振動による騒音がある．補機部品としてオルタネータ，クーラコンプレッサ，エアポンプなどからの音がある．

ⅳ）燃焼騒音

燃焼騒音は，ガソリンエンジンよりもディーゼルエンジンの音が問題となることが多い．

この騒音は，シリンダ内の燃焼圧力により，シリンダ壁が打たれて発生するノック現象によるものや表面着火などによる異常燃焼時に発生するものが問題である．さらには，ピストン，クランクシャフトを伝わって，シリンダブロックを振動させて音を発生するものなどがある．特にディーゼルエンジンのように，圧縮比の高いエンジンでは，過熱された堆積物による多くの点で表面着火を起こして，異常な圧力上昇を招き，ランブルと呼ばれる現象を発生し，クランクシャフトの曲げ振動を起こす場合もある．

ⅴ）冷却ファン騒音

冷却ファン騒音は，エンジン回転が高く（高速走行）なればなるほど大きくなる．

この騒音は，次の二つに分類できる．

① ファンのブレードが空気を切るときに発生する音（渦音）．

② ブレードの前後面にある物に空気の流れが当たって，気流が乱されて発生する音がある．

近年の車両には，サーモスイッチにより水温を感知して，必要走行条件のときにのみ作動させる電動ファンが多く採用されている．

(e) ロードノイズ

ロードノイズは，舗装のよくない道路や石だたみ路を走行したときに「ゴー」というような音が，車速に無関係に発生する音である（なお，タイヤが舗装路の継ぎ目や突起などを通過したときに発生する「ドン」「ゴツン」とくる音をハーシュネスといっている）．

ロードノイズは，タイヤに作用する路面の状況によって異なるが，タイヤ以外のサスペンション系振動特性やボデーの振動音響特性の影響を受ける（図 **2.72**）．

タイヤに関する振動，騒音をまとめると，次の二つの場合の現象に大別される．

① タイヤが振動強制力を発生し，加振源となる場合(シェイク，シミー，こもり音，ビート音)．

② 路面の凹凸によってタイヤが振動（弾性振動）する場合（乗り心地，ハーシュネス，ロードノイズ，パターンノイズ）とがある．

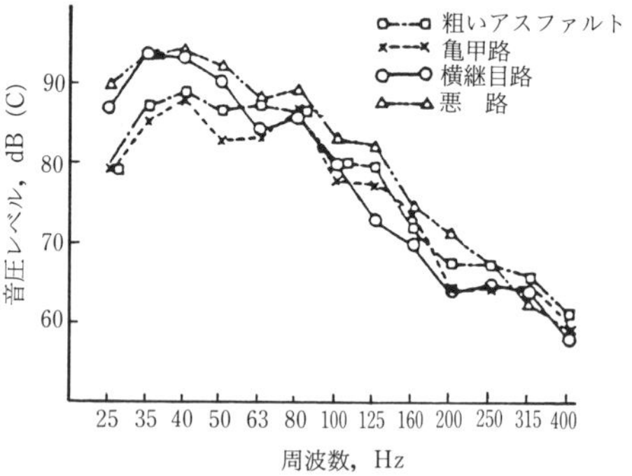

図 2.72　各種路面走行時の車内音分析（後席）（ラジアルタイヤ装着）[32]

ロードノイズとしてのタイヤの弾性振動は，サスペンションを伝わってボデーに伝達されて騒音発生となるため，サスペンションの影響が無視できない．また，音の大きさは車速が高くなるに伴って騒音としても大きくなる．

2.7 振動乗り心地・騒音性能

（f） パターンノイズ

パターンノイズは，車速が速くなるほど，高音となって，「ゴー」「ピュー」というような音を発生する．この音はタイヤのトレッドパターンによって異なり，特にラグパターンやブロックパターンがより大きく発生しやすい．

この原因は，タイヤが回転すると溝のなかに空気が押し込まれて，接地したときに圧縮し，放出されるときに膨張するために発生する音である．したがって，トレッドの溝のなかに空気が閉じ込められやすいパターンほど大きな音が発生する（エアポンピング作用）．

一般に，リブタイプのものは小さく，トラック，バスなどに使用されるラグパターンやスノータイヤ，ラジアルタイヤに使用されるブロックパターンは比較的大きい（図 2.73）．特に冬用タイヤのパターンに関しては，明確に区別できないのが現状である．

（g） ギヤノイズ

ⅰ） トランスミッションギヤノイズ

トランスミッションギヤ音は，かみ合い音と異音に大別される．

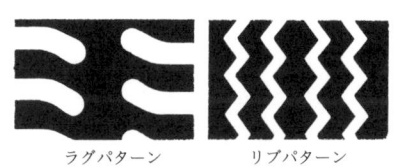

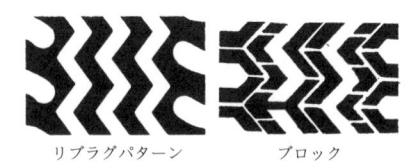

図 2.73 タイヤの基本的なパターン

これらの音は，他のノイズと区別しやすく，加速時や減速時に発生する「ガラガラ」「ガーガー」というような異音であり，直結のシフト位置以外で発生し，AT 車では N レンジ，P レンジでエンジンをレーシングしたときに発生しやすい．なお，かみ合い音は，走行中のギヤのかみ合いにより，動力が伝達される場合に発生し，ギヤのかみ合い誤差が主原因である．

ⅱ） ディファレンシャルギヤノイズ

ディファレンシャルギヤノイズは，かみ合い音と異音があり，かみ合い音は耳に圧迫感を与えず，比較的純音に近い音であるが，耳障りな音でもある．

ディファレンシャルギヤノイズは，加速，減速，定速と変速位置には関係がなく，いずれかの場合で主として 50 km/h 以上の中高速で発生しやすい．

これらの原因としては，ディファレンシャルギヤの歯がかみ合うときに発生する衝撃が原因となって振動を発生し，FR 車の場合には，プロペラシャフト，リヤサスペンションに伝達され，共振により増幅されるとボデー内に高

い音が発生する(異音として「ガラガラ」「ガーガー」という感じの音が,加・減速時にディフキャリア内部から発生する場合がある)[32].

(h) ブレーキノイズ

ブレーキノイズは,制動したときの鳴きやブレーキ部品のガタによる打音などがあるが,おもには鳴きが主である.この音は非常に高周波の耳障りな音(200〜10 kHz)で「キー」「ブー」というような音である.

この原因としては,ドラムの共振,ディスクの共振,バッキングプレートの共振が考えられ,ブレーキペダルを強く踏むと(ディスクブレーキでは軽くても発生することがある),ドラムとシューが摩擦,振動しさらにバッキングプレートと共振することによりかん高い音となって発生する(ディスクブレーキは,パッドとディスクの摩擦により振動が発生する).

(i) 風切り音

風切り音は,車の速度,風向き,車体の形状(最近の乗用車などは,流線形状にし,突起物が少なくなっている)などによって異なるが,「シュー」「シャー」など空気の流れるような音が窓より聞こえる(窓を閉めた場合,80 km/h以上の高速で発生).

この原因としては,風の漏れる音(たとえば,ウェザストリップのすきま,パネルの合わせ目,モールの取付け部を風が通って外の流れに当たるときに発生)や風が突起物に当たってできる渦による音とがある〔たとえば,モールの先端,フェンダの先端,グリル,ワイパ,フェンダミラー(ドアミラー),ピラーとウインドの段差など〕.したがって,風切り音は,突起物などによって発生するほうの原因が比較的多い.

2.7.3 振動乗り心地・騒音の評価法

(1) 自動車の振動特性

振動の乗り心地の観点より,自動車の一般的なばね下,ばね上の共振周波数は表2.6に示すような範囲である.特に影響があるのはばね下であり,サスペンション,タイヤおよびショックアブソーバの減衰力と質量である[18].

また,自動車のシートに

表2.6 一般的なばね上,ばね下共振周波数

車　種	ばね下共振周波数		ばね上共振周波数, Hz
	前　軸	後　軸	
軽自動車	13〜17.5	13〜16	1.5〜2.1
大 衆 車	10〜17	10〜17	1.4〜1.6
小 形 車	11.5〜15	11.5〜15.5	1.3〜1.5
中 形 車	12〜14	12〜14	1.2〜1.4

座っているときの人体各部の振動特性は，腹部で 4～5 Hz 付近に 1 次共振点，胸部は 6 Hz 付近に共振点を持っている実験報告例がある[19]．

表 2.7 は，乗り心地に不快を感ずる値（Janeway の限界曲線）に対しての比で表わした乗り心地係数で示したものである．

表 2.7 座っているときの乗り心地係数と人間の感じ方（大島正光「環境生理学」）

乗り心地係数	人間の感じ方
～5	不快ではない
5～10	長時間で不快を感じる
10～	短時間で苦痛を感じる

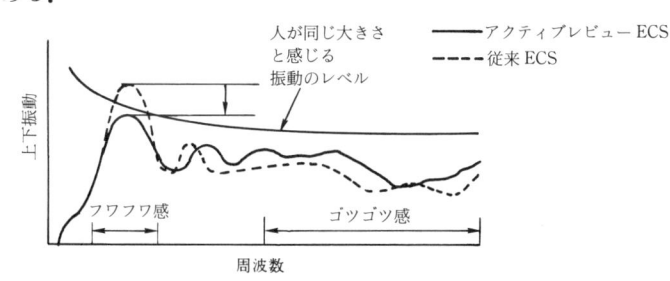

図 2.74 不快な振動成分の低減[35]

最新の電子制御によるサスペンションでは，図 2.74 に示すような制御のものが見られる．

一般に人間は，低周波数域では鈍感で，高周波数域では敏感であるといわれる．したがって，ゴツゴツ感よりもフワフワ感を強く感じる傾向にあるため，この装置では減衰力を大きくして 1～2 Hz 付近のフワフワ感を抑えている．

以上により，振動の面から乗り心地に影響を及ぼすのは，ボデーの振動数であり，この振動数が多くても少なくても不快感を与える．

すなわち，ボデーの上下の固有振動数 (1～3 Hz) は，荷重とサスペンションのばねの硬さの関係で決定される．このボデー上下の固有振動数は，式(2.94)で表わされる．

$$f = \frac{1}{2\pi} \cdot \sqrt{\frac{K \cdot g}{W}} \quad \cdots\cdots (2.94)$$

ただし，f：ボデー上下の固有振動数，Hz
　　　　K：シャシスプリングのばね定数，kgf/m
　　　　g：重力の加速度（9.8 m/s^2）

88 第2章 自動車の性能

W：荷重，N $\{kgf\}$
π：円周率

したがって，ボデー上下の固有振動数と路面からタイヤ，サスペンションを経て伝達される振動数とが共振状態になると振幅が大きくなり，異常振動を発生することになる．

図2.75にばね上，ばね下振動の座標系を示す．

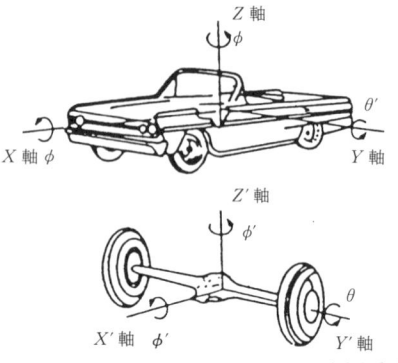

図 2.75 ばね上，ばね下振動の座標系[32]

(2) 騒音の評価法

自動車の騒音は，乗員の快適性に関する車内騒音と道路交通騒音とする騒音公害とに大別される．自動車の車外騒音は道路運送車両法の保安基準により法的な規制があり，年々強化されている．一方，車内騒音についても防振材，しゃ音材の使用により低減化もされてきており，商品性としての向上が見られる．

(a) 騒音の定義

騒音とは，「気になる音」「ないほうがいい音」の総称であり，たとえば，どんなきれいな音楽であっても，それを聞く人が，ないほうがいいと思えば，その音楽はその人にとっては騒音である．このように，騒音は人間の聴覚という生理的要因や心理的要因に左右されるものである．したがって，騒音は単なる物理量としてではなく，統計的に人の感覚量と近似性を有する尺度で表わされている．

参考までに，音には三つの要素がある．

まず，音の大きさ (loudness)，高さ (pitch) および音色 (timbre) が考えられる[36]．

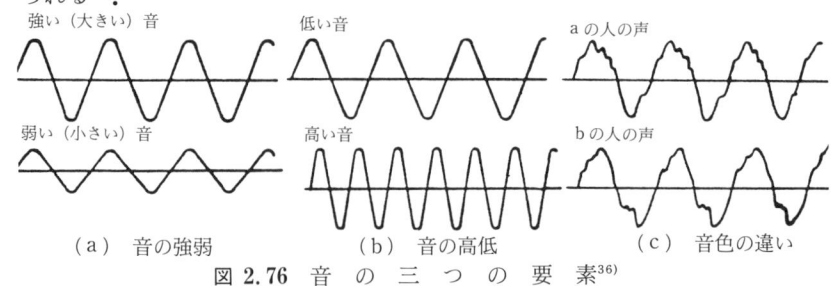

強い（大きい）音　　　低い音　　　　　　aの人の声

弱い（小さい）音　　　高い音　　　　　　bの人の声

(a) 音の強弱　　　(b) 音の高低　　　(c) 音色の違い

図 2.76 音 の 三 つ の 要 素[36]

音の大きさは，図2.76 (a) に示すように，音波の波の振幅が大きいか小さいかによって決まる（たとえば，ラジオのボリュームを上げれば音は大きく，絞れば音の大きさは小さくなる）．

音の高さは，図2.76 (b) に示すように音波の周波数が少ないものは低音，周波数の多いものは高い音である．

音の音色は，その音の波形をオシログラフなどで観察すると，図2.76 (c) に示すように，その音特有の波形があることがわかる（たとえば，男性の声，女性の声によっても，特に楽器などに特有の波形が見られる）．

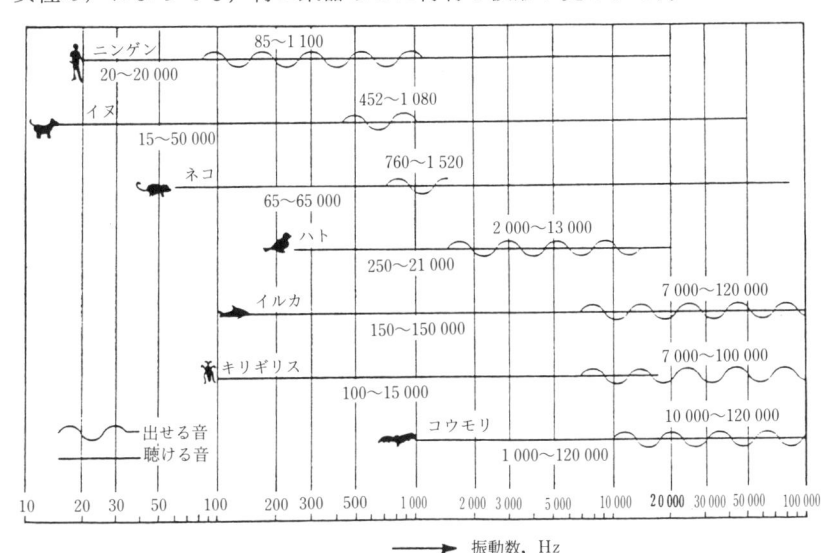

図 2.77 出せる音と聴ける音（振動数）

図2.77に出せる音と聴ける音（振動数）を示す．

図2.78に自動車騒音の範囲を音圧レベルと振動数の関係を示す．

(b) 音圧レベルと音の大きさのレベル[36]

音波は，空気中で物体が激しく振動すると，その振動に応じて空気の密度が高くなったり低くなったりする．すなわち，振動体，つまり，音源の振動によって瞬間的に外側へ押し広げられ，順々に外側の空気を押し，伝達される（例，池に投げられた石による外側に広がっていく波と同様である）．

したがって，音波は空気中の密度変化の波であり，振動する圧力振動を生じている．この圧力の変化分の実効値を音圧という．

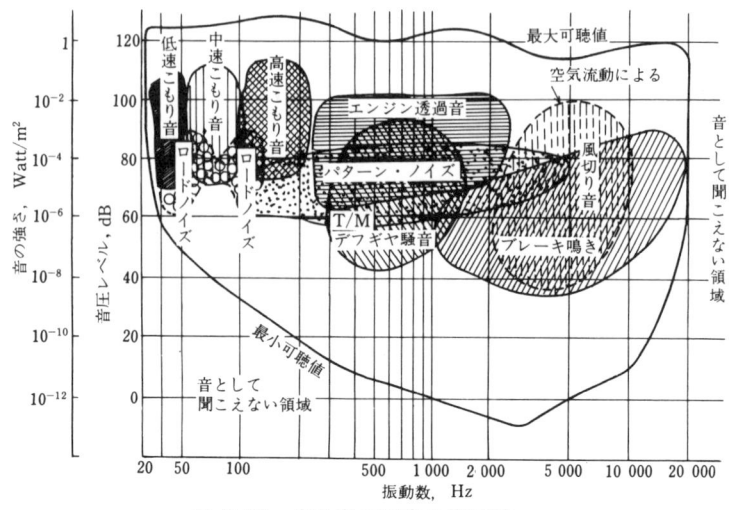

図 2.78 自動車の騒音の範囲[31]

人の耳に疼痛を与える大きな音の音圧は，かすかに聞こえる音の 500 万倍くらいの大きさであり，日常の会話でも 100～5 000 倍と音の範囲は広いため，直線的な尺度では不便であり，対数尺度で表わすと，人の感覚にも対応して便利である（Fechner の法則）．

音圧レベルは次式のように，基準音圧に対する対数比で表わし，dB（デシベル）で示される．

$$音圧レベル（dB）= 20 \log_{10} P/P_0 \quad \cdots\cdots (2.95)$$

ただし，P：表現しようとする音圧

P_0：基準の音圧（$2 \times 10^{-4} \mu$bar）

音の大きさは，音を聞いたときの感じの程度は主観的な感覚量であり，これを音の大きさと称している．

音の大きさのレベルは，phon（ホン）が用いられる．phon は 1 kHz（1 000 Hz）では，その音圧レベル値をそのままの値で表わし，1 kHz 以外の音については，1 kHz の音と聞き比べて大きさが等しいと判断される 1 kHz の音圧レベルの数値をいう．

図 2.79 は，Fletcher らにより多数の人間について音圧レベルと音の大きさのレベルとの関係を測定して表わした音の等感度曲線である．

われわれ人間の聴覚では，0 ホンが聞こえる限界であり，120 ホン以上では

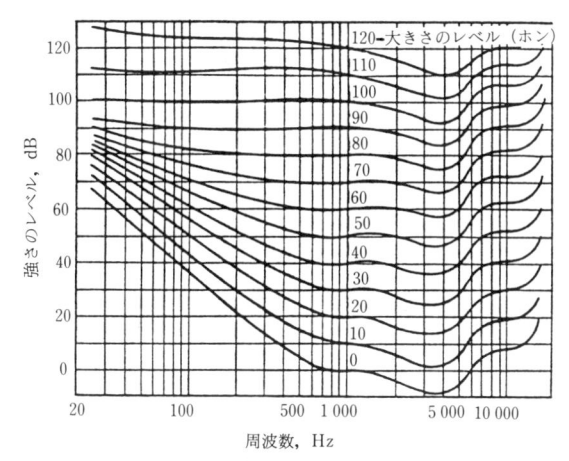

図 2.79　音の等感曲線

苦痛を感ずる．

（c）　騒音レベル

騒音を測定する場合は，そのつど 1 kHz の音と比較して，その大きさを判断することは現実的に不可能である．人の耳に感じる音の大きさを近似的に測定するため，騒音レベル計に特定の聴感補正回路を組み込んだ騒音計で測定したレベルを騒音レベルという．この補正回路には，A 特性，B 特性，C 特性，さらには用途によって D 特性まで組み込まれたものもある（図 2.80）．

ⅰ）　A 特性の聴感補正曲線

等感度曲線のおよそ 40 phon に対応させたものであり，人間の感覚に非常に相関があるとされ，騒音測定に際して A 特性が広く使用されている．

ⅱ）　B 特性の聴感補正曲線

B 特性は，およそ 70 phon の等感度曲線に対応させたものであり，現在ではあまり用いられていないのが実情である．

ⅲ）　C 特性の聴感補正曲線

C 特性は，85 phon 以上の等感

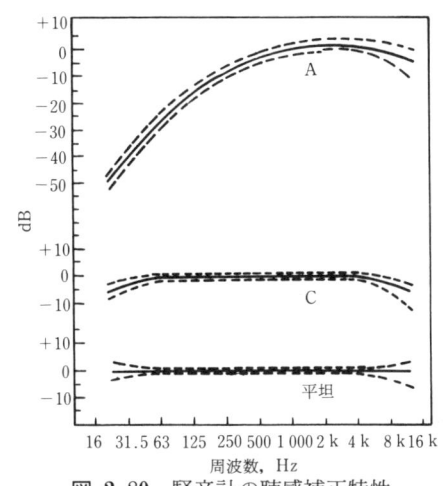

図 2.80　騒音計の聴感補正特性

度曲線に対応させたものであり，従来は大きい音の測定に用いられていた．この特性の周波数レスポンスは平坦であり，周波数分析を伴う測定に用いられる．

iv) 騒音レベルの表示

騒音レベルは，騒音計の聴感補正回路である各特性を測定時に明記する必要がある．

したがって，測定された値に dB (A)，dB (B)，dB (C) と表わし，聴感補正特性をの種類を記しで表わしている．

(v) 混合騒音の計測値

騒音レベルは，たとえば，二つの騒音が発生している場合，ただ単に加算することはできない．騒音レベルは対数表示であるため，たとえば，騒音レベルが X_1 と X_2 の音のエネルギを P_1，P_2 として同時に存在するときのレベルを X_3，音のエネルギを P_3 とする．

X_1 と X_2 のうち，大きいほうに加える補正数を A，X_2 と X_1 の差を B として，A と B の関係を求める[33]．

$$A = X_3 - X_2, \quad (X_2 \geq X_1)$$
$$B = X_2 - X_1$$
$$A = 10 \log_{10} P_3/P_2$$
$$= 10 \log_{10} (1 + 10^{\frac{-B}{10}}) \quad \cdots\cdots\cdots\cdots\cdots (2.96)$$

式 (2.96) で，二つの騒音レベルの和が求められる．

道路運送車両法の自動車検査業務実施要領の騒音防止装置に関する計測値の取扱いでは，**表 2.8** に示すように計測の対象とする騒音と暗騒音の計測値の差によって補正する方法が取られている．

表 2.8 中の暗騒音とは，ある場所において特定の音(測定しようとする音)を考える場合，その音がないときに，その場所で発生している騒音を特定の音に対しいう．

表 2.8 計測値の補正

(単位：ホン)

計測の対象とする騒音と暗騒音の計測値の差	3	4	5	6	7	8	9
補　正　値	3	2		1			

2.8 衝突, 安全

2.8.1 交通事故の概要
（1） 概　要

現在，わが国の自動車保有台数は世界の約10％を占めるに至り，また，自動車産業に携わる従業員数は全産業就業者の10％を超え，さらに，総小売販売高は自動車小売およびガソリンスタンド販売高で約20％を占めている．

一方，自動車生産額は主要製造生産額の約12％を有している．これらの状況から見ても自動車産業は文字どおり日本経済の中心的役割を果たしている．

また，最近の自動車の使用方法が多用化し，さらに，一家族あたりの保有台数が複数化となるのが多くなってきた．

このように自動車を取り巻く環境が変化し，これにかかわる交通事故問題，さらに，公害問題，すなわち，騒音・振動および排出ガスなどが，今後ますます重要な問題として取り上げる必要がある．

このうち，公害に関する問題は技術的な点が多く，ある程度の期間を経ることにより解決の見通しは可能と思われる．

しかし，交通事故問題は人的要素が非常に多く，さらに，環境面を含んでのトータル的に検討しなければならないと思われる．

これら事故対策を検討するには，現状の事故について十分分析するのが急務である．

以上の状況により，事故分析を行なうことによって事故発生防止の手掛かりになるものと思われる．

（2） 日本における交通事故の推移

1965年～1997年における交通事故の発生件数，死傷者数および保有台数を表2.9[37]～[39]に示す．

表2.9より1997年の保有台数100台あたりの発生件数および死亡者数は10.7および0.13となり，また発生件数あたりの死亡者数は1.24といずれも減少してきている．

なお死亡者数は1996年および1997年で1万人以下となったが，発生件数および負傷者数は保有台数の増加と共に減少のきざしが見られない．

94   第2章 自動車の性能

表 2.9　交通事故の推移

項目＼年	発生件数 A	負傷者数 人 B	死亡者数 人 C	$\frac{C}{A}\times 10^2$	保有台数	C／保有台数 10^3台あたり	A／保有台数 10^3台あたり
1965	567 286	425 666	12 484	2.20	7 897 000	1.58	71.8
1970	718 080	981 096	16 765	2.33	18 587 000	0.90	38.6
1975	473 000	622 000	10 792	2.28	28 178 000	0.30	16.8
1980	477 000	599 000	8 760	1.84	37 931 000	0.23	12.6
1985	552 788	681 346	9 261	1.67	46 160 000	0.20	11.9
1989	661 363	814 832	11 086	1.67	55 090 000	0.20	12.0
1993	724 675	878 633	10 942	1.51	63 370 000	0.17	11.4
1997	780 399	958 925	9 640	1.24	73 218 000	0.13	10.7

（3）　日本の状態別死亡交通事故の傾向

1969年～1997年までの状態別交通事故死亡者数を表2.10に示す[40)~42)]．

同表によると1993年以降各状態別に大きな変化は見られなく，対車および車両単独など乗車中によるものが半数近くになり，欧米形に近いパターンとなってきた．なおこの傾向は今後も大きな変化は見られないものと思われる．

表 2.10　状態別死亡者割合（％）

項目＼年	乗車中	二輪車	自転車	歩行者	その他
1969	31.8	18.0	12.2	35.9	2.1
1980	35.4	18.1	11.9	34.1	0.5
1990	40.1	22.2	10.3	27.1	0.3
1993	44.2	18.4	10.2	27.1	0.1
1997	44.1	17.2	11.0	27.4	0.2

（4）　日本における曜日別交通死亡事故発生件数

日本における曜日別交通死亡事故発生件数を表2.11[40)]に示す．

平成3年より平成9年までの曜日別死亡交通事故を見ると月曜日から木曜日までの週の前半と金曜日から日曜日までの週末では大きな差が見られる．

即ち7年間の週前半の平均では26.43に対し週末で29.49と3.03の差が見られ，週平均27.74を100とすると週前半で94～96に対し週末では103～112で，週休2日制の普及などにより，金曜日を含めた週末に多発する傾向は変わらない．なかでも土曜日が圧倒的に多く，要注意日である．

2.8 衝突，安全　95

表 2.11　曜日別死亡事故発生件数[40]

年平成 \ 曜日	月	火	水	木	月〜木平均	金	土	日	金〜日平均	週平均
3	27.5	27.3	27.7	27.6	27.53	28.5	33.0	30.7	30.73	28.90
4	27.0	28.6	28.7	26.8	27.78	30.3	33.9	33.0	32.40	29.76
5	27.1	26.8	27.0	27.7	27.15	29.0	31.5	30.2	30.23	28.47
6	27.5	26.4	26.7	25.8	26.60	29.1	31.1	28.0	29.4	27.80
7	26.8	27.1	26.9	26.1	26.73	29.9	31.1	28.2	29.73	28.01
8	24.2	26.2	24.9	25.4	25.17	27.4	27.7	26.3	27.13	26.01
9	24.1	23.4	25.1	23.6	24.05	24.9	28.2	27.4	26.83	25.24
3〜9年平均	26.31	26.54	26.71	26.14	26.43	28.44	30.93	29.11	29.49	27.74
指数	95	96	96	94	95	103	112	105	106	100

表 2.12　主要国の交通事故推移

国別 \ 項目	年	死亡者数（人）	1万台当り死亡者	普及台数 人/台	備考定義
日　本	1980	8 760	3.4	3.1	
	1989	11 086	2.5	2.11	
	1993	10 942	2.0	1.87	
	1996	11 674	1.6	1.75	30日以内の死者
アメリカ	1979	51 088	3.2	1.4	30日以内の死者
	1989	47 093	2.4	1.29	
	1992	39 235	2.0	1.33	
	1996	41 907	2.1	1.33	
ドイツ	1980	13 041	5.1	2.4	30日以内の死者
	1989	7 995	2.5	1.96	
	1992	10 631	2.4	1.89	
	1996	8 807	1.9	1.79	
フランス	1979	12 197	6.2	2.5	30日以内の死者
	1989	11 476	4.0	2.02	
	1992	9 900	3.3	2.00	
	1996	8 758	2.9	1.92	
イギリス	1979	6 239	3.4	3.2	30日以内の死者
	1989	5 373	2.3	2.33	
	1992	4 229	1.8	2.32	
	1996	3 598	1.4	2.22	

96   第2章　自動車の性能

（5）　主要国の交通事故

交通事故対策上各国の交通事故の状況を把握しておくことは重要である．

各国の交通事故死者数，1万台当り死者数および普及台数（人／台数）の推移を表2.12に示す[40),42)]．

このうち，日本では1989年以降死者数は横バイであるが，車両1万台当りの死者数の減少が目立った．

アメリカは普及台数当りの比率に大きな変化は見られないが，1979年に比べ1996年は死者数が1万人近い減少であった．次にドイツは保有台数は増加しているが，1万台当りの死者数は1980年の5.1から1996年1.9へと急激な減少であった．また，フランスは死亡者数の減少が目立ったが，1万台当りの死亡者数は2.9と高い数値であった．一方，イギリスは死亡者数の減少が著しく，また，1万台当りの死亡者数1.4と主要国では一番少なかった．

（6）　主要国における年齢層別の交通事故死亡構成率

主要国の交通事故死亡者が年齢層別にどのようになっているかを検討することは，事故対策の資料として必要である．

主要国の1992年および1996年の年齢層別の交通事故構成率および人口構成表を表2.13に，またこれらの割合を表2.14に示す[40)]．

表中死亡者率が人口構成率より少なければその年齢層における死亡者数が少ないことになる．また，表2.14における死亡者／人口構成の割合においても同様である．

各国共に25〜64歳の5ヵ国平均では，人口構成が約51.8〜53.5％を示し，死亡者は48.6〜49.4％と半数近くを示しているが，死亡者と人口構成の割合では0.89〜0.91と15〜24歳の年齢層1.92〜2.05および65歳以上の年齢層1.41〜1.46より少ない値である．

次に国別では日本が65歳以上の年齢層において5ヵ国平均1.41〜1.46値より非常に高い2.03〜2.37と高齢者対策が急務である．

またアメリカは14歳以下の年齢層において死亡者率が他国より多いが目立つ，ドイツは15〜24歳および25〜64歳の年齢層において5ヵ国平均より高かったが，65歳以上の年齢層では日本の半分近い1.02〜1.14であった．一方フランスは25〜64歳の年齢層において各国の平均値よりやや高かったがほかの年齢層はほぼ平均的な数値であった．さらにイギリスは14歳以下

の年齢層の死亡者率が多く,また65歳以上の年齢層においても日本に次いで高かった.

一方年別比較では各年齢層共に大きな変化が見られないなかで,日本の65歳以上の年齢層において2.03〜2.37と急激に高くなっていたのが特徴である.

表 2.13 年齢層別交通事故死亡率と人口構成率(%)

国別	年齢層 項目 年	14歳以下		15〜24歳		25〜64歳		65歳以上	
		人口構成	死者	人口構成	死者	人口構成	死者	人口構成	死者
日　本	1992	18.1	3.8	13.9	24.2	54.4	44.6	13.5	27.4
	1996	16.8	3.6	13.0	20.9	56.5	43.0	13.7	32.5
アメリカ	1992	23.1	8.0	13.0	24.6	50.9	50.9	13.0	16.5
	1996	23.3	7.8	11.4	23.6	52.4	51.3	12.6	16.9
ドイツ	1992	15.8	4.5	12.3	26.9	50.1	51.7	14.8	16.9
	1996	15.7	4.1	11.6	27.3	56.9	53.1	15.1	15.4
フランス	1992	19.3	4.4	14.4	28.8	52.6	51.3	13.7	15.5
	1996	17.6	4.5	14.0	24.3	52.4	52.6	15.9	18.5
イギリス	1992	18.6	6.3	14.4	25.8	51.2	44.4	15.8	23.5
	1996	19.9	7.5	11.8	23.7	52.4	47.2	15.7	20.9
5カ国平均	1992	18.9	5.4	13.6	26.1	51.8	48.6	14.2	20.0
	1996	18.7	5.5	12.4	24.0	54.1	49.4	14.6	20.8

98　第2章　自動車の性能

表 2.14　年齢層別交通事故死亡者と人口構成割合

国別	年	14歳以下 死者率/人口構成	15～24歳 死者率/人口構成	25～64歳 死者率/人口構成	65歳以上 死者率/人口構成
日　本	1992	0.21	1.74	0.82	2.03
	1996	0.22	1.65	0.78	2.37
アメリカ	1992	0.35	1.89	1.00	1.27
	1996	0.34	2.07	0.99	1.41
ドイツ	1992	0.28	2.19	0.91	1.14
	1996	0.26	2.35	0.93	1.02
フランス	1992	0.23	2.00	0.98	1.13
	1996	0.26	1.74	0.87	1.16
イギリス	1992	0.34	1.79	0.87	1.49
	1996	0.38	2.01	0.91	1.33
5カ国平均	1992	0.282	1.922	0.916	1.412
	1996	0.292	1.964	0.896	1.462

2.8.2　安　全　基　準

　自動車における安全基準は，走行中での事故回避対策，歩行者保護対策，事故時の被害軽減および事故後の2次衝突回避のために設けられたもので，日本では道路運送車両法の保安基準が1951年に，また，アメリカではFMVSS*が1968年に，オーストラリアではADR**が1966年に，ヨーロッパでははECE***が1958年にそれぞれ設定されたが，ここでは衝突に関する安全項目について取り上げる。

（1）　道路運送車両法の保安基準

表 2.15　道路運送車両法の保安基準[43]

条文	項　目	内　　容
11	かじ取り装置	堅ろうで安全な運行を確保できるものであること．乗用車は衝撃吸収ハンドルを備え付けること．
22-3	座席ベルトなど	自動車の座席にはベルト取付け金具があること．また，前席両外側席には座席ベルト備え付けを規定している．
22-4	頭部後傾抑止装置	前席両側席に備え付けること．
29	窓ガラス	前面ガラス破損時の視野確保および安全窓ガラス使用の規定．
44	後写鏡	歩行者への衝撃緩和，確認範囲．また大形車の直前障害物確認鏡などの規定．

(2) FMVSS

表 2.16　FMVSS[42] の項目

項目No.	項　目	内　容
201	室内衝撃に対する乗員保護	インパネ，シートバックアームレストなどのエネルギ吸収性の規定
202	ヘッドレストレイント	ヘッドレストの強度を規定
203	コラプシブルステアリング	ステアリングコラムのエネルギ吸収性を規定
204	ステアリング後方移動	バリア衝突でステアリングの後退量を規制する
205	ガラス材	ガラス材の衝撃，貫通透過率，破砕などの性能を規定
206	ドアロック，ドア保持機構	ドアラッチヒンジの前後および横方向の開放強度を規定
207	シーティングシステム	シートおよびシートアンカレッジの強度を規定
208	乗員衝突保護	シートベルトの装着を規定
209	シートベルトアセンブリ	ウェビング，金具，アセンブリなどの強度および性能を規定
210	シートベルトアンカレッジ	シートベルトアンカレッジの位置および強度を規定
212	ウインドシールドマウント	バリア衝突でウインドシールド取付け部の保持率を規定
213	幼児用シート	幼児用シートの強度，ヘッドレスト，ベッド，ラベリングなどを規定
214	サイドドア強度	サイドドアにシリンダで荷重をかけ，その抵抗力を規定
216	ルーフクラッシュ抵抗	フロントピラー付近のルーフに負荷したときの変位を規定
220	スクールバス転覆時の保護	転覆時の生存空間を確保するため車体強度を規定
222	スクールバス乗員シートと衝突時の保護	バスのシートシステムの大きさ，強度および頭部，脚部の保護要件を規定
301-75	燃料システム保全	バリア衝突中および衝突後燃料もれの規定
302	室内材料の難燃性	内装材の燃焼速度は毎分 10 cm 以下のこと

100　第2章　自動車の性能

(3) ADR

表 2.17 ADR[42)] の項目

項目 No.	項　目	内　容
3	シートアンカレッジ	シートの重量の20倍の荷重を前後方向に加えたとき耐えること
4 C	シートベルト	規定動的試験，外側席は3点ベルトのこと
5 B	シートベルトアンカレッジ	アンカレッジは，規定引張り荷重に耐え，規定エリア内に位置づけること
11	サンバイザ	減速度は80 g・3 ms，最高200 gであること
22 A	ヘッドレスト	前席外側席に装着し，規定荷重に耐えること
29	サイドドア強度	サイドドアの静的強度を規定
32 A	大形車のシートベルト	外側座席に少なくとも規定を満足する2点式シートベルトを備えること
34	子供用拘束アンカレッジ	子ども用アンカレッジポイントの取付けおよびその位置強度を規定

(4) ECE

表 2.18 ECE Regulation の項目

項目 No.	項　目	内　容
12	ステアリング機構からの運転者保護	空車による30 mile/hバリアテスト後コラムの後方移動量，人体ブロックによる15 mile/hでのコラム衝撃時の衝撃吸収要件の規定
14	シートベルトアンカレッジ	乗用車のシートベルトアンカレッジ取付け位置強度の規定
16	シートベルト	ベルトストラップおよび剛性部品の性能要件の規定
17	シート，シートアンカレッジ	シートバックは54 kgf・mのモーメントに耐えること，シートアンカレッジはシート全重量の20倍の力を前後に加えたときに耐えること

　　* FMVSS：Federal Motor Vehicle Safety Standards（アメリカ安全基準）
　 ** ADR：Australian Design Rule（オーストラリア設計規格）
*** ECE：Economic Commission for Europe（国連ヨーロッパ経済委員会）

表 2.18 ECE Regulation の項目（つづき）

項目 No.	項　　目	内　　　　容
25	ヘッドレスト	取付け位置，寸法，衝撃吸収要件および 38 kgf・m のモーメントをかけたときの後退量の規定
32	後面衝突時の車両強度	バリアテスト後のシート R 点，ドアについて規定
33	正面衝突時の車両強度	バリアテスト後の客室スペース，ドアについて規定
43	安全ガラス	ガラス材の衝撃，貫通，破砕などの性能を規定
44	幼児用拘束装置	幼児用，シートの強度，ヘッドレスト，ベッドなどを規定
46	後写鏡	鏡体寸法，曲率，衝撃吸収性能，視界などを規定

2.8.3 安全対策

わが国の交通事故死亡者数は，1970 年の 16 765 人をピークに 1979 年には 8 466 人まで減少したが，その後増加し，1988 年以降再び 1 万人を突破したが，1996 年より 1 万人以下となった（**表 2.9**）．

なお，最近の死亡事故の特徴は自動車の保有台数が 2.11 人/台まで普及し，国民皆免許時代の到来，さらに，都市活動の 24 時間化，週休 2 日制の普及など自動車を取り巻く環境の変化による影響が見られる．すなわち

① 人口構成比率のなかでは，若年層と 65 歳以上によるものが多い
② 深夜の事故の増加
③ 自動車乗車中および二輪車によるものの増加
④ 休日の事故の増加

などである．

これに対し政府では，総務庁に設置されている交通対策本部を中心に運輸省，建設省，文部省，厚生省，警察庁など関係省庁を取りまとめながら交通安全対策を進め，1990 年中には若年者対策として，初心者に対する暫定免許制度の創設，違法駐車が引き起こす事故防止のための道路交通法，保管場所法の改正，駐車場設備促進のための法制度の見直しの着手などが実施する計画である．

一方，運輸省では自動車側の安全対策として

① ALB（アンチロックブレーキ）装置，SRS（サプリメンタルレスト

レイントシステム）装置，サイドインパクトビームなどの安全装備の採用拡大．

② 大形トラクタ，トレーラおよび高速バスへのALB装着義務付け(1991年10月以降の生産車)，衝突安全性評価方法の検討などを打ち出した[44]．

反面，交通安全教育の充実，救急医療体制，交通事故調査，分析体制および道路環境整備などの立遅れが目立っている．

次に，自動車側の安全対策については，衝突を未然に防止する「予防安全対策」があり，これにはALB装置，TCS装置がある．

すなわち，ALB装置はあらゆる路面においてタイヤロックが発生せず，方向安定性が確保できるので安全なブレーキングが可能である．

また，TCS装置は低μ路における平地および坂路発進または急加速時において，駆動輪を空転させることなく，スムーズな発進が可能である．

これに対し，衝突時の安全対策としてELRシートベルト，SRSエアバッグ，サイドインパクトビームおよび燃料漏れ防止装置がある．

すなわち，ELRシートベルトはリトラクタに前後・左右の加速度が作用した場合，または，ベルトの引出し量が一定以上となった場合に，ベルトをそのままの長さで固定するので乗員拘束には効果がみられる．

また，SRSエアバッグ装置は，正面衝突時において複数のセンサが感知し，発火装置を備えたインフレータ（ガス発生装置）が作動し，窒素ガスをエアバッグに送込み，瞬時にバッグが展張し，前のめりになった乗員を受け止め，顔面，頭部および胸部を保護し，その後ガスが速やかに抜かれ，乗員の視界を確保する．これらの一連の動作は0.2秒程度で終了する．

なお，衝突時のエアバッグ作動速度はメーカーにより異なるが，およそ時速25km以上で行なわれる．

次に，側面衝突時の乗員拘束としてドアパネルの室内侵入を抑えて，乗員の生存空間を確保できるための，サイドインパクトメンバによる補強が国内販売車両についても行なわれるようになった．

なお，日本およびアメリカによる衝突形態を図2.81[45]に示す．

さらに，衝突時において燃料漏れ防止装置として，万一燃料漏れが発生しても，車室内に流れ込まないように配慮した燃料タンク，配管の配置，また，配管周辺に鋭い突起を有する部品を配置しないこと，さらに，飛び石などに

2.8 衝突, 安全

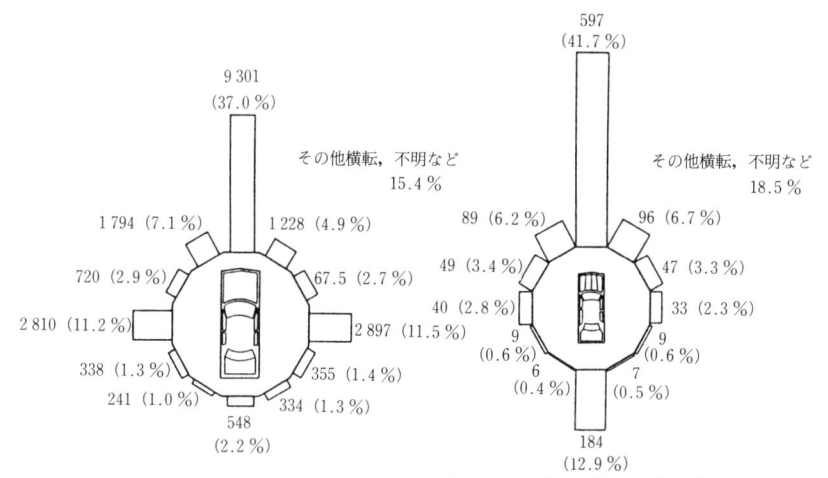

(a) アメリカにおける衝突方向の分布
(1987 年 FARS 事故データ*:
乗用車のみ)

(b) 日本における衝突方向の分布
(1973～1988 年までの運輸省
事故データ**:四輪車)

図 2.81 アメリカおよび日本における自動車の衝突方向分布

よる損傷や腐食に対して配慮されていることなどである[46]。

一方,最近では激しい衝突時においても乗員拘束をさらに高めるという考え方から ELR シートベルトより,シートベルトテンショナが装備されてきた。

これは,衝突時においてベルトを固定するだけでは対応できないので,ベルトを強制的に引っ張り,さらに,乗員拘束効果を高める装置である。

2.8.4 車両の衝突

(1) 衝突の力学

自動車の衝突には種々のケースがあるが,これを解析するには基本的な物理式および数学の公式を用い,さらに,応用することによりある程度のことは可能である。

ここでは,おもな基本公式の解説を行なう。

(a) ニュートン運動の三大法則

ⅰ) 力が働かない限り,静止している物体は静止し,運動している物体は

---

* アメリカ運輸省が調査している死亡事故データのことであり,FARS は Fatal Accident Reporting Systm の略。
** 日本の運輸省が毎年特定期間に約 100 件調査している交通事故データ。

等速度運動を続ける（慣性の法則）．

すなわち，運動量（質量×速度）は不変である．

ⅱ）力が働くと速度は変化する．この加速度の大きさは力に比例する．

この比例定数を質量という．すなわち，物体の質量を m とし，加速度を a，力を F とすれば

$$F = m \cdot a$$

である．

ⅲ）二つの物体が力を及ぼし合うとき，作用と反作用の大きさは相等しく，向きは互いに逆である（作用・反作用の法則）．

(b) 質量と重さ

質量とは，物体に働く力を加速度で割った値である．

すなわち，慣性の原因には物体の絶対的な量が質量である．

$$質量(m) = 重量/重力加速度 = W(\mathrm{kgf})/g(\mathrm{m/s^2})\,(\mathrm{kgf \cdot s^2/m})$$

たとえば，重量 980 kgf の質量 (m) は

$$m = \frac{980}{9.8} = 100\,(\mathrm{kgf \cdot s^2/m})$$

である．

ただし，SI 単位では質量は kg で表わす（4.3 項参照）．

(c) 摩擦力と重量

図 2.82 のように，滑走している物体に力 F の摩擦力が働いているとすると，物体の速度は力 F の作用によりどんどん減少し，この力は物体の重量 $W(\mathrm{kgf})$ と摩擦係数 μ によって決定される．

すなわち，$F = \mu \cdot W$，また，$W = m \cdot g$ であるから

$$F = \mu \cdot m \cdot g$$

で表わされる．

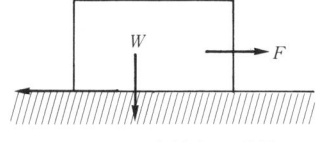

図 2.82 摩擦力と重量

(d) 運動量と力積

自動車の衝突現象において，運動量が一定ならば衝突時間が短いほど衝撃力は大きくなる．すなわち，

運動量＝力積

質量×速度＝力×時間

$$m \times v = F \times t$$

したがって，$F = \dfrac{m \cdot v}{t}$　また $v = a t$ であるから

$$F = m \cdot a$$

となる．

一方，運動量保存の法則は質量 m_1 の衝突前速度 v_1，衝突後の速度 v_2，また，質量 m_2 の衝突前速度 v_1'，衝突後の速度 v_2' とすると

$$m_1 \cdot v_1 + m_2 \cdot v_1' = m_1 \cdot v_2 + m_2 \cdot v_2'$$

となる．

なお，衝突後一体で v_0 の速度で移動したとすると

$$m_1 \cdot v_1 + m_2 \cdot v_1' = v_0 (m_1 + m_2)$$

$$v_0 = \dfrac{m_1 \cdot v_1 + m_2 \cdot v_1'}{m_1 + m_2}$$

となる．

(e)　運動エネルギと仕事

高いところにある物体は，地上にあるときよりも余計にエネルギを持っている．

このエネルギは物体の位置によるものであるから位置エネルギと呼ばれる．

位置エネルギ = $W \cdot h = m \cdot g \cdot h$
（重量×高さ）

一方，速さ v で運動している質量 m の物体に力 F を作用させて，t 秒間に止めた場合

$$F = m \cdot \dfrac{v}{t}$$

の関係があり，t 秒間に速さが v から 0 になるから，平均速度は $v/2$ で t 秒間に物体は $S = \dfrac{v}{2} \cdot t$ だけの距離を進んで停止する．

この間に物体 F に対しての仕事は

$$F \times S = m \cdot \dfrac{v}{t} \times \dfrac{v}{2} t = \dfrac{m \cdot v^2}{2}$$

すなわち，運動エネルギ $= F \times S = \dfrac{m \cdot v^2}{2}$ である．

なお，制動時の場合，制動距離を S と置き，その間の初速度を求めると

$$W = m \cdot g, \quad F = \mu \cdot W$$

であるから

$$\mu \times W \times S = \frac{W}{g} \times \frac{v^2}{2}$$

したがって,
$$v = \sqrt{2\mu \cdot g \cdot S}$$

となる.

(f) 運動量と運動エネルギ

運動量は,衝突前後で全く変わらない.しかし,運動エネルギは種々のエネルギが含まれるため,ほかのエネルギに変換し,総量としては等しくなる.

すなわち,熱エネルギ,音のエネルギ,機械エネルギおよびひずみエネルギなどに変わる.

したがって
$$m \cdot g \cdot h + \frac{1}{2} m \cdot v^2 = 一定$$

となる.

(2) 衝 突 形 態

自動車事故には車両単独事故もあるが,大部分は車両相互の衝突事故である.ここでは,衝突形態などに関して解説する.

(a) 反 発 係 数

二つの物体が一直線上で運動し,衝突した場合,双方物体の衝突前・後の速度変化を反発係数 e という.

なお,反発係数1を弾性衝突,0を塑性衝突という.また,二つの物体のうち,物体 A の衝突前の速度を v_1,衝突後の速度 v_2,物体 B の衝突前の速度を U_1,衝突後の速度を U_2 とすると

$$e = U_2 - v_2 / v_1 - U_1$$

で表わすことができる.

(b) 弾 性 衝 突

ゴムまりのようなはね返りやすい物体を壁に投げつけると,投げたときの速さとほとんど変わらない速度ではね返ってくる.このように速度変化が起こらない衝突を弾性衝突という.

なお,自動車の低速度衝突においては弾性衝突である.

(c) 塑 性 衝 突

粘土で作ったボールを壁に投げつけると,ほとんどはね返ることなく変形

してしまう．この場合，衝突する直前まで持っていた運動エネルギのすべてはひずみエネルギとして消費されるが，このような衝突を塑性衝突という．

なお，有効衝突速度が $50\,\mathrm{km/h}$[47]になるとほとんどはね返らず，衝突部位の局部が破損する．

(d) 一次元衝突

正面衝突や追突のように，衝突前後の運動が一直線上で起こる衝突である．この衝突では塑性変形量を計測することにより，およその衝突速度の推定が可能である．

(e) 二次元衝突

交差点内での出合い頭衝突，右・左折時の衝突，停止中および走行中の車両への直角衝突などのように衝突によって回転や横すべりを伴う平面的な運動である．

この衝突では両車両の重量差，速度差，衝突部位，衝突角度により衝突中，衝突後の挙動はかなり異なった状態となる．

また，事故解析においては反発係数のほかに衝突物体間の摩擦係数が問題となる．

(f) 三次元運動

二次元衝突などによって衝突後車両が横転したり，また，がけから転落したり，土手に乗り上げ横転した場合の運動である．

(g) 有効衝突速度

質量 m_1, m_2 の車が，速度 v_1, v_2 で衝突すると，衝突後両車の速度は接近し，両車が同一速度 v_c になるまでの速度変化を有効衝突速度と定義している．

$$m_1 \cdot v_1 + m_2 \cdot v_2 = (m_1 + m_2) \cdot v_c$$

$$v_c = \frac{m_1 \cdot v_1 + m_2 \cdot v_2}{m_1 + m_2}$$

衝突自動車 A, B の有効衝突速度 v_{A1}, v_{B1} とすると

$$v_{A1} = v_1 - v_c = \frac{m_2}{m_1 + m_2}(v_1 - v_2)$$

$$v_{B1} = v_c - v_2 = \frac{m_1}{m_1 + m_2}(v_1 - v_2)$$

バリア衝突では，$m_2 = \infty$ であるため $v_{A1} = v_1$ となる．また，同形自動車同士の正面衝突においても $v_{A1} = v_1$ となる．

一方，同形自動車同士の追突事故での追突車の有効衝突速度 v_{A1} は，衝突速度の1/2となり，塑性衝突では有効衝突速度の速度変化は同一になる．

したがって，有効衝突速度の概念を導入することにより，衝突現象をバリア衝突に置き換えることができ，一般に「バリア換算速度」などと呼ばれている．

(3) タイヤ痕跡

自動車が，全制動をかけて滑走するとき生ずるタイヤ痕をスリップ痕といい，乗用車を含め，一般に前輪と後輪とでは痕跡の状態が異なる．すなわち，制動時においてノーズダウン現象が発生するため，前後輪の荷重変化が起きる．

この変化は車両重量，重心高さおよびタイヤと路面間の摩擦係数に比例し，ホイールベースに反比例する．

(a) 制動初速度の算出

スリップ痕の長さを制動距離と同じと仮定し，制動初速度を算出すると

$$v_1 = \sqrt{2 \cdot \mu \cdot g \cdot S}$$

で求められる．

ただし，v_1：制動初速度，m/s

μ：タイヤと路面間の摩擦係数

S：スリップ痕の長さ，m

g：重力加速度（9.8 m/s²）

しかし，一般には制動開始からスリップ痕の付着まで過渡時間 t を要し，この時間を考慮しなければ制動初速度は低い値となる．

なお，スリップ痕の付着は路面状態，路面温度およびタイヤ種類などによって異なる．

すなわち，過渡時間を t とすると，過渡距離 S_0 は

$$S_0 = \frac{v_2 \cdot t}{2}$$

したがって，初速度 v_2 は

$$v_2 = \sqrt{2 \cdot \mu \cdot g (S + S_0)} \quad v_2 = \sqrt{2 \cdot \mu \cdot g \left(S + \frac{v_2 \cdot t}{2} \right)}$$

仮に $t = 0.1$ 秒と仮定し，v_2 を求めると

$$v_2 = \frac{0.1 \cdot \mu \cdot g \pm \sqrt{(0.1 \cdot \mu \cdot g)^2 + 8 \cdot \mu \cdot g \cdot S}}{2}$$

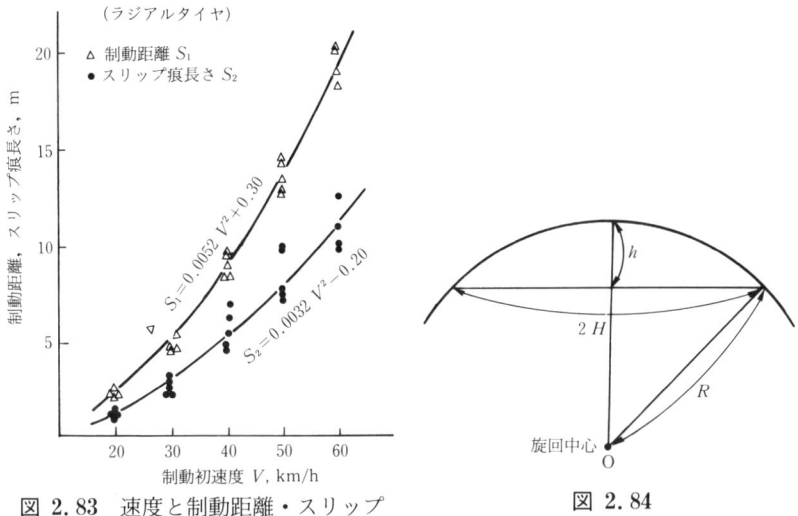

図 2.83　速度と制動距離・スリップ痕長さ

図 2.84

となる.

次に,著者らが行なった乾燥アスファルト路面において,制動距離とスリップ痕の長さについての実験結果[48]を図 2.83 に示す.

この結果は,小形自動車にラジアルタイヤを装着したものであるが,速度が高くなるにつれて制動距離とスリップ痕の差が大きくなった.

(b) 旋回痕により求められる限界速度

自動車の曲線走行時において路面上に印象された旋回痕により曲率半径を求め,この半径をもとに限界速度の算出が可能である.

ⅰ) 曲率半径の求め方

カーブの弦の長さ $2H$ と弧の高さ h を測ることにより,半径が求められる.
　　　$R^2 = (R-h)^2 + H^2$　となるから
すなわち,
$$R = \frac{H^2 + h^2}{2h}$$　で求められる.

ⅱ) 限界速度の算出

自動車が旋回運動すると,重心点に遠心力が働き,これに対抗するのがタイヤの摩擦力で,安全にカーブを回るには,遠心力＜摩擦力でなければならなく,限界時で,遠心力＝摩擦力である.すなわち,安全走行では

$$\frac{W \cdot v^2}{g \cdot R} < \mu \cdot W \qquad v < \sqrt{\mu \cdot g \cdot R}$$

で求められる．

ここで，μ：タイヤと路面間の摩擦係数

　　　　R：旋回半径，

　　　　g：重力加速度

(c) アンチロックブレーキのスリップ痕

この装着による急制動においては，車輪ロック現象が発生しにくく，車輪ロック（スリップ比＝1）の状態で滑走する距離の制動距離に占める割合が小

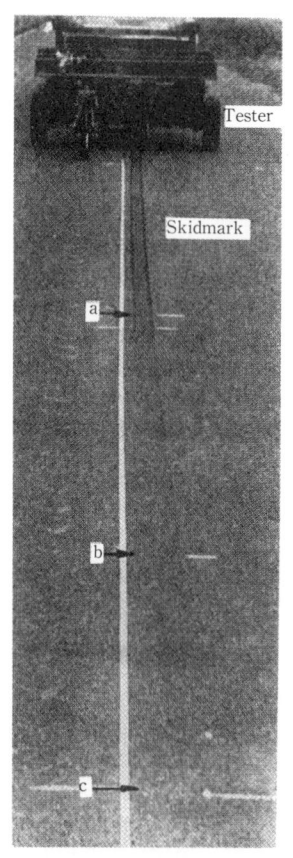

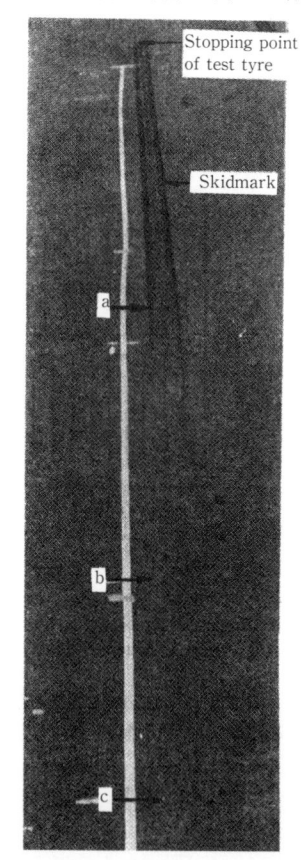

図 2.85 An example of testing roadways[49]　　図 2.86 An example of skidmarks[49]

さくなり，逆にスリップ比の小さいときの割合が大きくなる．

このスリップ比が小さいときの痕跡は全体に印象が薄く，また，不鮮明なものが多い．このため，印象状況はタイヤがロック状態で滑走する際に生じる黒色で，濃く路上に印されるものと大きく異なる．

ここで，アンチロックブレーキ装着による実験結果[49]を図 2.85, 2.86 に示す．

この結果，最大ピーク時のスリップ比は，いずれも 0.05 以上で制動力が大きく，一般にラジアルタイヤの駆動力曲線に見られるスリップ比 0.05〜0.10 のとき，制動力が最大になるとする関係と一致[49]している．

次に，現車を用いた実験結果を表 2.19[47]に示す．

この結果，急制動時のスリップ痕の開始点は多くの場合，印象が極めて薄く，肉眼で確認可能なスリップ痕の印象開始時の車両に働いた減速度は 0.7 G [50]以上であった．

表 2.19 アンチロックブレーキ装置付き車両による直進制動実験結果

No.	スリップ痕長さ， R：右車輪 L：左車輪（m）	制動距離，m	前輪のスリップ比 R：右車輪	減速度，G
1	R：8.50 L：3.80	13.10	R：0.09	0.84
2	R：12.10 (R：12.00)* L：8.45	12.80	R：0.11	0.45 (0.90)*
3	R：10.40 L：7.40	14.20	R：0.06	0.72
4	R：12.60 (R：12.40) L：10.10	13.20	R：0.06	— (0.75)
5	R：12.10 (R：11.95) L：6.00	12.70	R：0.14	0.15 (0.75)
6	R：11.55 L：11.33	13.15	R：0.16	0.83

*スリップ痕の始点から車両の停止側へそれぞれ 10〜20 cm 進んだ地点で車両に働く減速度は，0.75 G 以上である．

参 考 文 献

1) 影山克三:自動車工学全書3, 自動車の性能と試験, 6.12空力試験, 山海堂
2) JASO Z 003-90
3) 平尾 収:自動車機関計画原論, 山海堂
4) 自動車技術ハンドブック1, 基礎理論3, 4, 5燃焼の改善, (社)自動車技術会
5) 近藤政市:基礎自動車工学, 前期編, 養賢堂
6) JIS D 1015, 自動車惰行試験方法
7) 自動車工学便覧, 第1分冊, 第5章, (社)自動車技術会
8) 新編自動車工学便覧, 第2編, 第2章, (社)自動車技術会
9) 広田清一:ブレーキ談義, 自動車の実務, 交文社
10) 新編自動車工学便覧, 第5編, 第2章, ブレーキ, p.2-27, (社)自動車技術会
11) 茄子川ほか:雪氷路面における外気温度とスタッドレスタイヤのすべり抵抗値の傾向について, 北海道自動車短期大学研究紀要, 第14号, 1988年
12) 林洋ほか:自動車事故鑑定の方法, 第7章, 基本的な事項, p.128, 技術書院
13) 影山克三:自動車工学全書, 12巻, ブレーキ編, 第2章, p.143〜145, 山海堂
14) 自動車技術ハンドブック, 基礎・理論編, 第4章, 制動性能の基礎・理論, p.128〜129(社)自動車技術会
15) 新編自動車工学便覧, 第2編, 第2章, 性能, p.2-37, (社)自動車技術会
16) 新編自動車工学便覧, 第5編, 第2章, ブレーキ, p.2-25, (社)自動車技術会
17) 今田ほか:すべり易い路面におけるALBおよびTRCの性能評価, 北海道自動車短期大学研究紀要, 第18号, 1992
18) 新編自動車工学便覧, 第2編, 第2章, 性能, p.2-55〜57, (社)自動車技術会
19) モーターファン, Vol.42, No.10〜12, 三栄書房, 1988
20) 三菱自動車工業(株)広報部, インベックス, 1992

21) 影山克三：自動車工学全書 3，自動車の性能と試験，1.3 タイヤ特性，山海堂
22) 自動車技術ハンドブック，1 基礎・理論編，6.2 タイヤのコーナリング特性，(社)自動車技術会
23) E. Fiala ; Seitenkrafte am Rollenden Luftreifen, Z. VDI, Bd. 96, Nr. 29, 11 Okt. 1954
24) Schlippe B., von Dietrich R. ; Das Flattern eines bepneuten Rades, Bericht Lilienthal Gesellschaft 140 (1947) English Translation, NACA TM 1365 (1954)
25) Segel L ; Force and Moment Response of Pneumatic Tires to Latelal Motion Inputs, Trans. ASME, J. of Engng. for Ind. (1966)
26) Pacejka, H.B. ; Analysis of the Dynamic Response of a Rolling String -Type Tire Model to Lateral Wheel-Plane Vibrations, Vehicle System Dynamics, 1, (1972)
27) Sharp R.S. ; The Stability and Control of Motorcycles, Journal Mechanical Engineering Science, 13-5, (1971)
28) 酒井秀男：タイヤ工学，7.11 コーナリング動特性，グランプリ出版
29) 酒井秀男：タイヤ工学，10.2 ノンユニフォーミティによって発生する力，グランプリ出版
30) 新編自動車工学便覧，第 2 編，第 2 章，性能，p.2-27，(社)自動車技術会
31) トヨタ自動車(株)サービス部：自動車の振動・騒音
32) 新編自動車工学便覧，第 2 編，第 2 章，性能，p.2-58, p.2-83, 2-77〜78, 2-87〜89，(社)自動車技術会
33) 影山克三：自動車工学全書，3 巻，第 3 章，快適性，p.65〜66, p.70〜71，山海堂
34) 自動車技術ハンドブック：基礎理論編，第 7 章，振動乗り心地・騒音の基礎・理論，(社)自動車技術会
35) 三菱自動車工業（株）広報部，インベックス，1992 年
36) 北村恒二：騒音管理の実際知識
37) 交通統計，平成 9 年版北海道警察本部交通部
38) 日本の自動車産業，1998 年，トヨタ自動車株式会社
39) 交通年鑑，平成 9 年，北海道警察本部

40) 交通安全白書平成4年〜平成10年版，総務庁編
41) 自動車工学便覧，第1分冊，第6章，安全，(社)自動車技術会
42) 新編自動車工学便覧，第3編，第2章，安全，(社)自動車技術会
43) (社)日本自動車整備振興会連合会編：自動車整備関係法令と解説，1998年
44) 日刊自動車新聞社共編：自動車年鑑，1991年，日本自動車会議所，p.230
45) 自動車技術ハンドブック，基礎・理論編，第8章，衝突安全性，p.340，(社)自動車技術会
46) 新編自動車工学便覧，第3編，第2章，2-14 (社)自動車技術会
47) 吉川泰輔：事故解析技法，(株)自研センター
48) 茄子川捷久ほか：北海道自動車短期大学 小型自動車の舗装路面における前・後輪のタイヤ痕について，日本交通科学協議会第18回総会研究発表講演集，1982.7
49) 川上明：長野県警科学捜査研究所，スキッドマークの印象状況とスリップ比の関係 科学警察研究所報告法科学編，Vol.39, No.3, August, 1986
50) 川上明：長野県警科学捜査研究所，アンチスキッドブレーキ装着車のスキッドマークについて，科学警察研究所報告法科学編，Vol.40, No.1 February, 1987
51) JATMA(社)日本自動車タイヤ協会，50年の歩み，1997.9
52) 凍結防止剤の特性について，寒地技術シンポジウム Vol 12, 1996.11, 茄子川捷久，今田美明，宮下義孝
53) スパイクタイヤ使用規制下における北海道のスリップ事故，北海道開発局開発土木研究所月報 No.535, 1997.12, 傳章則, 高木秀貴
54) 北海道における脱スパイクタイヤ後のスリップ事故の特徴，第34回日本交通科学協議会，1998.6, 茄子川捷久，今田美明，宮下義孝他

第3章 性能試験法

3.1 動力性能試験

　動力性能試験は，自動車が走行するために要求される各種の性能を調べるために行なわれる試験である．一般に動力性能はエンジン性能に影響され，その評価を大きく左右するためにエンジン性能を中心に試験，評価することがあるが，ここでは自動車全体の動力性能として，その試験法について述べる．

3.1.1 加速性能試験

　自動車の加速性能を評価する試験であり，一般的に発進加速試験と追抜き加速試験がある．

　発進加速試験の計測方法は，距離基準と速度基準のそれぞれの計測では多少の違いがあるが，いずれも所要時間を計測，評価する．

　距離基準の場合は，あらかじめ設定した測定区間の計測点の標識位置を通過したときの時間を各種の計測機器を用いて行なう．また，速度基準の場合は，あらかじめ設定した到達速度に達したときの時間を各種の計測機器を用いて行なう．

　追抜き加速試験の計測方法は，あらかじめ設定した到達速度に達したときの所要時間を各種の計測機器を用いて行なう．

　発進加速試験の計測方法の例をあげると，次のような方法がある．
　① ストップウォッチによる計測
　② 光電管とテープスイッチ（圧電スイッチ）による計測
　③ 第5輪装置による計測
　④ 非接触速度計測装置などによる計測

　上記の方法でも精度の問題から①，②の方法は自動車の速度計の補正を，さらに，①は手動計測による誤差を考慮しなければならない．また，③，④は装置が高価であるが，高精度で速度，距離，時間および加速度などを計測で

きるので，この方法を用いることが一般的である．
（1） 自動車加速試験法（JIS D 1014-82）
（a） 適応範囲
この規格は，自動車の加速試験方法について規定する．
（b） 試験方法
　① 試験自動車の状態，試験路および試験機材は，JIS D 1010（自動車走行試験方法通則）による．
　② 試験は，停止状態から変速機と加速ペダルを使用して行なう方法（発進加速試験と名付ける）と，ある初速度から加速ペダルの操作だけによって行なう方法（追抜き加速試験と名付ける）とに分ける．
　③ 発進加速試験は，自動車を停止状態から変速機と加速ペダルを自由に使用して急に加速し，200 m および 400 m の標点まで進むのに要した時間を測定し，かつ，それらの標点を通過するときの，速度計の指示を読み取る．
　④ 追抜き加速試験は，安定して走りうるできるだけ低い 10 km/h の整数倍の初速度から加速ペダルの操作だけによって急に加速し，速度計の指示が最初に 10 km/h の整数倍の値に達したところから，10 km/h ずつ増加するのに要する時間を次々に測定する．
　⑤ 試験の記録および成績は，所定の様式*のものに記入する．

3.1.2　登坂性能試験

種々のこう配路面における発進能力および登坂能力を評価する試験であり，一般的に急坂路試験と長坂路試験がある．

急坂路試験の計測方法は，一定こう配の 20 m 以上の測定区間を設定できる人工路で行ない，測定開始点からあらかじめ設定した，測定区間の計測点の標識位置を通過するまでの所要時間を各種の計測機器を用いて行なう．また，変速機の条件は第1速とし，変速は行なわないものとする．

長坂路試験の計測方法は，7～10％こう配の連続した 10 km 以上の長坂路で行ない，設定区間をスムーズ，かつ，短時間に登坂できるかを，登坂中の変速頻度，各変速段の使用時間および登坂所要時間を各種の計測機器を用いて行なう．

登坂性能試験の計測方法の例をあげると，次のような方法がある．

---
* 所定の様式とは，JIS D 1014-82 の付表1，付表2をいう．

3.1 動力性能試験

① ストップウォッチによる計測
② 第5輪装置による計測
③ 非接触速度計測装置などによる計測

上記の方法でも精度の問題から①の方法は，自動車の速度計の補正と手動計測による誤差を考慮しなければならない．また，②および③は装置が高価ではあるが，高精度で速度，距離，時間および加速度などを計測できるので，この方法を用いることが一般的である．

(1) **自動車急坂路試験方法**（JIS D 1017-93）

(a) 適応範囲

この規格は，自動車の急坂路試験方法について規定する．

(b) 試験方法

① 試験自動車の状態，試験路および試験機材はJIS D 1010（自動車走行試験方法通則）による．
② 試験路は，防滑構造の人工坂路を理想とするが，やむをえなければ，堅い土質または芝草などの自然坂路とし，一様なこう配の長さ20 m以上の測定区間を含むものとする．なお，測定区間の前に発進に適した5 mの助走路をおく．
③ 測定区間を通過するのに要する時間を測定する．ただし，途中において，登坂不能となった場合は，その地点までの距離および所要時間を測定する．
④ 使用変速歯車は，発進時から最下速を用いるのを普通とし，かつ，変速しないこととする．
⑤ 完全に登坂できた場合は，さらに急なこう配の坂路において試験し，最大登坂能力を判定する．ただし，適当な坂路のないときは，同一坂路において上速歯車を用いて登坂可能歯車を決定し，または積載質量を増し，能力限度を判定する．
⑥ 登坂不能の場合は，積載質量を減じるか，または，緩いこう配の坂路で試験する．
⑦ 駆動輪がすべって登坂不能となった場合は，タイヤチェーンを装着するか，または路面にすべり止め手段を施して試験を行なう．
⑧ 以上の測定結果により，次の式を用いて登坂所要出力を求める．

$$P = \frac{g \cdot W \cdot L \cdot \sin\alpha}{1\,000 \cdot t} \quad \left\{ P = \frac{g \cdot W \cdot L \cdot \sin\alpha}{735.5 \cdot t} \right\}$$

ここに，P：登坂所要出力，kW {PS}
　　　　W：試験時自動車総質量，kg {kgf}
　　　　L：登坂距離，m
　　　　t：登坂所要時間，s
　　　　α：傾斜角度，deg
　　　　g：重力加速度，m/s^2

⑨　試験の記録および成績は，所定の様式*のものに記入する．

(2)　**自動車長坂路試験方法（JIS D 1018-82）**

(a)　適応範囲

この規格は，自動車の長坂路試験方法について規定する．

(b)　試験方法

① 試験自動車の状態，試験路および試験機材は JIS D 1010（自動車走行試験方法通則）による．

② 試験路は，約7度こう配の坂路を長く含む，良好な状態の路面 10 km 以上を選ぶ．

③ 試験自動車には，燃料消費量測定装置を取り付ける．

④ 試験測定区間を適宜に変速して，最も短い時間で登坂し，走行距離，所要時間，各部（冷却水，機関油，変速機油，減速機油など）の温度および燃料消費量を測定し，さらに変速歯車の使用状況を観察する．

⑤ 試験の記録および成績は，所定の様式**のものに記入する．

3.1.3　最高速度試験

自動車の最高速度性能を評価する試験であり，一般的には連続して安定走行可能な最高速度を求める．

最高速度試験の測定方法は，平坦な舗装路面で設定した測定区間の計測点の標識位置を通過するときの時間を各種の計測機器を用いて行ない，最高速度を求める．

最高速度速試験の計測方法の例をあげると，次のような方法がある．

① ストップウォッチによる計測

---

*　所定の様式とは，JIS D 1017-93 の付表をいう．
** 所定の様式とは，JIS D 1018-82 の付表をいう．

3.1 動力性能試験

② 光電管とテープスイッチ（圧電スイッチ）による計測
③ 第5輪装置による計測
④ 非接触速度計測装置などによる計測

上記の方法でも精度の問題から①，②の方法は，自動車の速度計の補正を，さらに，①は手動計測による誤差を考慮しなければならない．また，③，④は装置が高価ではあるが，高精度で速度，距離，時間および加速度などを計測できるので，この方法を用いることが一般的である．

（1） 自動車最高速度試験法（JIS D 1016-82）

（a） 適応範囲

この規格は，自動車の最高速度試験方法について規定する．

（b） 試験方法

① 試験自動車の状態，試験路および試験機材は JIS D 1010（自動車走行試験方法通則）による．

② 試験路には，幅6m以上，長さ2 200m以上の舗装路を選び，中央200mを測定区間とし，両端を助走区間とする．測定区間には，100mごとに標点を設けることとする．ただし，試験路の両端それぞれ500mには，多少屈曲があっても差し支えない．

③ 助走区間1 000mにおいて試験自動車を走行加速し，測定区間に達するまでに最高速度を保持させることとする．ただし，必要に応じて助走距離を短縮することができる．

④ 測定区間における第1および第2標点間ならびに第1および第3標点間を走行するのに要する時間を測定し，最高速度を決定する．なお，試験自動車に取り付けられた速度計により，走行速度を測定して参考とする．

⑤ 最高速度測定中，自動車各部分の高速に対する作動状況ならびに安定度などを観察する．

⑥ 試験の記録および成績は，所定の様式＊のものに記入する．

3.1.4 燃料消費試験

燃料消費試験は，一般に環境・経済性の面から燃料消費性能を評価する試験で，走行条件により定地試験とモード走行試験の二つがある．また，その評価はいずれも使用燃料1 l あたりの走行距離 km として求める．

＊ 所定の様式とは，JIS D 1016-82 の付表をいう．

定地試験は，自動車を平坦な直線路または路上の走行抵抗を再現できるシャシダイナモメータ上において，加速ペダル，走行速度ともに一定として走行させたときの燃料消費量を燃料流量計により測定する．このとき，変速機は性能評価が最も高い値となる最上段のギヤを用いるのが一般的である．

モード走行試験は，その目的によって種々の走行モード条件が考えられるが，一般的には排出ガス試験用のモードを用いてシャシダイナモメータ上で走行し，採取した排出ガスを排出ガス分析計を用いて炭素化合物を計測し，カーボンバランス法により算出する．

（1） 自動車燃料消費試験法（JIS D 1012-83）

（a） 適応範囲

この規格は，自動車の燃料消費試験方法について規定する．

（b） 定速走行時試験方法

定速走行時試験方法は，次の方法とする．

① 試験自動車の状態，試験路および試験機材は JIS D 1010（自動車走行試験方法通則）による．

② 試験路には，必要な距離ごとに標点を設けて，測定区間とする．

③ 試験自動車には，燃料消費量測定装置を取り付ける．

④ 試験走行速度は，10 km/h の整数倍に選び，変速機は，原則として最上速歯車を用いることとする．

⑤ 試験走行は，均等速度に達するまで助走を行ない，走行速度が均等になった後，最も近い標点で燃料消費量測定装置による流量測定を開始し，それ以後所定の距離標点に達するまで，消費量の測定を行なうと同時に，この間に要した時間および走行距離を測定する．

⑥ 測定値⑤より，次の式を用いて燃料消費率を求める．

$$F = \frac{L}{Q} (\text{km}/l) \quad F = \frac{Q}{L} V (l/\text{h}) \quad F = \frac{Q}{WL} (l/\text{t·km})$$

ここに，F：燃料消費率，km/l, l/h, l/t·km

L：測定区間の実距離，km

Q：燃料消費量，l

V：実速度，km/h

W：試験時車両総重量，t

ただし，混合燃料（燃料に潤滑油が混合されている燃料）の場合は，次の

式による.

$$F' = \frac{L}{Q'} \cdot \frac{M+1}{M} \, (\mathrm{km}/l)$$

$$F' = \frac{Q'}{L} \cdot \frac{M}{M+1} V \, (l/\mathrm{h})$$

$$F' = \frac{Q'}{WL} \cdot \frac{M}{M+1} \, (l/\mathrm{t \cdot km})$$

ここに, F'：燃料消費率, km/l, l/h, l/t・km

　　　　L：測定区間の実距離, km

　　　　Q'：燃料消費量, l

　　　　V：実速度, km/h

　　　　M：燃料潤滑油容量比 （燃料容量/潤滑油容量）

　　　　W：試験時車両総重量, t

⑦ 試験の記録および成績は, 所定の様式*のものに記入する.

(c) モード走行時試験方法

モード走行時の燃料消費試験方法は, 次の(2)項の付属書による.

(2) 付属書　モード走行時燃料消費試験方法（JIS D 1012-82）

(a) 適用範囲

この付属書は, ガソリンを燃料とする自動車が, 定められた走行パターンで走行したと仮定した場合の燃料消費試験方法について規定する.

(b) 走行パターン

走行パターンは, **表 3.1** による.

表 3.1　走　行　パ　タ　ー　ン

運転モード	運転状態 km/h	運転時間 s	累積時間 s	標準変速位置		加速度または減速度, g
				3段変速機	4段変速機	
1	アイドリング	20	20	—	—	—
2	0 → 20	7	27	(0 → 20) Low	(0 → 15) (15 → 20) Low ・ 2 nd	0.08
3	20	15	42	2 nd	2 nd	—
4	20 → 0	7	49	2 nd	2 nd	0.08
5	アイドリング	16	65	—	—	—

* 所定の様式とは, JIS D 1012-83 の付表1および付表2をいう.

表 3.1 走 行 パ タ ー ン(つづき)

運転モード	運転状態 km/h	運転時間 s	累積時間 s	標準変速位置 3段変速機	標準変速位置 4段変速機	加速度または減速度, g
6	0 → 40	14	79	(0→20) 20→40) Low・(2 nd	(0→15) (15→30) (30→40) Low・2 nd・3 rd	0.08
7	40	15	94	Top	Top	—
8	40 → 20	10	104	Top	Top	0.06
9	20	2	106	Top → 2 nd	Top → 3 rd	—
9	20 → 40	12	118	2 nd	3 rd	0.05
10	40 → 20	10	128	Top	Top	0.06
10	20 → 0	7	135	Top	Top	0.08

備 考：標準変速位置欄のカッコ内の数字は，それぞれの変速位置に対応する速度を示す．

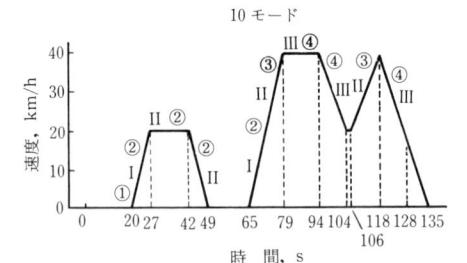

備 考：図において，円内のアラビア数字は4段変速機装着車の場合を，ローマ数字は3段変速機装着車の場合を示す．

(c) 試 験 条 件

i) 試験自動車

試験自動車は，次による．

イ) 点検・整備要領などによって整備されていること．

ロ) 試験自動車の質量は，JIS D 1010（自動車走行試験方法通則）に定める空車状態の自動車に2人の人員（人員1人の質量は55 kgとする）が乗車し，または110 kgの物品が積載された質量（以下，試験自動車質量という）とする．

ハ) エンジンフードは，閉じていること．

ニ) タイヤの空気圧は，諸元表に記載された空気圧であること．

なお，空気圧は，試験自動車が走行前（冷間）に水平面で静止している状態で測定する．ただし，シャシダイナモメータのローラの直径が500 mm未満の場合には，試験自動車が平坦舗装路面を走行しているときの状態に近似

するように，タイヤの空気圧を諸元表記載の空気圧の1.5倍を限度として調整しても差し支えない．

ii) 燃　　料

試験自動車に使用する燃料は，JIS K 2202（自動車ガソリン）相当とし，**表3.2**に掲げる性状を持つものとする．

表3.2 使　用　燃　料

項　　目	仕　様	備　考
分留性状		
初留点　　　　　℃	25～47	JIS K 2254 (燃料油蒸留試験方法)
10　％　　　　℃	40～65	
50　％　　　　℃	85～115	
90　％　　　　℃	140～175	
終　点　　　　　℃	210以下	—
いおう質量，　　％	0.03以下	—
鉛含有量 (四エチル鉛換算) ml/l	0.005以下	—
蒸気圧　kgf/cm²{kPa}	0.45～0.85 {44.13～83.36}	JIS K 2258 [原油および燃料油蒸気圧試験方法(リード法)]

iii) 試験機器の調整など

イ) シャシダイナモメータ

イ．等価慣性質量の設定

シャシダイナモメータに設定する等価慣性質量は，**表3.3**の左欄に掲げる試験自動車質量に応じ，それぞれ同表右欄に掲げる等価慣性質量の標準値とする．

なお，同表右欄の等価慣性質量の標準値が設定できないときは，当該標準値を超え，当該標準値の＋10％以下の等価慣性質量とする．

ロ．暖　機

シャシダイナモメータの暖機は，等

表3.3 等価慣性質量

試験自動車質量 kg	等価慣性質量の標準値 kg
～562	500
563～687	625
688～812	750
813～937	875
938～1 125	1 000
1 126～1 375	1 250
1 376～1 625	1 500
1 626～1 875	1 750
1 876～2 125	2 000
2 126～2 375	2 250
2 376～2 625	2 500
2 626～2 875	2 750
2 876～3 250	3 000
以下500 kg飛び	以下500 kg飛び

価慣性質量を設定した後，自動車などによって 40 km/h または 60 km/h の定速で運転することにより行なう．ただし，シャシダイナモメータが暖機状態にあるときはこの限りでない．

ハ．負荷設定など

シャシダイナモメータの負荷は，①により測定した吸気マニホルド内圧力を用いて，②により設定する．

① 試験自動車の吸気マニホルド内圧力測定方法は次による．
　（i）走行試験路は，乾燥した直線平坦舗装路を使用する．
　（ii）試験自動車は，3.1.4（2）の（c）のi）に掲げる規定に適合しているもので，暖機された状態とする．
　（iii）吸気マニホルド内圧力の測定は，ゲージ圧形負圧計によることとし，その精度は，最大目盛りに対して±0.5％とする．
　（iv）負圧計の取付けは，負圧計と吸気マニホルドの間の導管につぶれ，折れ曲がりなどがないように，かつ，振動・衝撃による影響を受けないように行なう．
　（v）吸気系に吸気マニホルド内圧力が安定しない原因となる装置が備えられているときは，当該装置を除去した状態の圧力を測定する．
　　　なお，当該装置を備えた状態の圧力を参考として測定する．
　（vi）吸気マニホルド内圧力の測定は，試験自動車を走行試験路の一方向およびその反対方向に走行させて行なう．
　（vii）走行速度は，10 km/h から 60 km/h まで 10 km/h ごととし，許容誤差は，各速度において±2 km/h とする．
　　　また，各速度において使用する変速位置は，車速および原動機の状態が安定する位置とする．
　（viii）大気圧の測定は，フォルタン形水銀気圧計またはこれと同等のものによることとし，最小目盛りが 1 mmHg{133 Pa} 以下であって，かつ，精度が確認されたものを用いる．

② シャシダイナモメータの負荷設定方法は次による．
　（i）シャシダイナモメータの負荷については，①により測定した 20 km/h，40 km/h および 60 km/h の定速で走行しているときの吸気マニホルド内圧力から（ii）により吸気圧を求め，当該吸気圧を用いて，当該車速の走行抵抗に相当する負荷を設定する．この場合，負荷設定

の際の許容誤差は±5 mmHg{665 Pa}とし,負圧計および気圧計は①に用いたものと同一仕様のものを使用する.

なお,必要に応じ,前記の速度に加え,10 km/h,30 km/h または50 km/h の吸気圧を用いてシャシダイナモメータの負荷を設定することができる.

(ⅱ) (ⅰ)の吸気圧は,次式により求める.

$$\varDelta P_{m2} = P_{a2} - P_m$$

ここに,$\varDelta P_{m2}$:シャシダイナモメータに負荷設定するときの吸気圧,mmHg {kPa}

P_{a2}:試験室大気圧,mmHg {kPa}

P_m:絶対圧,mmHg {kPa} であって,次式により求める.

$$P_m = P_{a1} - \varDelta P_{m1}$$

P_{a1}:前述の①の測定を行なったときの大気圧,mmHg {kPa}

$\varDelta P_{m1}$:前述の①の測定を行なったときの吸気マニホルド内圧力,mmHg {kPa}

ニ. 試験自動車の設置など

試験自動車の設置などは,次による.

① シャシダイナモメータ上に設置する試験自動車は,人員1人が乗車し,燃料タンクに公称容量の40%以上80%以下の燃料が給油された状態とする.この場合,その質量は試験自動車質量でなくてもよい.

② 試験自動車は,シャシダイナモメータ上に運転中の動揺などが少ないように設置する.

③ 試験自動車の駆動車輪のタイヤから,水,砂利などスリップの原因となるものおよび危険物を除去する.

ホ. 校　　正

シャシダイナモメータおよびその付属装置は,精度が確認されたもので,当該装置の製造業者の定める取扱い要領に基づいて点検・整備され,校正されたものを用いる.

ロ) 燃料消費量測定機器

燃料流量測定器,排出ガス分析計,定容量採取装置(以下,CVS 装置という)などの測定機器(以下,燃料消費量測定機器という)は,精度が確認されたもので,かつ,当該機器の製造業者の定める取扱い要領に基づいて点検・

整備され，校正されたものを用いる．
　iv）　試験自動車と燃料消費量測定機器の接続方法
　　イ）　カーボンバランス法による場合
　カーボンバランス法〔排気管から排出される排出物に含まれる一酸化炭素 (以下，CO という), 炭化水素 (以下，HC という) および二酸化炭素 (以下，CO_2 という) の排出量から計算により燃料消費率を求める方法〕により燃料消費量の測定を行なう場合は，試験自動車の排気管開口部に CVS 装置の排出ガス採取部を次により取り付ける．

　①　接続は，排出ガスの採取および分析に悪影響を及ぼすことがないように行なう．
　②　接続部は，振動などによって破損または離脱しないように，かつ，排出ガスが漏れないように確実に取り付ける．
　③　排気背圧を用いて制御する一酸化炭素など発散防止装置を備えた自動車では，CVS 装置を用いることが当該装置の作動に悪影響を及ぼすことのないように，脈動の状態が変化することを緩和する対策など適切な措置をとってもよい．
　　この場合，40±2 km/h の定速で走行している試験自動車の排気管開口部における静圧と当該開口部に CVS 装置の排出ガス採取部を接続したときの接続部における静圧との差は，±10 mmAq{98 Pa} とする．

　　ロ）　流量測定法による場合
　流量測定法（原動機に供給される燃料の流量から計算により燃料消費率を求める方法）により燃料消費料の測定を行なう場合には，試験自動車の燃料装置に燃料流量測定器を次により取り付ける．

　①　接続は，燃料消費量の測定に悪影響を及ぼすことのないように行なう．特に，燃料リターン回路などを備えた自動車では，その構造，機能などを損なわないように配慮する．
　②　接続部は，振動などによって破損または離脱することのないように，かつ，空気が混入しないように確実に取り付ける．

　v）　試験室
　試験室内の状態は，次による．
　①　試験室内の温度は，25±5℃とする．
　　なお，温度測定位置は送風装置付近とし，温度は（d）項に規定す

3.1 動力性能試験

測定の開始前と終了後に測定する．
② カーボンバランス法による場合は，試験室内のCO，HCおよびCO_2濃度が安定していること．

(d) 試　　　験

i) 燃料消費量の測定

イ) 一　　　般

燃料消費量は，シャシダイナモメータ上の試験自動車をロ) による方法で運転し，ハ) による方法で測定する．
試験走行中は，送風機などにより車速相当の風を試験自動車の前面に送風する．

ロ) 試験自動車の運転方法

試験自動車の運転方法は，次による．

イ．試験自動車は，シャシダイナモメータ上において40 ± 2 km/hの定速で15分間程度暖機した後，冷却水および潤滑油の温度測定を行ない，さらに5分間程度運転した後，直ちに表3.1に掲げる10モードで連続して6サイクル運転する．

　なお，表3.1に掲げる加速度が得られない自動車では，絞り弁全開による加速度で運転する．

ロ．試験自動車を運転する場合の速度および時間の許容誤差については，表3.1に掲げる加速度が得られない自動車では，この限りでない．

ハ．表3.1に掲げるそれぞれの運転状態における変速操作は，円滑，じん速に行なうほか，次による．

① 手動変速機（動力伝達系統にトルクコンバータを持たず，かつ，変速段の切換えを手動で行なう変速機）を備えた自動車の場合

　(i) アイドリング運転は，変速機の変速位置を中立とし，アクセルペダルは操作していない状態とする．

　(ii) アイドリング運転モードから加速運転モードに移るときは，その5秒前に変速位置をLow（表3.1に掲げる変速位置を読み替えて適用する自動車では，それぞれの例による変速位置）とする．

　(iii) 減速運転では，表3.1に掲げる20→0 km/hに至る運転の際には途中の10 km/h，40→0 km/hに至る運転の際には途中の20 km/hで，それぞれクラッチを断つこととする．

(ⅳ) 5段階変速機を備えた自動車では，Lowから発進することとし，当該変速機の"4th"を"Top"に読み替え表3.1に掲げる4段変速機の例による．ただし，変速機のLowを通常使用しない自動車では，2ndより発進することができることとし，当該変速機の"2nd"を"Low"に，"3rd"を"2nd"に，"4th"を"3rd"に，"5th"を"Top"にそれぞれ読み替え表3.1に掲げる4段変速機の例による．

(ⅴ) オーバドライブ付き変速機を備えた自動車で，オーバドライブ変速段を除く変速段が3段のものでは表3.1に掲げる3段変速機，4段のものでは表3.1に掲げる4段変速機のそれぞれの例による．

② 半自動変速機（動力伝達系統にトルクコンバータを持ち，かつ，変速段の切換えを手動で行なう変速機）を備えた自動車の場合

(ⅰ) アイドリング運転は，変速機の変速位置を2ndとし，アクセルペダルを操作していない状態とする．

(ⅱ) アイドリング運転モードから加速運転モードに移るときは，その5秒前に変速位置をLowとする．

(ⅲ) 表3.1に掲げる運転モード中，2および6の加速運転はLow，3，4および7から10までは2ndの変速位置を用いる．

③ 自動変速機（変速段の切換えが自動的に行なわれる変速機）を備えた自動車の場合

変速位置をドライブ位置とし，変速操作は行なわない．

④ その他の変速機を備えた自動車の場合

当該自動車の走行特性を考慮して定められた変速操作による．

ハ) 燃料消費量の測定方法

前述のロ)の運転方法による6サイクルのうち，最初の1サイクルを除く5サイクルを運転する間における燃料消費量などを，次のいずれかの方法により測定する．

イ．カーボンバランス法による場合

① 試験自動車の排気管から排出される排出ガスの全量をCVS装置に導入し，排出ガス分析に必要な量（100 l 程度）をバッグに採取する．
　 CVS装置のバッグへの排出ガス採取は，第2サイクルの始点に開始し，第6サイクルの終点に終了する．

② 採取した排出ガスは，**表3.4**の左欄に掲げる排出ガス成分について，

表 3.4 分　析　計

排出ガス成分	分　析　計
CO, CO_2	非分散形赤外線分析計 (NDIR)
HC	水素炎イオン化形分析計 (FID)

同表右欄に掲げる分析計により分析し，③の計算式により排出量を算出する．

③ 排出ガス成分の排出量についての計算式

　　CO の排出量, g/km
　　　　$CO_{mass} = V_{mix} \times CO\,密度 \times CO_{conc} \times 10^{-6}$
　　HC の排出量, g/km
　　　　$HC_{mass} = V_{mix} \times HC\,密度 \times HC_{conc} \times 10^{-6}$
　　CO_2 の排出量, g/km
　　　　$CO_{2mass} = V_{mix} \times CO_2\,密度 \times CO_{2conc} \times 10^{-2}$
　　ここに，ⅰ．CO密度：標準状態 (20°C, 760 mmHg {101 kPa}) の状態をいう．以下同じ) における CO 1 リットルあたりのグラム数 (1.17 g/l)

　　　　　　ⅱ．CO_{conc} ：希釈された排出ガス中の CO 濃度 (ppm) から希釈空気中の CO 濃度 (ppm) を差し引いた値 (ppm)

$$CO_{conc} = CO_e - CO_d\left(1 - \frac{1}{DF}\right)$$

　　ここに，CO_e ：希釈排出ガス中の CO 濃度, ppm
　　　　　　CO_d ：希釈空気中の CO 濃度, ppm

なお，水蒸気などおよび CO_2 を除去する目的で吸着剤を使用する場合は，CO_e および CO_d を次式により補正する．

　　　　$CO_e = (1 - 0.019\,25\,CO_{2e} - 0.000\,323\,R)CO_{em}$

　　ここに，CO_{em} ：吸着剤を使用した場合の希釈排出ガス中の CO 濃度, ppm
　　　　　　R：希釈空気の相対湿度, %

　　　　$CO_d = (1 - 0.000\,323\,R)CO_{dm}$

ここに，CO_{dm}：吸着剤を使用した場合の希釈空気中の CO 濃度，ppm

iii. HC 密度：排出ガス中の HC 密度で，C と H の割合を 1：1.85 としたときの標準状態における HC 1 リットルあたりのグラム数（$0.577\,g/l$）

iv. HC_{conc}：希釈された排出ガス中の HC 濃度(ppm)から希釈空気中の HC 濃度(ppm)を差し引いた値を等価炭素濃度で表わした値（ppmC）で，その値はプロパン濃度の 3 倍に相当する．

$$HC_{conc} = HC_e - HC_d\left(1 - \frac{1}{DF}\right)$$

ここに，HC_e：希釈排出ガス中の HC 濃度，ppmC
HC_d：希釈空気中の HC 濃度，ppmC

v. CO_2 密度：標準状態における 1 リットルあたりのグラム数($1.83\,g/l$)

vi. CO_{2conc}：希釈排出ガス中の CO_2 濃度（%）から希釈空気中の CO_2 濃度（%）を差し引いた値，%

$$CO_{2conc} = CO_{2e} - CO_{2d}\left(1 - \frac{1}{DF}\right)$$

ここに，CO_{2e}：希釈排出ガス中の CO_2 濃度，%
CO_{2d}：希釈空気中の CO_2 濃度，%

$$DF = \frac{13.4}{CO_{2e} + (HC_e + CO_e) \times 10^{-4}}$$

vii. V_{mix}：標準状態における 1 km 走行あたりの希釈排出ガス量で，次の a 項または b 項により算出した値，l/km

a． 正置換形ポンプ（PDP）式 CVS 装置による場合

$$V_{mix} = K_1 \times V_e \times N \times \frac{P_p}{T_p} \times \frac{1}{L}$$

$$K_1 = \frac{293\,K}{760\,mmHg} = 0.3855$$

$$\left\{K_1 = \frac{293\,K}{101\,kPa} = 2.90\right\}$$

ここに，L：表 3.1 の 10 モード 5 サイクル運転における走行

距離 (km) で表 3.1 の 10 モード 1 サイクルを 0.664 km として計算するときは

$$L = 3.32, \quad \frac{K_1}{L} = 0.1161$$

となる.

V_e：正置換形ポンプ 1 回転あたりに吐出される希釈排出ガスの全量 (l/回転) で，この量は正置換形ポンプ前後の圧力差により変化する.

N：希釈排出ガスをバッグに採取している間の正置換形ポンプの積算回転数

P_p：正置換形ポンプ入口における希釈排出ガスの絶対圧で，大気圧から正置換形ポンプに入る混合気の圧力降下を差し引いたもの，mmHg{kPa}

T_p：正置換形ポンプ入口における希釈排出ガスの平均絶対温度，K

b．臨界流ベンチュリ (CFV) 式 CVS 装置による場合

$$V_{\text{mix}} = V_s \times \frac{1}{L}$$

ここに，L：表 3.1 の 10 モード 5 サイクル運転における走行距離 (km) で，表 3.1 の 10 モード 1 サイクルを 0.664 km として計算するときは，$L = 3.32$ となる.

V_s：標準状態における 1 テストあたりの希釈排出ガス量 (l/テスト) で，次式より求める.

$$V_s = K_2 \int_0^{675} \frac{P_v(t)}{\sqrt{T_v(t)}} dt$$

$P_v(t)$：ベンチュリ入口における希釈排出ガスの絶対圧，mmHg{kPa}

$T_v(t)$：ベンチュリ入口における希釈排出ガスの絶対温度，K

t：時間，s

K_2：ベンチュリ校正係数で，次式より求める.

$$K_2 = Q_{cal} \times \frac{\sqrt{T_0}}{P_0}$$

T_0：ベンチュリ入口の絶対温度，K
P_0：ベンチュリ入口の絶対圧，mmHg{kPa}
Q_{cal}：標準状態におけるガス流量（ラミナーフローメータなどを用いて実測した流量を標準状態に換算した値）（l/s）で，次式より求める．

$$Q_{cal} = K_1 \times Q_c \times \frac{P_c}{T_c}$$

$$K_1 = \frac{293 \text{ K}}{760 \text{ mmHg}} = 0.3855$$

$$\left\{K_1 = \frac{293 \text{ K}}{101 \text{ kPa}} = 2.90\right\}$$

Q_c：実測ガス流量，l/s
T_c：実測大気絶対温度，K
P_c：実測大気圧，mmHg{kPa}

ロ．流量測定法による場合
① 燃料消費量は，燃料タンクなどから試験自動車の原動機に供給され，消費された燃料の流量を，燃料流量測定器を用いて積算することにより測定する．
② 燃料消費量は，0.1 ml の単位まで測定する．

(e) 燃料消費率の算定
燃料消費率は，次のいずれかの方法により算定する．この場合，燃料消費率の端数は少数第1位までとし，第2位は四捨五入する．

i) カーボンバランス法による場合
(d)のハ)のイ．により求めた排出ガス成分の排出量を用いて，次式により燃料消費率を算定する．

$$F = \frac{649}{0.429 \times CO_{mass} + 0.866 \times HC_{mass} + 0.273 \times CO_{2mass}}$$

ここに，　F：燃料消費率，km/l
　　　　CO_{mass}：CO の排出量，g/km
　　　　HC_{mass}：HC の排出量，g/km
　　　　CO_{2mass}：CO_2 の排出量，g/km

ii) 流量測定法による場合

(d)のハ)のロ．により求めた燃料消費量を用いて，次式により燃料消費率を算定する．

$$F = \frac{L}{Q}$$

ここに，F：燃料消費率，km/l
　　　　L：表3.1の10モード5サイクル運転における走行距離 (km)．表3.1の10モード1サイクルを0.664 kmとして計算するときは，$L=3.32$となる．
　　　　Q：燃料消費量，l

(f) 試験成績
① 試験の記録および成績は，所定の様式*に記入する．
② 試験自動車の実走行モード，基準走行モード，吸気マニホールド内圧力および原動機回転速度をチャートに連続記録する．
③ (d)のi)のイ)のハの①の(iv)項のただし書きもしくは同(v)または(d)のi)のイ)のハの④項による措置を講じたときは，その内容を所定の様式**の備考欄に記載する．

3.2 だ行試験

3.2.1 室内試験（速度設定）

室内試験では，一定条件下においてのだ行性能の解析として，シャシダイナモメータを利用し，実走行条件に近似させ，シミュレートすることができる．

しかし，シャシダイナモメータで実車路上走行時の走行抵抗を再現させるには，事前になんらかの方法により，試験車両を平坦な直線乾燥舗装路面を走行することにより，データを求め，これを基に負荷設定を行なう必要がある．一般にはエンジンの吸気マニホールド内圧力を測定し，速度との対応を行なっている．

なお，だ行運動の基礎方程式は

---

* 所定の様式とは，JIS D 1012-83の附属書付表1をいう．
** 所定の様式とは，JIS D 1012-83の附属書付表2をいう．

134   第3章　性能試験法

走行抵抗 $R = \dfrac{W+\varDelta W}{g} \cdot \dfrac{dV}{dt} = \mu_r \cdot W + \mu_a A V^2$

$$\dfrac{dV}{dt} = \dfrac{g}{W+\varDelta W}(\mu_r \cdot W + \mu_a A V^2)$$

$$\dfrac{dV}{dt} = \dfrac{\mu_r \cdot W \cdot g}{W+\varDelta W} + \dfrac{\mu_a A \cdot g}{W+\varDelta W} V^2$$

ここで,

$$a = \dfrac{\mu_r \cdot W \cdot g}{W+\varDelta W}, \quad b = \dfrac{\mu_a A \cdot g}{W+\varDelta W}$$

と置くと

$$\dfrac{dV}{dt} = a + bV^2 \quad \cdots\cdots\cdots\cdots\cdots\cdots\cdots\cdots\cdots\cdots\cdots\cdots\cdots\cdots (3.1)$$

となる．

ここで，　　R：走行抵抗
　　　　　　W：試験時重量（1 836 kg とする）
　　　　　$\varDelta W$：回転部分相当重量（92 kg とする）
　　　　　　g：重力加速度（9.8 m/s²）
　　　　　　μ_r：ころがり抵抗係数
　　　　　　μ_a：空気抵抗係数
　　　　　　A：前面投影面積（1.75 m² とする）
　　　　　　V：だ行速度，km/h
　　　　　$\dfrac{dV}{dt}$：減速度，m/s²

次に，ある速度からだ行開始（だ行初速度 V_0 km/h）して車両が停止するまでのだ行時間 t_0 は

$$t_0 = \dfrac{1}{3.6\sqrt{ab}} \tan^{-1}\left(\sqrt{\dfrac{b}{a}}\, V_0\right)$$

また，だ行初速度 V_0 から任意のだ行速度 V km/h まで要するだ行時間 t は

$$t = \left\{\dfrac{1}{3.6\sqrt{ab}} \tan^{-1}\left(\sqrt{\dfrac{b}{a}}\, V_0\right)\right\} - \left\{\dfrac{1}{3.6\sqrt{ab}} \tan^{-1}\left(\sqrt{\dfrac{b}{a}}\, V\right)\right\}$$

さらに，だ行初速度 V_0 からだ行を開始して停止するまでのだ行距離 S_0 は

$$S_0 = \dfrac{1}{25.92 \times b} \log_e\left(1 + \dfrac{b}{a} V_0^2\right)$$

なお，だ行初速度 V_0 から任意のだ行速度までに要するだ行距離 S は

$$S = \left\{ \frac{1}{25.92 \times b} \log_e \left(1 + \frac{b}{a} V_0^2 \right) \right\} - \left\{ \frac{1}{25.92 \times b} \log_e \left(1 + \frac{b}{a} V^2 \right) \right\}$$
....(3.2)

となる[1].

次に,ある試験車両を用いてシャシダイナモメータ上においてだ行初速度 100 km/h からだ行試験を開始し,停止するまでの間 10 km/h ごとのだ行時間を測定した結果を,**表 3.5** に示す.

表 3.5 だ 行 試 験 結 果

だ行速度, km/h	100	90	80	70	60	50	40	30	20	10	0
だ行時間, s	0	7.15	15.44	24.31	34.65	45.66	58.27	71.50	87.03	104.58	127.02

これらの結果によりころがり抵抗係数,空気抵抗係数,だ行距離および走行抵抗を算出する.

(1) だ行初速度 100 km/h から,速度 10 km/h ごとの 2 点間 (V_1, t_1)～(V_2, t_2) における平均速度 V' と平均減速度 dV'/dt の算出

・平均速度 $V' = \dfrac{V_1 + V_2}{2}$, 平均減速度 $\dfrac{dV'}{dt} = \dfrac{V_1 - V_2}{3.6(t_2 - t_1)}$

・100〜90 km/h

$$V' = \frac{100 + 90}{2} = 95 \text{ km/h}, \quad \frac{dV'}{dt} = \frac{100 - 90}{3.6(7.15 - 0)} = 0.3885 \text{ m/s}^2$$

・90〜80 km/h

$$V' = \frac{90 + 80}{2} = 85 \text{ km/h}, \quad \frac{dV'}{dt} = \frac{90 - 80}{3.6(15.44 - 7.15)} = 0.3351 \text{ m/s}^2$$

・80〜70 km/h

$$V' = \frac{80 + 70}{2} = 75 \text{ km/h}, \quad \frac{dV'}{dt} = \frac{80 - 70}{3.6(24.31 - 15.44)} = 0.3132 \text{ m/s}^2$$

・70〜60 km/h

$$V' = \frac{70 + 60}{2} = 65 \text{ km/h}, \quad \frac{dV'}{dt} = \frac{70 - 60}{3.6(34.65 - 24.31)} = 0.2710 \text{ m/s}^2$$

・60〜50 km/h

$$V' = \frac{60 + 50}{2} = 55 \text{ km/h}, \quad \frac{dV'}{dt} = \frac{60 - 50}{3.6(45.66 - 34.65)} = 0.2523 \text{ m/s}^2$$

・50〜40 km/h

$$V' = \frac{50 + 40}{2} = 45 \text{ km/h}, \quad \frac{dV'}{dt} = \frac{50 - 40}{3.6(58.27 - 45.66)} = 0.2203 \text{ m/s}^2$$

136　第3章　性能試験法

・40～30 km/h

$$V' = \frac{40+30}{2} = 35 \text{ km/h}, \quad \frac{dV'}{dt} = \frac{40-30}{3.6(71.50-58.27)} = 0.2099 \text{ m/s}^2$$

・30～20 km/h

$$V' = \frac{30+20}{2} = 25 \text{ km/h}, \quad \frac{dV'}{dt} = \frac{30-20}{3.6(87.03-71.50)} = 0.1789 \text{ m/s}^2$$

・20～10 km/h

$$V' = \frac{20+10}{2} = 15 \text{ km/h}, \quad \frac{dV'}{dt} = \frac{20-10}{3.6(104.58-87.03)}$$
$$= 0.1583 \text{ m/s}^2$$

・10～0 km/h

$$V' = \frac{10+0}{2} = 5 \text{ km/h}, \quad \frac{dV'}{dt} = \frac{10-0}{3.6(127.02-104.58)} = 0.1238 \text{ m/s}^2$$

(2) 係数の算出

・a および b を求める．

表3.6 の $\frac{dV'}{dt}$, V'^2, V'^4 および $\frac{dV'}{dt} \cdot V'^2$ の各値を求め，さらに，それぞれの合計値を算出し，最小2乗法により a および b を求める．

ただし，$S_1 = \Sigma \frac{dV'}{dt}$, $S_2 = \Sigma V'^2$, $S_3 = \Sigma V'^4$ および $S_4 = \Sigma \frac{dV'}{dt} \cdot V'^2$ と置き，$n = 10$ であるから

表 3.6

n	V'	$\frac{dV'}{dt}$	V'^2	V'^4	$\frac{dV'}{dt} \cdot V'^2$
1	95	.3885	9 025	81 450 625	3 506.2125
2	85	.3351	7 225	52 200 625	2 410.0975
3	75	.3132	5 625	31 640 625	1 761.75
4	65	.2710	4 225	17 850 625	1 144.975
5	55	.2523	3 025	9 150 625	763.2075
6	45	.2203	2 025	4 100 625	446.1075
7	35	.2099	1 225	1 500 625	257.1275
8	25	.1789	625	390 625	111.8125
9	15	.1583	225	50 625	35.6175
10	5	.1238	25	625	3.095
Σ		$\Sigma \frac{dv'}{dt}$ $=2.4513$	$\Sigma V'^2$ $=33\,250$	$\Sigma V'^4$ $=198\,336\,250$	$\Sigma \frac{dv'}{dt} V'^2$ $=10\,439.98$

$$b = \frac{\frac{S_4}{S_2} - \frac{S_1}{n}}{\frac{S_3}{S_2} - \frac{S_2}{n}} = \frac{\frac{10439.98}{33250} - \frac{2.4513}{10}}{\frac{198336250}{33250} - \frac{33250}{10}}$$

$$= 0.00002606$$

$$a = \frac{S_1}{n} - \frac{S_2}{n} \cdot b = \frac{2.4513}{10} - \frac{33250}{10} \times 0.00002606$$

$$= 0.15847$$

となる．

(3) μ_r および μ_a の算出

$$a = \frac{\mu_r \cdot W \cdot g}{W + \Delta W} \qquad b = \frac{\mu_a \cdot A \cdot g}{W + \Delta W}$$

$$\mu_r = \frac{a(W + \Delta W)}{W \cdot g} \qquad \mu_a = \frac{b(W + \Delta W)}{A \cdot g}$$

$b = 0.00002606$, $a = 0.15847$, $W = 1836$ kg
$\Delta W = 92$ kg $A = 1.75$ m², $g = 9.8$ m/s²

以上より，$\mu_r = 0.0169$, $\mu_a = 0.002929$ となる．

(4) 減速度 dV/dt の算出

$$\frac{dV}{dt} = a + bV^2$$

- $V = 100$ km/h のとき

$$\frac{dV}{dt} = 0.1584 + 0.00002606 \times 100^2 = 0.4190 \text{ m/s}^2$$

- $V = 90$ km/h のとき

$$\frac{dV}{dt} = 0.1584 + 0.00002606 \times 90^2 = 0.3695 \text{ m/s}^2$$

- $V = 80$ km/h のとき

$$\frac{dV}{dt} = 0.1584 + 0.00002626 \times 80^2 = 0.3252 \text{ m/s}^2$$

- $V = 70$ km/h のとき

$$\frac{dV}{dt} = 0.1584 + 0.0002606 \times 70^2 = 0.2861 \text{ m/s}^2$$

- $V = 60$ km/h のとき

$$\frac{dV}{dt} = 0.1584 + 0.0002606 \times 60^2 = 0.2522 \text{ m/s}^2$$

- $V=50$ km/h のとき

$$\frac{dV}{dt}=0.1584+0.00002606\times 50^2=0.2236 \text{ m/s}^2$$

- $V=40$ km/h のとき

$$\frac{dV}{dt}=0.1584+0.00002606\times 40^2=0.2001 \text{ m/s}^2$$

- $V=30$ km/h のとき

$$\frac{dV}{dt}=0.1584+0.00002606\times 30^2=0.1819 \text{ m/s}^2$$

- $V=20$ km/h のとき

$$\frac{dV}{dt}=0.1584+0.00002606\times 20^2=0.1688 \text{ m/s}^2$$

- $V=10$ km/h のとき

$$\frac{dV}{dt}=0.1584+0.00002606\times 10^2=0.1610 \text{ m/s}^2$$

- $V=0$ km/h のとき

$$\frac{dV}{dt}=0.1584+0.00002606\times 0^2=0.1584 \text{ m/s}^2$$

となる．

（5） だ行距離 S の算出

$$S=\left\{\frac{1}{25.92\times b}\log_e\left(1+\frac{b}{a}V_0^2\right)\right\}-\left\{\frac{1}{25.92\times b}\log_e\left(1+\frac{b}{a}V^2\right)\right\}$$

- $V=100$ km/h のとき

$$S=\left\{\frac{1}{25.92\times 2.606\times 10^{-5}}\log_e\left(1+\frac{2.606\times 10^{-5}}{1.584\times 10^{-1}}\times 100^2\right)\right\}$$
$$-\left\{\frac{1}{25.92\times 2.606\times 10^{-5}}\log_e\left(1+\frac{2.606\times 10^{-5}}{1.584\times 10^{-1}}\times 100^2\right)\right\}$$
$$=0$$

- $V=90$ km/h のとき

$$S=1440.09-\left\{\frac{1}{25.92\times 2.606\times 10^{-5}}\log_e\left(1+\frac{2.606\times 10^{-5}}{1.584\times 10^{-1}}\times 90^2\right)\right\}$$
$$=1440.09-1253.9=186.2 \text{ m}$$

- $V=80$ km/h のとき

$$S = 1440.09 - \left\{ \frac{1}{25.92 \times 2.606 \times 10^{-5}} \log_e \left(1 + \frac{2.606 \times 10^{-5}}{1.584 \times 10^{-1}} \times 80^2 \right) \right\}$$
$$= 1440.09 - 1064.79 = 375.3 \text{ m}$$

- $V = 70$ km/h のとき
$$S = 1440.09 - \left\{ \frac{1}{25.92 \times 2.606 \times 10^{-5}} \log_e \left(1 + \frac{2.606 \times 10^{-5}}{1.584 \times 10^{-1}} \times 70^2 \right) \right\}$$
$$= 1440.09 - 780.3 = 659.8 \text{ m}$$

- $V = 60$ km/h のとき
$$S = 1440.09 - \left\{ \frac{1}{25.92 \times 2.606 \times 10^{-5}} \log_e \left(1 + \frac{2.606 \times 10^{-5}}{1.584 \times 10^{-1}} \times 60^2 \right) \right\}$$
$$= 1440.09 - 688.6 = 751.5 \text{ m}$$

- $V = 50$ km/h のとき
$$S = 1440.09 - \left\{ \frac{1}{25.92 \times 2.606 \times 10^{-5}} \log_e \left(1 + \frac{2.606 \times 10^{-5}}{1.584 \times 10^{-1}} \times 50^2 \right) \right\}$$
$$= 1440.09 - 510.0 = 930.1 \text{ m}$$

- $V = 40$ km/h のとき
$$S = 1440.09 - \left\{ \frac{1}{25.92 \times 2.606 \times 10^{-5}} \log_e \left(1 + \frac{2.606 \times 10^{-5}}{1.584 \times 10^{-1}} \times 40^2 \right) \right\}$$
$$= 1440.09 - 345.9 = 1094.2 \text{ m}$$

- $V = 30$ km/h のとき
$$S = 1440.09 - \left\{ \frac{1}{25.92 \times 2.606 \times 10^{-5}} \log_e \left(1 + \frac{2.606 \times 10^{-5}}{1.584 \times 10^{-1}} \times 30^2 \right) \right\}$$
$$= 1440.09 - 204.4 = 1\,235.7 \text{ m}$$

- $V = 20$ km/h のとき
$$S = 1440.09 - \left\{ \frac{1}{25.92 \times 2.606 \times 10^{-5}} \log_e \left(1 + \frac{2.606 \times 10^{-5}}{1.584 \times 10^{-1}} \times 20^2 \right) \right\}$$
$$= 1440.09 - 94.4 = 1\,345.7 \text{ m}$$

- $V = 10$ km/h のとき
$$S = 1440.09 - \left\{ \frac{1}{25.92 \times 2.606 \times 10^{-5}} \log_e \left(1 + \frac{2.606 \times 10^{-5}}{1.584 \times 10^{-1}} \times 10^2 \right) \right\}$$
$$= 1440.09 - 24.2 = 1\,415.9 \text{ m}$$

- $V = 0$ km/h のとき
$$S = 1440.09 - \left\{ \frac{1}{25.92 \times 2.606 \times 10^{-5}} \log_e \left(1 + \frac{2.606 \times 10^{-5}}{1.584 \times 10^{-1}} \times 0^2 \right) \right\}$$

$= 1440.09 - 0 = 1440.09$ m

となる

（6） 走行低抗 R の算出

$$R = \frac{W + \Delta W}{g} \cdot \frac{dv}{dt}$$

- $V = 100$ km/h のとき

$$\frac{dv}{dt} = 0.4190 \text{ m/s}^2, \quad R = \frac{1\,836 + 92}{9.8} \times 0.4190 = 82.4 \text{ kg}$$

- $V = 90$ km/h のとき

$$\frac{dv}{dt} = 0.3695 \text{ m/s}^2, \quad R = \frac{1\,836 + 92}{9.8} \times 0.3695 = 72.7 \text{ kg}$$

- $V = 80$ km/h のとき

$$\frac{dv}{dt} = 0.3252 \text{ m/s}^2, \quad R = \frac{1\,836 + 92}{9.8} \times 0.3252 = 63.9 \text{ kg}$$

- $V = 70$ km/h のとき

$$\frac{dv}{dt} = 0.2861 \text{ m/s}^2, \quad R = \frac{1\,836 + 92}{9.8} \times 0.2861 = 56.3 \text{ kg}$$

- $V = 60$ km/h のとき

$$\frac{dv}{dt} = 0.2522 \text{ m/s}^2, \quad R = \frac{1\,836 + 92}{9.8} \times 0.2522 = 49.6 \text{ kg}$$

- $V = 50$ km/h のとき

$$\frac{dv}{dt} = 0.2236 \text{ m/s}^2, \quad R = \frac{1\,836 + 92}{9.8} \times 0.2236 = 43.9 \text{ kg}$$

- $V = 40$ km/h のとき

$$\frac{dv}{dt} = 0.2001 \text{ m/s}^2, \quad R = \frac{1\,836 + 92}{9.8} \times 0.2001 = 39.4 \text{ kg}$$

- $V = 30$ km のとき

$$\frac{dv}{dt} = 0.1819 \text{ m/s}^2, \quad R = \frac{1\,836 + 92}{9.8} \times 0.1819 = 35.8 \text{ kg}$$

- $V = 20$ km/h のとき

$$\frac{dv}{dt} = 0.1688 \text{ m/s}^2, \quad R = \frac{1\,836 + 92}{9.8} \times 0.1688 = 33.2 \text{ kg}$$

- $V = 10$ km/h のとき

$$\frac{dv}{dt} = 0.1610 \text{ m/s}^2, \quad R = \frac{1\,836 + 92}{9.8} \times 0.1610 = 31.7 \text{ kg}$$

・$V = 0$ km/h のとき

$$\frac{dv}{dt} = 0.1584 \text{ m/s}^2, \quad R = \frac{1\,836 + 92}{9.8} = 0.1584 = 31.2 \text{ kg}$$

以上の結果よりだ行時間に対するだ行速度 v, 減速度 dv/dt, だ行距離 S および走行抵抗 R の関係を図 3.1 に示す．

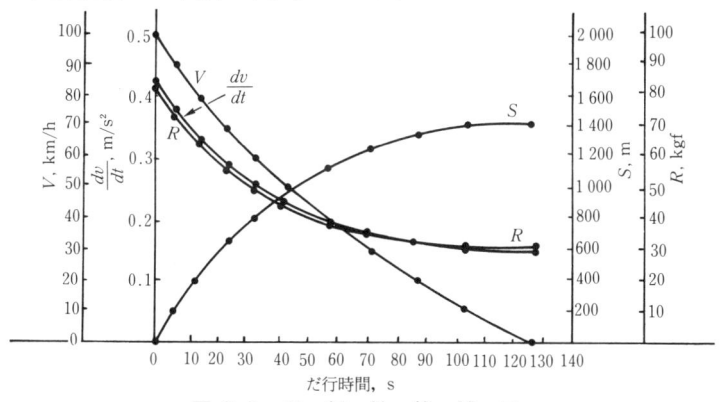

図 3.1 だ行性能線図

3.2.2 屋外試験（距離設定）

平坦な直線舗装路において距離を一定に設定し，初速度をいろいろ変えることにより，その間の所要時間を計測し，この結果からころがり抵抗係数および空気抵抗係数の算出が可能である．

なお，JIS D 1015 では 100 m 区間の所要時間を 20±2 秒の範囲に収まるように初速度を設定している．この場合，速度が低いためおもにころがり抵抗係数を求めるのに適している．

このほかには，ホイールトルクメータを車両に取り付け，直接抵抗を測定する方法もある．

ここでは測定区間が 50 m および 100 m を通過したときの所要時間より，ころがり抵抗係数および空気抵抗係数の算出方法について述べる．

ただし，初速度をいろいろ変えた場合の t_1, t_2 は表 3.7 のとおりとなり，これらの時間を基に b, V および R を算出し，最小 2 乗法により μ_r および μ_a を求める．

表 3.7 測定結果

t_1	t_2	b	V	R	V^2	V^4	RV^2
1.111	2.25	.9834	160	193.5	25 600	655 360 000	4 953 600
1.27	2.57	.7070	140	139.1	19 600	384 160 000	2 726 360
1.48	3.00	.5927	120	116.6	14 400	207 360 000	1 679 040
1.77	3.60	.5145	100	101.2	10 000	100 000 000	1 012 000
2.21	4.50	.3513	80	69.1	6 400	40 960 000	442 240
2.93	6.00	.2594	60	51.0	3 600	12 960 000	183 600
4.31	9.00	.2089	40	41.1	1 600	2 560 000	65 760
7.90	18.00	.1532	20	30.1	400	160 000	12 040
				$\Sigma R = S_1$ 741.7	$\Sigma V^2 = S_2$ 81 600	$\Sigma V^4 = S_3$ 1 403 520 000	$\Sigma RV^2 = S_4$ 11 074 640

すなわち

$$V = \frac{100}{t_2} \times 3.6 = \frac{360}{t_2} \text{ (km/h)} \qquad b = \frac{50/t_1 - 50/(t_1 - t_2)}{\frac{t_2}{2}}$$

$$b = \frac{100}{t_2}\left(\frac{1}{t_1} - \frac{1}{t_2 - t_1}\right) \text{ (m/s}^2\text{)}$$

$$f = \frac{b}{9.8} \qquad R = f(W + \varDelta W)$$

ここで，V：試験速度，km/h

b：減速度，m/s²

t_1：50 m の測定区間を走行するのに要する時間，s

t_2：100 m の測定区間を走行するのに要する時間，s

f：だ行係数

R：走行抵抗，kg

W：試験時車両重量，kg

$\varDelta W$：回転部分相当重量，kg

ただし，$W = 1\,836$ kg　$\varDelta W = 92$ kg　$A = 1.75$ m² とする．
一方，だ行性能 2.3.1 の式 (2.29) および (2.30) より，走行抵抗 R は

$$R = \mu_r \cdot W + \mu_a A V^2 = R_r + CV^2$$

$$C = \frac{\frac{S_4}{S_2} - \frac{S_1}{n}}{\frac{S_3}{S_2} - \frac{S_2}{n}} \qquad R_r = \frac{S_1}{n} - \frac{S_2}{n} \times C$$

3.3 制動性能試験　143

で表わせるので，表3.7より　$S_1=741.7$　　　　　$S_2=81\,600$
　　　　　　　　　　　　　$S_3=1\,403\,520\,000$　　$S_4=11\,074\,640$
$n=8$ を代入し求める．
　　$C=0.006144$　　$R_r=30.044\text{ kg}$
となり
$$\mu_a=\frac{C}{A}=\frac{0.006144}{1.75}=0.003511$$
$$\mu_r=\frac{R_r}{W}=\frac{30.044}{1\,836}=0.0164$$
と算出される．

3.3 制動性能試験

3.3.1 室内試験

(1) ローラテスタ常用ブレーキ台上実車試験方法 (**JASO C 424-74**)

この規格は，自動車のローラ駆動形ブレーキテスタによる常用ブレーキ台上試験方法について規定されており，極低速域での台上性能を評価するための統一的な試験方法を確立することを目的とする．

(a) 試験条件

① 試験車は，正規積載荷重配分とする．ただし，特別に制動力の上限を高める必要がある場合には，積載荷重を増大してもよい．

② 試験車は，正常な整備状態でなければならない．

③ 試験車は，必要に応じてならし走行を行なうか，すり合わせ条件に適合または同程度の当たりの付いた状態までとする．

④ 試験時のブレーキ温度は，通常の温度範囲とし，水にぬれた状態や過酷な条件で使用された直後など，特別の状態を除いて行なう．

⑤ 制動装置に空気，真空またはその他の倍力装置を使用している場合には，これらを正規の状態とする．

⑥ テスタ，踏力計，記録計などの測定計器は正しく校正されたものを使用する．

⑦ 踏力の測定はブレーキペダルの中央で行ない，ブレーキペダルの作動方向に加えるものとする．

(b) 試験方法

① 試験車をテスタに載せてローラを回転させ，踏力を加えないとき

のテスタの値を読み，これをイニシャル値とする．
② ローラを回転させておき，車輪がロックするまで適当な量ずつ踏力を加え，これに対応するテスタの値を読む．
この場合，読取りは踏力を一定に保持して，テスタの値が安定した状態のときとする（ロックしにくい車両にあっては，踏力 90 kgf までを限度とし，ロックしなくても制動力が一定になるものについては，踏力の限度を下げてもよい）．
③ ①〜②までの手順を各車軸についてくり返す．この場合，いずれかの車輪がロックするまでの踏力は，各車軸とも対応させておく．

（c） 測定結果記録

測定結果は，JASO C 427-74 の付表 1（省略）を参照する．

（2） 乗用車ブレーキ装置ダイナモメータ試験方法（JASO C 406-82）

この規格は，実車試験および使用状態をダイナモメータ試験でシミュレートすることにより，乗用車の常用ブレーキの性能比較を行なうための統一的ダイナモメータ試験方法を確立すること目的とする．

試験項目および試験順序について，一般性能試験項目一覧表を示す（**表 3.8**）．

表 3.8 一般性能試験項目一覧表

	試験項目および順序	車両区分	制動初速度 km/h			制動間隔 s	制動前ブレーキ温度 ℃	制動減速度 G	制動回数 回	備 考
1	初 期 計 測	全	—			—	—	—	—	ライニング(パッド)厚みなどの測定
2	すり合わせ前チェック	全	50			120	—	0.3	10	
3	第 1 効 力 試 験	P1	50	100		—	80	0.1〜0.8の範囲	各制動初速度について5点以上	
		P2	50	100						
		P3	50	80						
		P4	50	65						
4	す り 合 わ せ	全	65			—	120	0.35	200	
5	第 2 効 力 試 験	P1	50	100	130	—	80	0.1〜0.8の範囲	各制動初速度について5点以上	
		P2	50	80	100					
		P3	50	80	—					
		P4	50	65	—					
6	第 1 再すり合わせ	全	4のすり合わせをくり返す．ただし，回数は35回とする							

3.3 制動性能試験

表 3.8 一般性能試験項目一覧表（つづき）

試験項目および順序		車両区分	制動初速度 km/h	制動間隔 s	制動前ブレーキ温度 ℃	制動減速度 G	制動回数 回	備　考
7	(非常ブレーキ試験)	P1	80	—	80	$0.1\sim0.25$の範囲	4点以上	この試験後は，6と同じ再すり合わせを行なうこと
		P2	80					
		P3	65					
		P4	50					
8	第1フェードリカバリ試験	(a)ベースラインチェック　全	50	—	80	0.3	3	フェード試験後，リカバリ開始までの冷却間隔120秒間
		(b)フェード試験　P1	100	35	第1回目 60	0.45	10	
		P2	80	40				
		P3	65	45				
		P4	65	45				
		(c)リカバリ試験　全	50	120	—	0.3	12以上	
		(d)(効力点チェック)　P1	100		60	0.45	2	
		P2	80					
		P3	65					
		P4	65					
9	第2再すり合わせ	全	6の第1再すり合わせをくり返す					
10	第2フェードリカバリ試験	全	8の第1フェードリカバリ試験をくり返す．ただし，フェード回数は15回とする					
11	第3再すり合わせ	全	6の第1再すり合わせをくり返す					
12	第3効力試験	全	5の第2効力試験をくり返す					
13	第4再すり合わせ	全	6の第1再すり合わせをくり返す					
14	ウォータリカバリ試験	(a)ベースラインチェック　全	50	—	80	0.3	3	ブレーキの点検およびライニング(パッド)厚みなどの測定
		(b)浸水　全	ブレーキを120秒間十分に水にひたす					
		(c)リカバリ試験　全	50	60	—	0.3	15以上	
15	最終計測および点検	全	—	—	—	—	—	

車両区分
　区分 P1　公称最高速度が 140 km/h を超えるもの
　区分 P2　公称最高速度が 110 km/h を超え，140 km/h 以下のもの
　区分 P3　公称最高速度が　90 km/h を超え，110 km/h 以下のもの
　区分 P4　公称最高速度が　90 km/h 以下のもの

(3) 自動車ブレーキ試験方法 (JIS D 1013-82 (試験機による試験))

試験機による試験は，動力計形ブレーキ試験機およびペダル踏力計を用い，各ペダル踏力に対して各車輪のブレーキ力を測定する．ただし，各車輪のブレーキ力に不均衡のある場合は，これを調整して再び測定をくり返す．上記の測定より，次式を用いてブレーキ力，減速度および推定制動距離を求める．

$$F = \Sigma\, F_n$$

$$b = \frac{F \cdot g}{(W + \varDelta W)}$$

$$L_s'' = \frac{V^2}{25.9 \cdot b}$$

ただし，F：ブレーキ力，N {kgf}
F_n：各車輪のブレーキ力，N {kgf}
b：減速度，m/s²
W：試験時自動車総質量，kg
$\varDelta W$：回転部分相当質量，kg
L_s''：推定制動距離，m
V：制動初速度，km/h
g：重力の加速度，m/s²

試験機によるブレーキ試験の記録および成績は，JIS D 1013 の付表3（省略）により記入する．

3.3.2 実車走行試験 (JIS D 1013-82)

この規格は，自動車のブレーキ試験方法について規定する．

(1) 試験方法（実際路面での試験のみ）

① 路面での試験は，50 m 以上を選び，一定の初速度（車種によって 20，35 または 50 km/h を選ぶ．）で助走し，一定箇所において，手旗などの合図により加速ペダルを放し，急ブレーキをかけて試験自動車を停止させる．

このとき，合図をしたときの自動車の位置から，停止した位置までの距離を測定する．この距離を停止距離という．

② ①項において，ブレーキをかけるために，ブレーキペダルに足をかける操作によって路面に標点を印し付ける装置を用いる場合には，この標点位置から停止位置までの距離を測定する．この距離を制動

距離という．
③ 路面での試験においては，車輪の路面に対してのすべりなどの状況を観察する．この結果，各車輪のブレーキ力に不均衡がある場合には，この調整を行なって試験をくり返す．
④ 初速度は，ブレーキをかける地点まで50mの測定区間をおき，この区間を通過するのに要する時間を測定して求める．
⑤ 測定結果において，指定初速度を得ない場合で，かつ，その±10%の範囲内にある場合は，次式を用いて測定値を補正することができる．

$$L = L' \left(\frac{V}{V'}\right)^2$$

$$L_s = L_s' \left(\frac{V}{V'}\right)^2$$

ただし，L：補正停止距離，m
　　　　L'：測定停止距離，m
　　　　V：指定初速度，km/h
　　　　V'：測定初速度，km/h
　　　　L_s：補正制動距離，m
　　　　L_s'：測定制動距離，m

⑥ 制動距離を測定した場合，次の式により減速度，ブレーキ効率およびブレーキ力を求める．

$$\dot{b} = \frac{V^2}{25.9 \cdot L_s}$$

$$e = \frac{b}{g}$$

$$F = \frac{b}{g}(W + \varDelta W)$$

$$= (W + \varDelta W) e$$

ただし，b：減速度，m/s²
　　　　g：重力の加速度，m/s²
　　　　F：ブレーキ力，N {kgf}
　　　　e：ブレーキ効率
　　　　W：試験時自動車総質量，kg
　　　　W_1：試験時自動車質量，kg
　　　　$\varDelta W$：$\varDelta W$が不明の場合には，次のように仮定する．

$\varDelta W = 0.07\ W_1$(トラック)

$\varDelta W = 0.05\ W_1$(乗用車,小形トラック,バス)

⑦ 路面でのブレーキ試験の記録および成績は,JIS D 1013 の付表 1(省略),または,付表 2(省略)により記入する.

(2) 最近の実車走行試験方法例[3]

(a) 概　要

車両の速度,制動距離および減速度などの計測が,測定場所を固定せずに計測可能な非接触速度計について述べる.車両の対地速度を測定するのには種々の方法が見られるが,接触式の場合には,タイヤと路面でのスリップや路面の凹凸状態による影響により誤差が生じる.また,測定者が外部から車の移動をとらえての方法であるため,連続的に速度および他の測定ができないのが実態である.

この非接触形の速度計は,測定車両に搭載して対地速度,その他の試験が連続的に実験することが可能である.

(b) 構造の原理

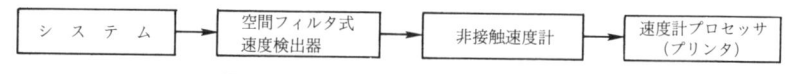

システム → 空間フィルタ式速度検出器 → 非接触速度計 → 速度計プロセッサ(プリンタ)

図 3.2　非接触速度計の原理の流れ

図 3.3 のように,路面の表面は,小石,砂,アスファルト,雪,氷盤と種々の状態に対して,特定の反射ムラ(色ムラ,凹凸ムラ)だけを抽出する特殊なセンサである.路面の不規則な模様から,ある間隔で並んでいる成分だけを見つけて,それによって発生する反射光量の変動を,電気信号に変換して,本体に送る.本体では,この信号をバンドパスフィルタに通して波形整形し,パルス列に変換して計測するものである(図 3.4)

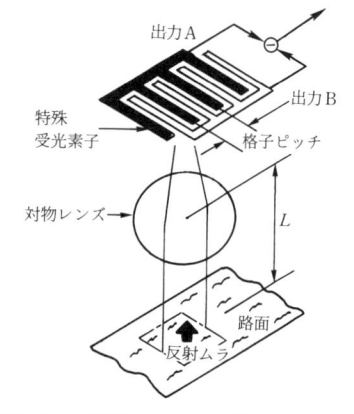

図 3.3　空間フィルタ式速度計の原理

(c) 計測値の範囲

測定範囲は,1.5～250 km/h 内で 1 回の走行で走行速度,走行距離および

3.3 制動性能試験　149

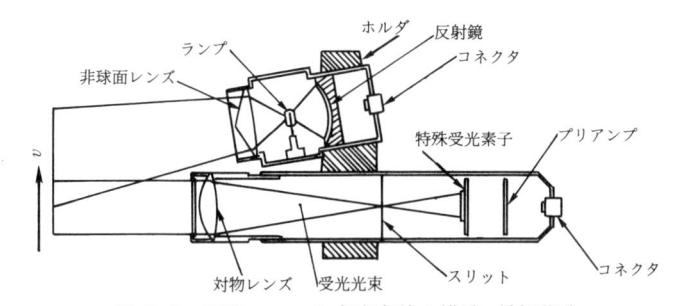

図 3.4　空間フィルタ式速度計の構造（断面図）

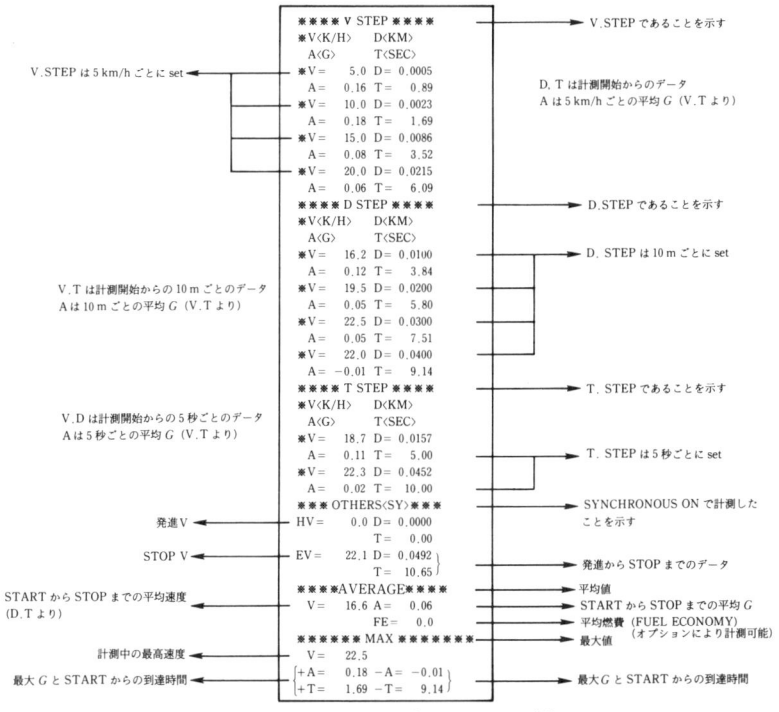

```
**** V STEP ****
*V<K/H>    D<KM>
 A<G>      T<SEC>
*V=    5.0  D= 0.0005
 A=   0.16  T=   0.89
*V=   10.0  D= 0.0023
 A=   0.18  T=   1.69
*V=   15.0  D= 0.0086
 A=   0.08  T=   3.52
*V=   20.0  D= 0.0215
 A=   0.06  T=   6.09
**** D STEP ****
*V<K/H>    D<KM>
 A<G>      T<SEC>
*V=   16.2  D= 0.0100
 A=   0.12  T=   3.84
*V=   19.5  D= 0.0200
 A=   0.05  T=   5.80
*V=   22.5  D= 0.0300
 A=   0.05  T=   7.51
*V=   22.0  D= 0.0400
 A=  -0.01  T=   9.14
**** T STEP ****
*V<K/H>    D<KM>
 A<G>      T<SEC>
*V=   18.7  D= 0.0157
 A=   0.11  T=   5.00
*V=   22.3  D= 0.0452
 A=   0.02  T=  10.00
****OTHERS<SY>***
 HV=   0.0  D= 0.0000
             T=   0.00
 EV=  22.1  D= 0.0492
             T=  10.65
***AVERAGE***
 V=   16.6  A=   0.06
            FE=   0.0
****** MAX ******
 V=   22.5
{+A=   0.18  -A=  -0.01
{+T=   1.69  -T=   9.14
```

V.STEP は 5 km/h ごとに set
V.T は計測開始からの 10 m ごとのデータ
A は 10 m ごとの平均 G (V.T より)
V.D は計測開始からの 5 秒ごとのデータ
A は 5 秒ごとの平均 G (V.T より)
発進 V
STOP V
START から STOP までの平均速度（D.T より）
計測中の最高速度
最大 G と START からの到達時間

V.STEP であることを示す
D.T は計測開始からのデータ
A は 5 km/h ごとの平均 G (V.T より)
D.STEP であることを示す
D.STEP は 10 m ごとに set
T.STEP であることを示す
T.STEP は 5 秒ごとに set
SYNCHRONOUS ON で計測したことを示す
発進から STOP までのデータ
平均値
START から STOP までの平均 G
平均燃費（FUEL ECONOMY）（オプションにより計測可能）
最大値
最大 G と START からの到達時間

図 3.5　試　験　結　果　一　例

走行時間のデータが同時に記憶される．これらは図 3.5 の計測例に示すように印字される．

3.3.3 すべり抵抗試験[4]

制動性能の実車試験では，タイヤと路面間の摩擦係数 μ が重要な要素である．

この μ は，種々の条件で微妙に値は変わることは，前項でも述べたとおりである．

すべり抵抗を試験する方法は，次のように分類される．

（1） 専用試験車による方法

専用試験車として，一般に大形車に走行車輪とは別途に測定用車輪を装着して行なわれている．この方法は，すべり抵抗を求めるのに測定用車輪を制動させている．また，測定用車輪にトルクメータを取り付けて求める方法もある．これらの方法は，特定の試験コースではなくても，一般道路を走行しながら試験が可能である．また，試験に際しての測定精度の面でも測定でき再現性の高い試験といえる（図 3.6，3.7）．

（2） 一般車両による試験方法

この方法は，特別に専用試験車で行なうものではなく，JIS D 1013 の項で述べたように乗用車からトラック，バスまで特殊な装置が不必要である（図 3.8，3.9）．試験車に制動開始速度を定めて制動を行ない，その制動開始点から停止するまでの制動距離を計測（巻尺か専用計測器）する．これらの結果から，一般に平坦路の場合で μ を求める場合は，次式による．

$$\mu = \frac{V^2}{254 \cdot S}$$

ただし，μ：縦すべり摩擦係数
 V：制動初速度，km/h ⎤ JIS D 1013 による
 S：制動距離，m ⎦ 補正後の値を採用

この試験方法は，特に低 μ 路の場合，制動を開始してから，停止に至るまでの試験車の左右方向性（回転運動）に難点が見られる．したがって，数多くの条件のよいデータが必要である．

図 3.6 専用試験車例（北海道大学すべり抵抗試験車）　　図 3.7 同車の試験状況（寒冷地技術研究会，士別自動車試験コース）

3.3 制動性能試験　151

図 3.8　乗用車の試験計測装置例　　　図 3.9　同試験状況

（3）　その他の試験方法

　実際の試験車を用いないで，ポータブル式のスキッドテスタによってすべり抵抗を求める方法がある（ぬれた路面の μ 測定を目的）．

　このテスタは，振り子式器械で，振り子の端部（路面と接触する面）にゴムが付いており，スライダで路面をすべらして計測するものである（図 3.10）．この原理は，「エネルギの保存の法則」を利用し，スライダが路面と接触して消費されるエネルギ損失を測定して，すべり抵抗値として表わす器械である．この測定値は μ の約 100 倍に相当し，BSN（スキッドレジスタンスナンバ）で表示される．

　ポータブル式以外に，二輪トレーラ式スキッドレジスタンス測定器がある．

　この測定器は，諸元の決まった二輪のトレーラからなり，車輪をロック制動させて制動トルクを測定して求めるものである．

図 3.10　ポータブル式スキッドテスタ（イギリス製）

表 3.9 JARI試験路のスキッドレジスタンスナンバ[5]

(JARI研究報告，1971. 11 測定)

種類	試験路面	路面状態	SN	横すべり摩擦係数	BSN
コンクリート	JARI周回路	乾	77.2	0.89	—
		濡	55.5	0.79	73.0
アスファルト	JARI総合試験路	乾	78.6	0.86	—
		濡	59.6	0.80	73.4
磨きコンクリート	JARIすべりやすい試験路	乾	73.7	0.84	—
		濡	48.2	0.71	68.9

注）1. SN：スキッドレジスタンスナンバ，BSN：スキッドレジスタンスナンバ（ポータブル試験機による）.
2. 測定速度：64 km/h，タイヤ：G社（アメリカ）製.

なお，測定用のタイヤおよび試験速度が 64 km/h のときの μ を 100 倍して SN 値で表示される．

3.3.4 制動効果の安定性試験

（1） フェードリカバリ試験[6]

この試験は，ブレーキ効果の回復性を試験するものであり，坂路で頻繁にブレーキを使用すると，ブレーキ装置の温度が上昇して効きが悪くなる．ブレーキの効きが熱のため全く効かなる状態をフェード現象という．

ここでは，ブレーキの効きの低下や再び温度が冷却したときの効きの回復

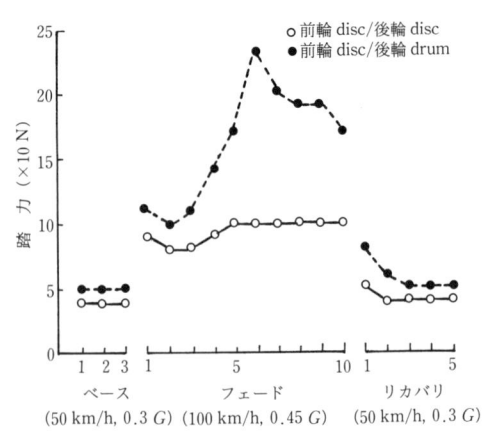

図 3.11 フェードリカバリ試験例[6]

3.3 制動性能試験　153

状況を測定する試験である（図3.11）．

試験の評価法としては，次式で表わされる．

- フェード率 $=\dfrac{\text{最大踏力}-\text{初回踏力}}{\text{初回踏力}}\times 100\,(\%)$
- リカバリ率 $=\left(1-\dfrac{\text{各回踏力}-\text{ベース踏力}}{\text{ベース踏力}}\right)\times 100\,(\%)$

（2）ウォータリカバリ試験

この試験は，雨降り時や水たまり路を走行した場合，ブレーキ装置に水がかかったとき，あるいは，水が浸水したときの効果の変化や回復の度合いを試験するものである．一般にこの試験は，テストコース内に設置されたウォータプールで行なわれる（図3.12）．

図 3.12　ウォータプール
（日本自動車研究所）[6]

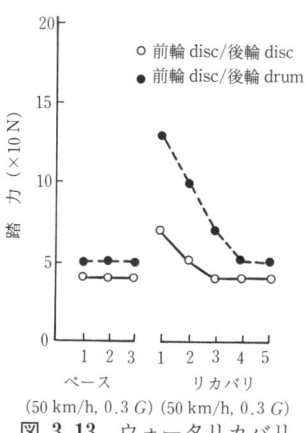

図 3.13　ウォータリカバリ試験例[6]

(50 km/h, 0.3 G) (50 km/h, 0.3 G)

図3.13の例のように，ディスクブレーキのほうがドラムブレーキよりも効きの回復性が早い．リカバリ率は，次式で求められる．

$$\text{リカバリ率}=\left(1-\dfrac{\text{各回踏力}-\text{ベース踏力}}{\text{ベース踏力}}\right)\times 100\,(\%)$$

（3）その他の試験

（a）スピードスプレッド

この試験は，車速による効きの変化を評価し，スピードスプレッド率として次式による．

$$\text{スピードスプレッド率}=\dfrac{100\,\text{km/h の踏力}-50\,\text{km/h の踏力}}{50\,\text{km/h の踏力}}\times 100\,(\%)$$

ただし,いずれも 0.6 G のときの踏力である.
(b) 履歴による変化
ブレーキ装置の使用履歴による変化を見て,ならし前後やフェード試験前後の効きを測定するものである.

3.4 旋回性能試験

旋回性能試験は,操舵力や外乱に対する車両の応答特性を調べる試験である.

ここでは,操舵力試験,定常円旋回試験および過渡性能試験などについて,規格に基づく試験方法を紹介する.

3.4.1 定常円旋回試験(乗用車旋回試験方法 JASO 7115)

定常円旋回試験は,旋回半径一定の条件下で円旋回を行ない,求心加速度の増加に対して,ハンドル操舵角,操舵トルク,ロール角などの特性変化を求める試験である.

また,定常円旋回可能な最高速度から,最大横加速度を測定することもできる.

ここでは,乗用車旋回性能試験方法(JASO 7115)による規格について紹介する.

(1) 制定の目的

この規格は,乗用車の旋回性能に関する基礎特性値として,操舵率(ごく低速で円旋回する車両中心の軌跡半径が 10 m のときのかじ取りハンドル回転数)および求心加速度影響係数を定義し(後述),これらを求めるための統一的な試験方法を確立して,旋回性能の数値的な把握を容易にすることを目的とする.

求心加速度影響係数とは,求心加速度 $0 \sim 0.4 G$ の定常円旋回における前輪(かじ取り装置の剛性効果を含む)のコーナリング係数を C_f,後輪のコーナリング係数を C_r とすれば,求心加速度影響係数 N は次の式(3.1)のように定義される.

$$N = (1/C_f - 1/C_r) \times \eta \tag{3.1}$$

ただし,η はかじ取り装置のオーバオールレシオ.

(2) 試験条件

(a) タイヤは仕様書に指定されているもので,摩耗の少ないものを使用

する．また，タイヤ空気圧は仕様書に指定されている値に調整しておく．
  (b) 荷重条件
  ① 運転者1名乗車の状態で燃料タンク容量の50％以上搭載し，予備タイヤ，予備部品および工具などを含む．
  ② 定員乗車の状態で①の状態に運転者以外の乗員荷重として1人あたり55kgの重量物を該当する座席上に固定する．
  ③ 前輪アライメントおよびかじ取り装置のバックラッシュは，仕様書の指示値に合わせる．
 (3) **試験路およびコースの形状**
  ① 試験路は，旋回コースの設定が可能な広さのコンクリートまたはアスファルト舗装の乾いた平坦な路面とする．
  ② 旋回コースの形状は，図 3.14 に示すような半径 30 m の円周上にセ

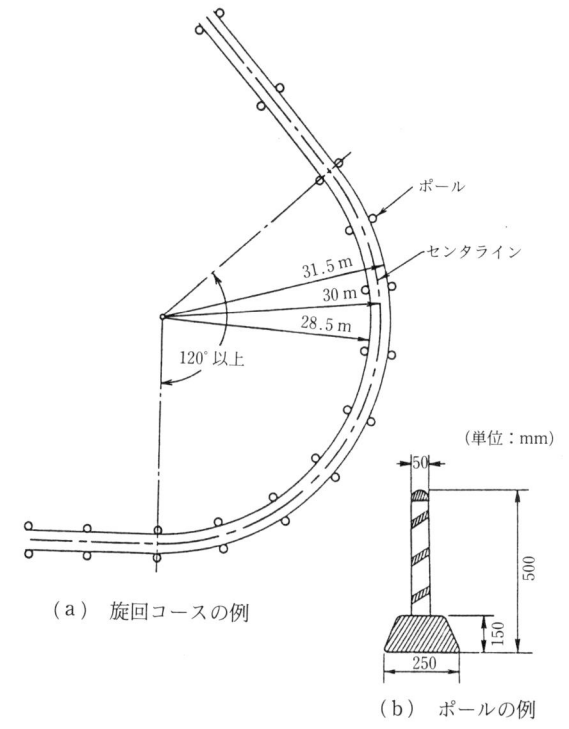

(a) 旋回コースの例

(b) ポールの例

図 3.14 旋回コースとポールの例

156　第3章　性能試験法

ンタラインを描き，その両側に路幅 3.0 m を規定するためのポールを旋回コース全長にわたって適当な間隔で設置し，旋回角度が 120 度以上のものとする．コースの両端には，できれば旋回円の接線方向に進入部，脱出部に相当する直線路を設ける．

(4) 試験方法

① かじ取りハンドル回転角の零位置調整は，試験自動車を直進走行させ，その状態で停車して，かじ取り回転角測定装置の零位置を設定する．

② 試験自動車の走行方法は，コースに沿ってほぼ一定速度 V_i で走行させる．一定速度 V_i の選定は任意とするが，ごく低速 V_0 からコースをはずれることなく，安定に走行できる最高速度 V_{max} までをほぼ 10 分割した値に選択すること(すなわち，$V_0 < V_1 < \cdots\cdots V_{max}$)が望ましい．また，ごく低速度 V_0 での走行は 3 回以上くり返す．

③ 測定データおよび記録は，車速 V_i で走行したとき，かじ取りハンドル回転角の定常値 θ_i と旋回区間の走行時間 T_i を測定し，JASO 7115 の付表 1 の記録紙に θ_i と T_i を記入する．

(5) 試験結果の記録および整理方法

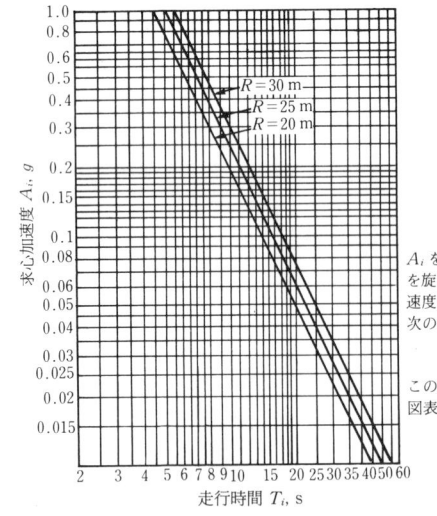

A_i を求心加速度 g，T_i を走行所要時間 s，R を旋回コース路幅中心の半径 m，g を重力の加速度 m/s² とし，α を旋回角度 deg とすれば，次の関係が成り立つ．

$$A_i = \left(\frac{\alpha}{57.3}\right)^2 \frac{R}{g T_i^2} (g)$$

この式より，使用するコースに対応する計算図表を作る．

図 3.15　走行所要時間 T_i と求心加速度 A_i の関係を示す計算図表 (旋回角度 $\alpha = 180$ 度の場合)

① 求心加速度とかじ取りハンドル回転角の関係は，付表1の走行所要時間 T_i(s)と旋回コース長 L(m)，旋回コース幅中心の曲率半径 R(m)，旋回角度 α(deg) から平均求心加速度 A_i(g)，次の式によって求め，対応する θ_i と A_i を JASO 7115 の付表2（省略）に記入する．

$$A_i = (L/T_i) \times \frac{1}{9.8R} \ (g) \cdots\cdots\cdots\cdots\cdots\cdots\cdots\cdots\cdots\cdots(3.3)$$

$$L = \frac{1}{57.3} \times R_a \ (\text{m}) \cdots\cdots\cdots\cdots\cdots\cdots\cdots\cdots\cdots\cdots\cdots(3.4)$$

式 (3.4) の計算には図 **3.15** の計算図表を使用する．

② 最小2乗法による近似直線

操舵率および求心加速度影響係数に客観性をもたせるために，θ_i と A_i の関係を最小2乗法で求める．

各荷重状態と旋回方向の組合わせのそれぞれに対して，JASO 7115 の付表1の θ_i，A_i から $A_i \leq 0.4\,g$ に属する K 組の θ_i，A_i だけを取り出し，同付表1に従って $\Sigma\theta_i$，$\Sigma\theta_iA_i$，ΣA_i および ΣA_i^2 を計算し，次の式によって測定データの近似直線のこう配 N_j と定数項 θ_j を求める．

$$N_j = \frac{K(\Sigma\theta_iA_i) - (\Sigma\theta_i)(\Sigma A_i)}{K(\Sigma A_i^2) - (\Sigma A_i)^2} \cdots\cdots\cdots\cdots\cdots\cdots\cdots(3.5)$$

$$\theta_j = \frac{\Sigma\theta_i - N_j(\Sigma A_i)}{K} \cdots\cdots\cdots\cdots\cdots\cdots\cdots\cdots\cdots(3.6)$$

ただし，K は $A_i \leq 0.4g$ の範囲内にあるデータとする．また，j は，$j=1,2,3,4$ であり，j は運転者1名乗車で左旋回，$j=2$ は運転者1名乗車で右旋回，$j=3$，$j=4$ はそれぞれ定員乗車状態での左，右旋回を示すサフィックスとする．

計算で得られた N_j，θ_j から，各荷重状態と旋回方向の組合わせで得られる求心加速度とかじ取りハンドル回転角の直線近似式は次のように表わす．

$$\bar{\theta}_i = \theta_j + N_j\bar{A}_i \ (j=1,2,3,4) \cdots\cdots\cdots\cdots\cdots\cdots(3.7)$$

ただし，$\bar{\theta}_i$ は，かじ取りハンドル回転角(deg)，$\bar{A}_i$ は，求心加速度($\bar{A}_i = 0 \sim 0.4\,g$) である．

最小2乗法で得られた近似直線を JASO 1175 の付表2(省略)に記入する．

(c) 操 舵 率

JASO 1175 の付表2の θ_1，θ_2，θ_3，θ_4 から次の式によって操舵率 S を計算

する.

$$S = \frac{R}{10}\left(\frac{\theta_1+\theta_2+\theta_3+\theta_4}{4}\right) \times \frac{1}{360} \text{(回転数)} \quad\cdots\cdots\cdots(3.8)$$

(d) 求心加速度影響係数

JASO 1175 の付表 2（省略）の N_1, N_2, N_3, N_4 から 1 名乗車時の求心加速度影響係数（$N_{1名乗車}$）と定員乗車時の求心加速度影響係数（$N_{定員乗車}$）を次の式によって求める.

$$N_{1名乗車} = \frac{1}{2}(N_1 + N_2) \text{ (deg}/g) \quad\cdots\cdots\cdots(3.9)$$

$$N_{定員乗車} = \frac{1}{2}(N_3 + N_4) \text{ (deg}/g) \quad\cdots\cdots\cdots(3.10)$$

(e) 試験結果の表示は, θ_1, θ_2, θ_3, θ_4, N_1, N_2, N_3, N_4 と操舵率 S および求心加速影響係数を $N_{1名乗車}$, $N_{定員乗車}$ を試験自動車の状態とともに JASO 7115 の付表 3（省略）に記入する.

3.4.2 操舵力試験

操舵力に関しては，次の三つに分類することができる．

(1) 停止状態の操舵力試験

この場合の試験を一般にすえ切り操舵力試験と称し，JASO 7205 で試験方法が制定されている．この試験は，自動車の停止状態におけるステアリングホイールに加わる力，すなわち，操舵力と回転角（操舵角）を測定するものである．

(2) 低速時の操舵力試験

この試験は，低速度で走行する場合，たとえば，駐車時の幅寄せ，車庫入れ，あるいは，交差点での右折，左折などの低速域におけるハンドルの重さを評価する試験である．

この試験方法としては，図 3.16 のように，レムニスケート曲線（8 の字コース）を描き，このライン上に沿って走行し，操舵力，操舵角および横向加速度を測定し，車速は一定とする．

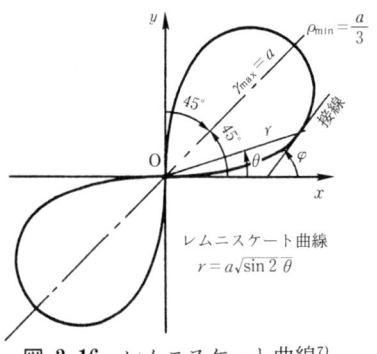

図 3.16 レムニスケート曲線[7]

3.4 旋回性能試験　159

図 3.17　すえ切り操舵力試験結果[7]

図 3.18　レムニスケート測定結果[7]

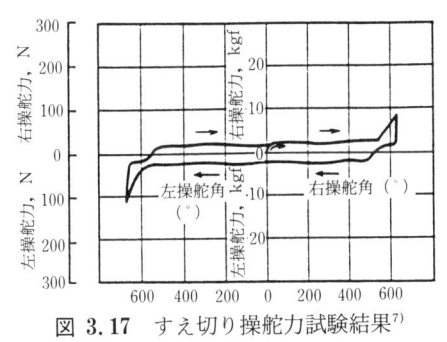

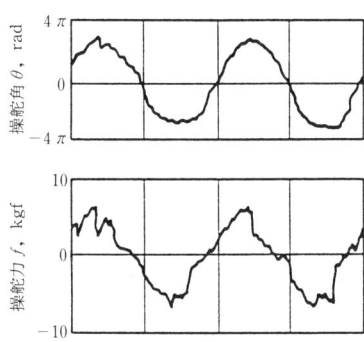

図 3.17 は，すえ切り操舵力試験結果例を示す．

図 3.18 はレムニスケート測定結果例を示す．

(3) 中・高速時の操舵力試験

高速走行時のレーンチェンジや山道走行などの中速度域を含めた状況での評価を含む試験であり，試験評価としてはスラローム試験で行なわれる（JASO C 706-87 のスラローム走行性能試験方法で制定）．

近年の自動車は，パワーステアリングが採用されており，すえ切り時や低速走行時のハンドルの操舵力を低減し，中高走行時には，速度感応形により，手応えを重視し油圧によるアシストを行なう形式が多く普及している．

3.4.3　すえ切り操舵力試験方法（JASO 7205）

(1) 制定の目的

この規格は，自動車のすえ切り操舵力に関する統一的な試験方法を確立して，すえ切り操舵力の数値的な把握を容易にすることを目的とする．

(2) 用語の意味

(a) かじ取りハンドルの有効半径

かじ取りハンドル握り部の谷と外周との中心の半径で表わす．

(b) 操　舵　力

かじ取りハンドルに関して回転方向と操作力の方向とが同じであるときの操作力をいい，その大きさは，かじ取り軸回りで測定される操舵トルクをかじ取りハンドルの有効半径で除した値で表わす．

(c) すえ切り操舵力

停止状態にある自動車の操舵力をいい,中心位置操舵力および70％舵角位置操舵力で表わす．

(3) **試 験 条 件**

① タイヤは仕様書に指定されているもので,摩耗の少ないものを使用する．また,タイヤ空気圧は仕様書に指定されている普通走行時の値に調整し,タイヤの踏面は乾いたきれいな状態とする．

② 荷重条件は,試験自動車の前輪荷重および後輪荷重を,仕様書に記されている最大積載時のおのおのの値に合わせる．

③ 前輪アライメントおよびかじ取り装置の状態は,前輪アライメント,前輪の最大舵角およびかじ取り装置のバックラッシュを仕様書の値に合わせる．

④ エンジンの状態は,試験中のエンジンの回転速度は仕様書に記されているアイドリングの回転速度に合わせる．

(4) **試 験 方 法**

① 計測機器の取付け,操舵力とかじ取りハンドル回転角とが同時に測定できるように,操舵力および操舵角測定装置を取り付ける．

② 操舵角および操舵力測定装置の零位置に合わせる．

③ 試験は,前輪にブレーキをかけない状態にし,ギヤシフトは中立で行なう．

　まず,かじ取りハンドルを操舵角零の位置から右最大舵角位置まで,原則として休止することなく連続的に回す．次に右最大舵角位置から左最大舵角位置まで,原則として休止することなく連続的に回す．

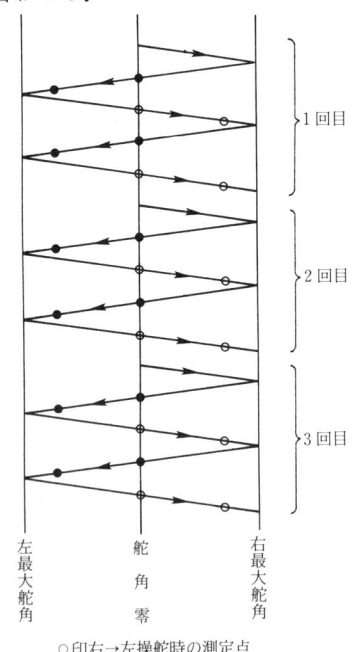

○印右→左操舵時の測定点
●印左→右操舵時の測定点

図 3.19 試験のくり返し要領

最後に，左最大舵角位置から右最大舵角位置まで同様に回す．
　この過程を1サイクルとし，2サイクルくり返し，このときのかじ取りハンドル回転角と操舵力を同時に記録する．
　ただし，2サイクル目は1サイクル目の終わりにあたる右最大舵角の位置から始まり，1サイクル目と同様にして，右最大舵角の位置で終わるものとする．
　この試験は，測定精度を高めるために少なくとも3回くり返し，各回の試験ごとに，路面に対するタイヤの当たり面を変えるものとする（図3.19）．
④　試験データの記録は，JASO 7205の付表1，2（省略）に記録して整理する．

3.4.4　過渡性能試験
（1）　車線乗移り試験（JASO C 707-76）
（a）　試験の目的
　この試験の目的は，追越しあるいは障害物回避などのために，車線変更を行なう場合に，安全に車線を変えることができ，かつ，その後の運動がすみやかに収束する性能をいう．すなわち，ドライバーが行なう車線変更動作において操縦が容易であり，車両の挙動も安定していることを要求している．
　図3.20に，標識の設置および走行コースを示す．

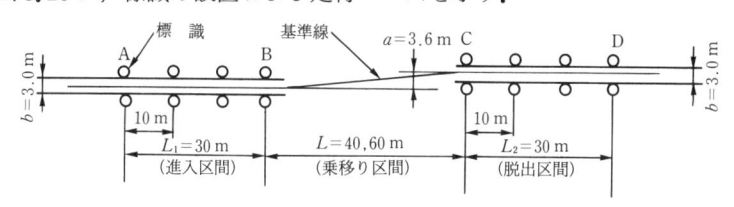

図 3.20　標識の設置およびコース（左乗移りの場合）

図3.21による車線乗移り性能成績表（記入例）に示す．
（b）　試験走行方法
　車線乗移り方向は，左右いずれでもよい．進入区間区（A～B），脱出区間区（C～D）では，基準線に沿って直進し，車線乗移り走行は基準線を目標として，できるだけ円滑なハンドル操作により行なう．なお，低速時で車線乗移り走行に余裕のある場合は，できるだけ基準線にそって走行するように操舵する．

162　第3章　性能試験法

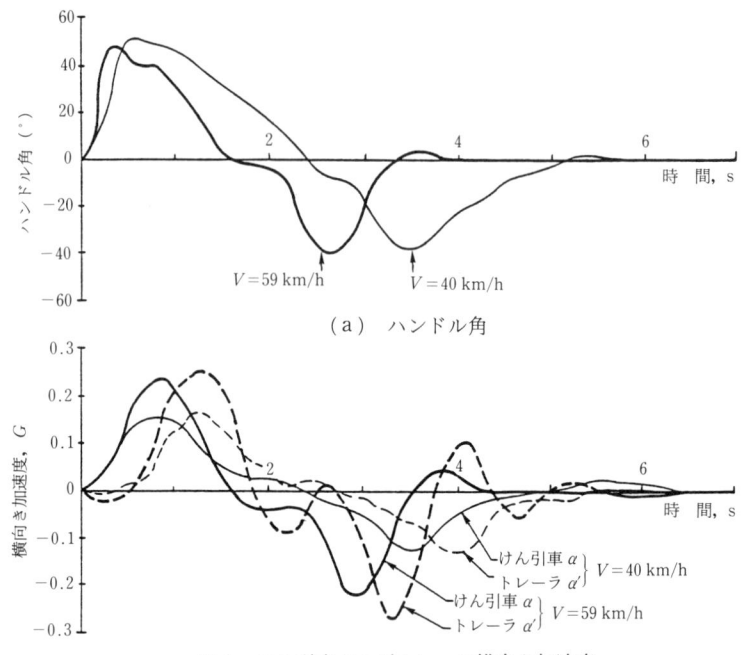

(a)　ハンドル角

(b)　けん引車およびトレーラ横向き加速度

試　験　条　件	車線変更距離	$L = 40$, 　　　m
	車線乗移り走行車速	$V = 40, 59$ km/h
乗　移　り　方　向	左	
車　速　検　出　方　法	ストップウォッチ	
所　　　　　見	異常なし	

備考：この様式を実際の記録用紙として用いる場合は，SI単位を除いたものを用いてもよい．また，SI単位を併記した記録用紙を用いる場合は，用いた単位を明確にすること．

図 3.21　車線乗移り性能試験成績表（車線乗移り性能試験応答波形記録用紙）（記入例）

　目標とする車速に合わせ，できるだけ一定な車速で円滑な走行を行なう．目標とする車線乗移り走行速度 (V) は，車線変更距離 (L) 40 m では，40, (50)[注]，60 km/h，車線変更距離 (L) 60 m では，60, (70)[注]，80 km/h とし，走行は各組合わせにつき，3回くり返す．

　注：かっこ内の車速についても参考値としてデータをとることが望ましい．
　備考：連結車両の最高速度が，上記試験車速以外の場合はその最高車速まで行なう．

(2) スラローム試験 (JASO C 706-87)

(a) 試験の目的

この試験は,自動車の操縦性および安定性の一つとしてスラローム走行性能を取り上げ,その統一的な試験方法を確立し,操縦性および安定性を定量的にとらえることを目的とする.

(b) 試験方法

試験データのばらつきを小さくするために,操舵はできるだけ滑らかに行ない,標識に接触しない範囲で標識の近くを通過することが望ましい.標識に接触したり,標識を転倒させたときの走行は無効となる.

また,各特性値の零点を明確にするため,コースへの進入前およびコースからの脱出後に一定時間直進走行を保つことが望ましい.

なお,直進走行は標識の並べられている線上であることが望まれる.コースの進入前では,案内標識を通過後にハンドルを切り始める.このとき,コースへの進入は左右どちらから進入してもよい.また,コースからの脱出時は,案内標識を通過した後に直進走行を保てるようにする.

図 3.22 に,標識の設置および走行コースを示す.

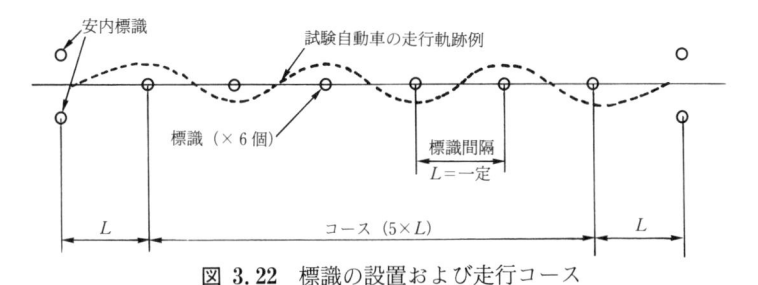

図 3.22 標識の設置および走行コース

なお,ロール角,ヨー角速度およびハンドル角を測定する装置を試験自動車に取り付け,さらに,計時装置および標識を設置する.

計測条件などは,以下のとおりである(**表 3.10, 3.11** および試験結果の関係).

スラローム走行速度は,次式によって算出する.

$$V_i = \frac{5L}{T_i}$$

ただし,V_i:スラローム走行速度,km/h

L：標識間隔，m
T_i：標識通過所要時間，s（最初と最後の標識は除く）

(3) その他規格による試験方法

(a) 乗用車のパルス操舵過渡応答試験方法（JASO Z 110-83）
(b) 旋回時の操舵力試験方法（JASO 7204）
(c) 最小旋回半径試験方法（JASO 7114）
(d) 乗用車・ライトトレーラ連結時旋回性能試験方法（JASO C 708-76）
(e) 乗用車・ライトトレーラ連結時スラローム走行性能試験方法（JASO C 709-76）

表 3.10 試験自動車の種類と標識間隔および基準車速

試験自動車の種類		標識間隔 m	基準車速 km/h
乗用車	軽乗用車	30	65
	小形乗用車		
	普通乗用車		
トラックバス	軽トラック	30	50
	小形トラック，バス		
	普通トラック，バス	50	60

表 3.11 測定器の測定範囲と許容器差

測定量	測定範囲	許容器差
時間	30 (s)	±0.1 (s)
ロール角	±15°	±0.15°
ヨー角速度	±50°(/s)	±0.5°(/s)
ハンドル角	±360°	180°未満に対して±2° 180°以上に対して±4°

備考：許容される器差は記録器までを含む

3.5 タイヤ性能試験

タイヤ性能は，自動車の諸性能に大きな影響を与える要因となるため，タイヤの特性を知っておくことが重要となるが，タイヤはその構造上性質の異なったゴム，スチールワイヤ，繊維などから構成されているため，その力学的特性も複雑で理論的解明もむずかしい．そこで，個々のタイヤ特性を知るには各種の専用試験機により評価する必要がある．ここでは，いくつかの特性を評価する試験法について述べる．

3.5.1 タイヤの基礎的試験

タイヤの各種の特性を評価する基本的な性能試験項目は数多くあるが，ここでは，そのなかでも操縦安定性を考えるうえでの振動，外力となりうるものについて考えることとする．

自動車に発生する振動，外力は，各装置部品の耐久性や操縦安定性および

人体などに影響を与える．走行時における自動車の車体や操縦系に発生する振動，外力にはさまざまな原因が考えられるが，ここでは，タイヤ-ホイール系の均一性（ユニフォーミティ）の不整および回転部分の不つり合い（アンバランス）について考えることとする．

ホイール（タイヤと一体となったホイールをいう）が回転する場合の振動は，加震源が大きな意味でいうユニフォーミティの不良により発生するが，加震源の種類としていくつかに分類できる．その種類，検出方法および修正方法についてを**表 3.12**に示す．

表 3.12 不つり合いの分類

分　　野	分　　野	点 検 手 段	修 正 方 法
重量上の不つり合い（ウエイトアンバランス）	静的不つり合い（スタティックアンバランス）	ホイールバランサ	ホイールバランサの指示によりおもりを付加
	動的不つり合い（ダイナミックアンバランス）		
寸法上の不つり合い（ランナウト）	半径方向の振れ（ラジアルランナウト）	（ダイヤルゲージまたはトースカン）または（ユニフォーミティマシン）	タイヤ修正機により切削
	軸方向の振れ（ラテラルランナウト）		な　　し
剛性上の不つり合い（タフネスバリエーション）	縦方向の剛性変動	ユニフォーミティマシン	な　　し
	横方向の剛性変動		
	縦方向の変形	長期間駐車によるもので，走行すると解消	

（1）　ホイールバランス試験法

ホイールバランス試験法は，主として重量上の不つり合い（ウエイトアンバランス）をホイールバランサを用い，ホイール上にある1箇所または数箇所の不つり合い量および位置を合成させたものを検出し，その演算結果である修正ウエイト（鉛）をリムに取り付けることにより修正する方法である．

ホイールバランサは種々の機種が市販されているが，**図 3.23**[8]の例に示すようなオンザカータイプと，**図 3.24**[8]の例に示すようなオフザカータイプの二つの形式がある．オンザカータイプでは，車両にタイヤを取り付けたままの状態で回転させて検出することができるので，ブレーキドラムやブレーキディ

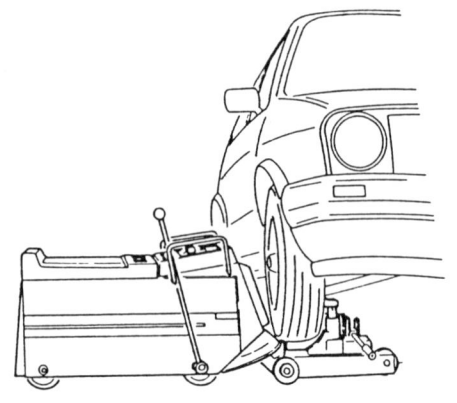

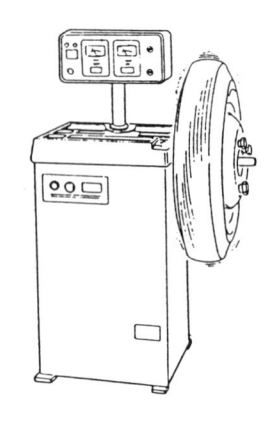

図 3.23 オンザカー形電気式ホイール　　図 3.24 オフザカー形回転式
　　　　バランサ[8]　　　　　　　　　　　　　　ホイールバランサ[8]

スクおよびこれに結合されている回転体を含めた測定が可能であるが，作業に手間がかかり，修正に熟練を要する．一方，オフザカータイプでは，ホイールの脱着の手間，組付け誤差の影響などの問題もあるが，検出・修正は能率的で精度がよい．

　また，検出方式では，振動検出方式と遠心力検出方式があり，各種の方法で不つり合い量および位相の検出結果を表示する．最近の機種では後者の遠心力検出方式でコンピュータ内蔵の高精度なものが主流となってきている．しかし，個々のホイールバランサにはそれぞれの特徴があり，優劣は判定できないので，その用途に応じたものを使用するとよい．

　（2）　自動車用タイヤのユニフォーミティ試験法（JASO C 607-87）
　（a）　適応範囲
　この規格は，乗用車用タイヤ，軽トラック用タイヤおよび小形トラック用タイヤのユニフォーミティ試験方法について規定する．
　（b）　制定の目的
　タイヤのユニフォーミティの試験方法を標準化し，自動車の振動，騒音および直進性の面からタイヤのユニフォーミティの適正な評価を行なうことを目的とする．
　（c）　用語の意味
　この規格で用いるおもな用語の意味は，次のとおりとする．
　①　ユニフォーミティ

3.5 タイヤ性能試験　167

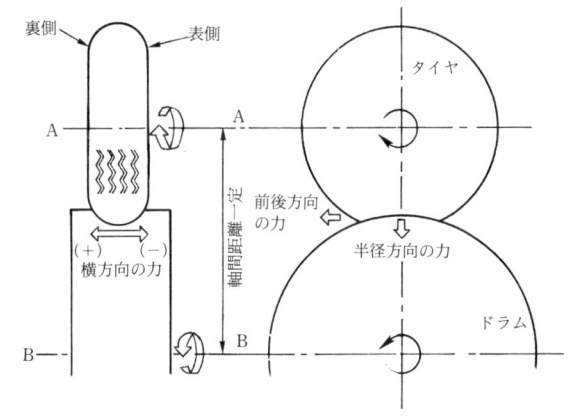

図 3.25 タイヤがドラムに与える軸方向の力

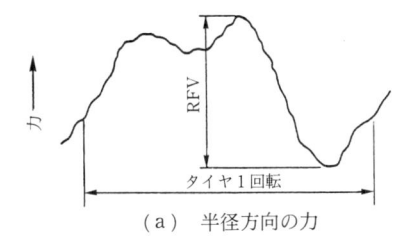

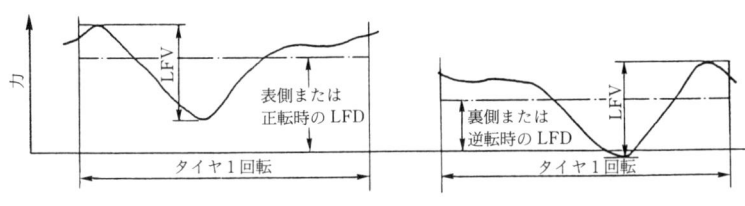

(a) 半径方向の力

(b) 横方向の力

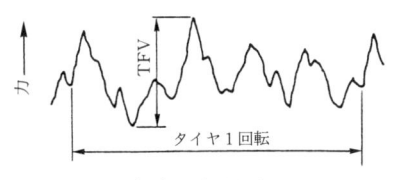

(c) 前後方向の力

図 3.26 タイヤが発生する力の変動波形例

　荷重を受けているタイヤが，一定の半径で1回転する間に発生する力およびその変動の大きさをいい，②～⑦項に定義し，図3.25および図3.26に示

す3軸方向の力の成分で表わす．
　② ラジアルフォースバリエーション
　タイヤの半径方向の力の変動の大きさ（以下，RFVで表わす）．
　③ ラテラルフォースバリエーション
　タイヤの横方向の力の変動の大きさ（以下，LFVで表わす）．
　④ ラテラルフォースデビエーション
　タイヤの横方向の力の変動の平均値（以下，LFDで表わす）．
　⑤ トラクティブフォースバリエーション
　タイヤの前後方向の力の変動の大きさ（以下，TFVで表わす）．
　⑥ コニシティ
　LFDのうちタイヤの回転方向に関係なく，常に一定方向に発生する横方向の力．
　⑦ プライステア
　LFDのうちタイヤの回転方向によって，発生する方向の変わる横方向の力．
　(d) 測定項目
　図3.26に示すように，タイヤ1回転について次の項目を測定する．
　　① RFV　半径方向の力の変動の最大値〔図3.26の（a）〕
　　② LFV　横方向の力の変動の最大値　〔図3.26の（b）〕
　　③ LFD　横方向の力の平均値　　　　〔図3.26の（b）〕
　　④ TFV　前後方向の力の変動の最大値〔図3.26の（c）〕
　(e) 試験条件
　i) 使用リム
　測定に使用するリムは原則として，JIS D 4202（自動車用タイヤの諸元）による標準リムとする．
　ii) タイヤ荷重および空気圧
　タイヤ荷重および空気圧は，原則としてJIS D 4202の空気圧-荷重対応表により，乗用車用タイヤ，軽トラック用タイヤおよびリム径の呼び14以下の小形トラック用タイヤについては**表3.13**に，リム径の呼び15以上の小形トラック用タイヤについては**表3.14**による．
　iii) タイヤ回転速度
　測定中のタイヤ回転速度は，原則として60 rpmとする．
　(f) 試験方法

3.5 タイヤ性能試験

表 3.13 タイヤ荷重および空気圧

区分 項目	乗用車用タイヤ	軽トラック,小形トラック用タイヤ(リム径の呼び14以下)	
		4 PR	6〜8 PR
荷 重	設計常用荷重の85%	空気圧200 kPa{2.0 kgf/cm²}に対応する単輪荷重の85%	空気圧300 kPa{3.0 kgf/cm²}に対応する単輪荷重の85%
空気圧	200 kPa{2.0 kgf/cm²}	200 kPa{2.0 kgf/cm²}	300 kPa{3.0 kgf/cm²}

表 3.14 タイヤ荷重および空気圧

区分 項目	小形トラック用タイヤ(リム径の呼び15以上)		
	6〜8 PR	10〜12 PR	14 PR
荷 重	空気圧300 kPa{3.0 kgf/cm²}に対応する単輪荷重の88%	空気圧450 kPa{4.5 kgf/cm²}に対応する単輪荷重の88%	空気圧600 kPa{6.0 kgf/cm²}に対応する単輪荷重の88%
空気圧	300 kPa{3.0 kgf/cm²}	450 kPa{4.5 kgf/cm²}	600 kPa{6.0 kgf/cm²}

i) 試 験 機
イ) 構 造

試験機は,図3.25に示すように測定するタイヤを取り付けるための回転軸,これと軸が平行で表面が平坦な代用路面としての回転ドラム,このドラムをタイヤに(またはタイヤをドラムに)押し付けて両軸間隔を一定に保つことのできるタイヤ負荷装置,ならびにタイヤが回転するときに発生する3軸方向の力の成分を測定するための装置を備えているものとする.本体支持機構は十分な耐振構造とし,その固有振動数はタイヤ回転速度の40倍以上でなければならない.回転力はタイヤ軸またはドラム軸,いずれの側から与えてもよいが,力の検出装置がある部分をとおして与えてはならない.

ロ) 諸元および精度

乗用車用タイヤ,軽トラック用タイヤおよびリム径の呼び14以下の小形トラック用タイヤユニフォーミティ試験機とリム,およびリム径の呼び15以上の小形トラック用タイヤユニフォーミティ試験機とリムのそれぞれの諸元および精度は**表3.15**による.

ii) 測 定 手 順

測定手順は,次による.

① 測定用リムにタイヤを装着し,空気を充てんする.

表 3.15　ユニフォーミティ試験機とリムの精度

項　目	区　分	乗用車タイヤ，軽トラック用タイヤおよびリム径の呼び14以下の小形トラック用タイヤ	リム径の呼び15以上の小形トラック用タイヤ
リムの精度	上下方向（ビードシート部）および横方向（フランジ内面）におけるリム振れ	0.025 mm 以下	0.05 mm 以下
	測定中のビードシート部のたわみ	十分堅ろうでいかなる方向にも 0.127 mm 以下	十分堅ろうでいかなる方向にも 0.127 mm 以下
ド ラ ム	ドラム外径	原則として 854.1±2.5 mm	原則として 1 600.2±2.5 mm
	ドラム外径面のラジアル方向の振れ	0.025 mm 以下	0.025 mm 以下
	アンバランス量	0.115 N・m{1 150 gf・cm}以下	0.230 N・m{2 300 gf・cm}以下
	ドラム表面	摩擦係数の高い粗粒面	摩擦係数の高い粗粒面
軸の平行度	タイヤ軸とドラム軸の平行度	半径方向 10 000 N{1 000 kgf}，横方向 500 N{50 kgf}の荷重のもとで 0.25 mm/m 以下	半径方向 20 000 N{2 000 kgf}，横方向 1 000 N{100 kgf}の荷重のもとで 0.5 mm/m 以下
タイヤ荷重の精度	――――	最大設定荷重の±1％以内	最大設定荷重の±1％以内
タイヤ空気圧	設定精度	設定値に対して±4.00 kPa{±0.04 kgf/cm²}以内	設定値に対して±5.00 kPa{±0.05 kgf/cm²}以内
	測定中の空気圧変動	±0.50 kPa{0.005 kgf/cm²}以内	±0.50 kPa{0.005 kgf/cm²}以内
試験機の精度	試験機全体での測定精度	RFV, LFV について±2.50 N{±0.25 kgf}以内	RFV, LFV について±5.00 N{±0.50 kgf}以内

② タイヤに所定の荷重をかけて，ならし走行をする．
③ 空気圧およびタイヤ回転速度を調整する．
④ タイヤ軸とドラム軸の距離を一定に保持する．
⑤ タイヤを回転させ，発生する力とその変動を指示計または記録計から読み取る．必要に応じて，タイヤの表裏を入れ替えて測定を行なうか，またはタイヤの回転方向を変えて正転，逆転時の測定を行なう．

iii）　測定結果の整理方法
イ）　RFV, LFV, TFV
　ii）の⑤で読み取った力の変動の最大値を各測定項目ごとに記録する．必要に応じて1次成分を求める．
　ロ）　LFD

タイヤの表裏を入れ替えて表側のLFD，裏側のLFDを求めるか，またはタイヤの回転方向を変えて，正転時のLFD，逆点時のLFDを求める．

ハ）コニシティ

必要に応じて，LFDの値から次式で定義されるタイヤのコニシティを求める．

$$コニシティ = \frac{(表側のLFD) - (裏側のLFD)}{2}$$

または

$$コニシティ = \frac{(正転時のLFD) + (逆転時のLFD)}{2}$$

ニ）プライステア

必要に応じて，LFDの値から次式で定義されるタイヤのプライステアを求める．

$$プライステア = \frac{(正転時のLFD) - (逆転時のLFD)}{2}$$

または

$$プライステア = \frac{(表側のLFD) + (裏側のLFD)}{2}$$

3.5.2 コーナリング特性試験

タイヤのコーナリング特性試験は，実車両により試験することが望ましいが，試験精度，試験効率および再現性などからタイヤ試験機による台上試験を採用することが多く，図3.27[9]に示すようなタイヤ試験機を用いてコーナリングフォース，コーナリングパワー，セルフアライニングトルク，キャンバスラスト，ころがり抵抗などの項目を検出，評価をする．タイヤ試験機には台上試験と実走行試験の2種類の試験機があるが，それぞれに特色があるため，試験の目的にあった方法を選択するとよい．ここでは，ドラム式タイヤ試験機を用いた方法を例として説明する．

（1）タイヤの六分力試験[10]

タイヤが仮想路面である回転ドラム面の外周に接地し，回転するときにタイヤの接地面に作用する各種分力を，キャンバ角や横すべり角，接地荷重などの条件下で，直接タイヤ取付け軸に設けられた六分力ロードセルによって同時に計測する．

（a）計測項目および構成機器

項目＼種類	ドラム式	平板式	フラットベルト式	実路面上の試験車
概　要	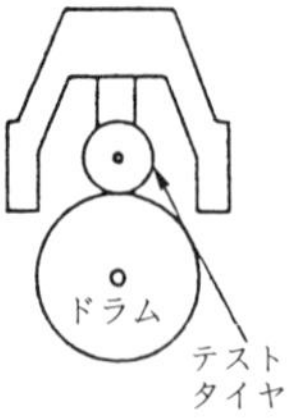 ドラム／テストタイヤ	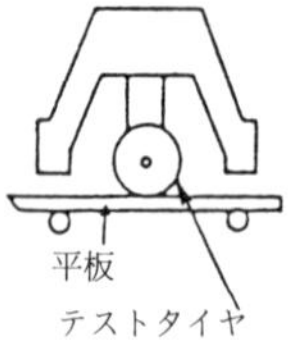 平板／テストタイヤ	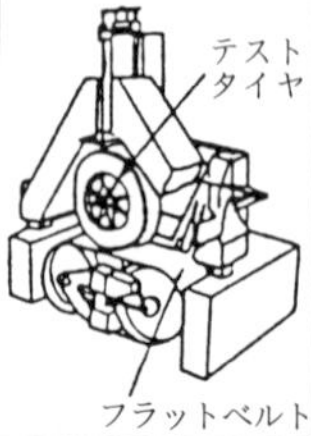 テストタイヤ／フラットベルト	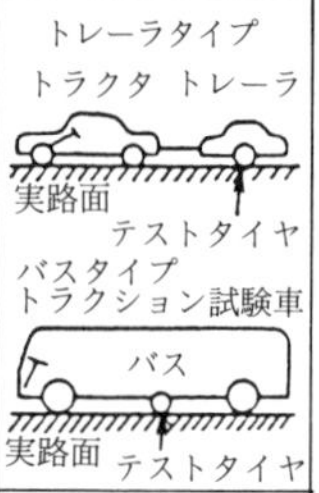 トレーラタイプ　トラクタトレーラ／実路面／テストタイヤ／バスタイプ　トラクション試験車／バス／実路面／テストタイヤ
路面　材質	スチール（平滑，ローレット加工），セーフティウォーク，木材，アスファルト	スチール，セーフティウォーク　一部実路面	スチール，セーフティウォーク	実路面上
路面　曲率		平　坦	平　坦	
速　度	高速域まで可	極低速	高速域まで可	約100 km/h まで
特　色	曲率あり　動特性測定可　（仕様による）	極低速のみ	平坦性，高速で動特性測定可　（仕様による）	テスト実施に難点あり

図 3.27　　各種のタイヤコーナリング試験機[9)]

表 3.16　ロードセル仕様

測定項目	測定容量	精　　度
接地荷重(VF)	500 kgf	±0.5％FS 以下
ころがり力(RR)	±500 kgf	±0.5％FS 以下
横　　力(CF)	±500 kgf	±0.5％FS 以下
SAT	± 20 kgf·m	±2　％FS 以下
OTM	± 20 kgf·m	±2　％FS 以下
RRM	±150 kgf·m	±1　％FS 以下

計測する六分力については次のとおりとする．
① 接地荷重反力（VF）
② ころがり抵抗（RR）
③ コーナリングフォース（CF）
④ セルフアライニングトルク（SAT）
⑤ ころがり抵抗モーメント（RRM）
⑥ オーバターニングモーメント（OTM）

　表3.16に示す仕様のストレインゲージインナバランス式ロードセルで検出した六分力は，**図3.28**に示すようなブロックダイヤグラム上で増幅器を経て干渉補正装置へ入力し，干渉した各分力をあらかじめ記憶してある干渉補正

3.5 タイヤ性能試験　173

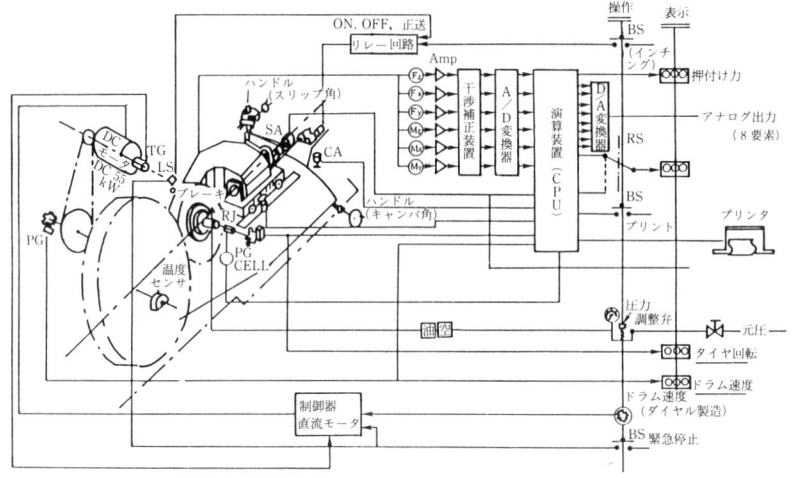

図 3.28 構成機器の全体ブロックダイヤグラム

値に基づいて補正を行ない，純粋な分力としてA/D変換器，演算処理装置へ出力する．演算処理装置では，計測データを記憶回路へ取り込み，計測終了後に演算処理をした結果をプリント出力する．出力データは**表 3.17**に示す出力例のように前述の①～⑥の六分力とドラム速度 V，タイヤ回転数 RT，キャンバ角 CA，横すべり角 SA，タイヤ空気圧（内圧）P，すべり比 S，タイヤ動半径 R なども含まれる．

表 3.17 デジタル出力例

V	RT	CA	SA	VF	RR	CF	SAT	OTM	RRM	P	S	R
40.0	386	−.0	.0	301	5	4	−.0	− .6	−.9	1.86	.02	.269
40.0	386	.0	.0	303	5	4	−.0	− .6	−.8	1.86	.02	.269
40.0	386	.0	.0	303	5	4	.0	− .6	−.7	1.86	.02	.269
40.0	386	−.0	.1	302	5	4	−.0	− .7	−.8	1.86	.02	.269
40.0	386	−.0	.2	302	5	8	−.1	− .8	−.8	1.86	.02	.269
40.0	386	.0	.4	302	5	14	−.3	−1.2	−.8	1.86	.02	.269
40.0	386	.0	.6	302	5	22	−.4	−1.3	−.7	1.86	.02	.269
40.0	386	.0	.8	299	5	29	−.6	−1.6	−.7	1.86	.02	.269
40.0	386	.0	1.1	300	6	36	−.7	−1.9	−.7	1.86	.02	.269
40.0	386	.0	1.3	299	6	44	−.8	−2.1	−.7	1.86	.02	.269
40.0	386	−.0	1.6	297	6	51	−.7	−2.3	−.6	1.86	.02	.269
40.0	384	.0	1.8	296	7	56	−.7	−2.5	−.6	1.86	.03	.269
40.0	384	−.0	2.0	295	7	61	−.7	−2.8	−.6	1.86	.03	.269
40.0	384	−.0	2.2	295	7	65	−.7	−2.8	−.6	1.86	.03	.269

表 3.17 デジタル出力例（つづき）

V	RT	CA	SA	VF	RR	CF	SAT	OTM	RRM	P	S	R
40.0	384	−.0	2.4	292	8	70	−.6	−2.9	−.6	1.86	.03	.269
40.0	384	−.0	2.7	292	8	73	−.6	−3.2	−.5	1.86	.03	.269
40.0	384	−.0	2.9	292	9	79	−.5	−3.4	−.5	1.86	.03	.269
40.0	383	.0	3.1	289	9	82	−.4	−3.3	−.4	1.86	.03	.269

V：ドラム速度，km/h　　　　SAT：セルフアライニングトルク，kgm
RT：タイヤ速度，rpm　　　　OTM：オーバターニングモーメント，kgm
CA：キャンバ角，deg　　　　RRM：ローリングレジスタンスモーメント
SA：横すべり角，deg　　　　　（BT）（制動トルク）　　　kgm
VF：垂直荷重，kgf　　　　　　P：タイヤ内圧，kgf/cm²
RR：ころがり抵抗，kgf　　　　S：すべり比
（BF）（制動力）　　　　　　　　　（ドラム速度−タイヤ速度/ドラム速度）
CF：コーナリングフォース，kgf　R：タイヤ半径，m

(b) 評価方法

一定速度で転動しているタイヤのキャンバ角CA，横すべり角SA，垂直荷重VFなどを変化させて六分力を求める．得られたデータは接地荷重VF，キャンバ角CA，タイヤ空気圧Pを一定とした条件下での，横すべり角SAに対するコーナリングフォースCF，セルフアライニングトルクSATの関係としてグラフ化して表現する．その例として図3.29，3.30に示す．

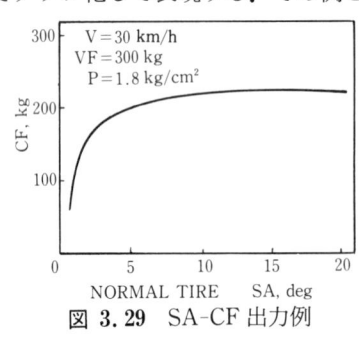

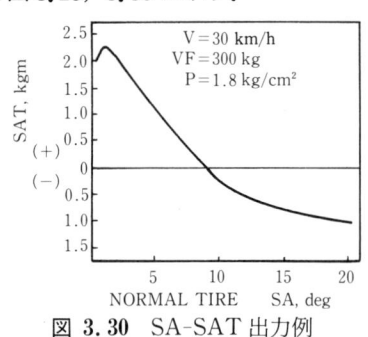

図 3.29　SA-CF 出力例　　　図 3.30　SA-SAT 出力例

3.6 振動乗り心地・騒音試験

3.6.1 振動乗り心地試験

振動乗り心地については，車両自体の要因によるエンジンのトルク変動，回転体のアンバランスなどによって発生する振動および路面からの影響を受け

て，ボデーへと伝達される振動がある．特に，乗り心地に関しては，乗員の客観的な要素が含まれるものであり，人間工学的な解析が必要となる．

また，車両における振動の計測は，上下，左右，前後のどの方向の振動を計測するかは現象によって判断することになる．

この振動計測には，変位，速度，加速度を計測するセンサとして，ひずみゲージを用いたひずみ形あるいは圧電形の加速度変換器が一般によく使用されている．

さらには，ホログラフィ計測のように広い範囲の振動振幅の分布を短時間で処理可能なものやFFT（Fast Fourier Transform）による振動伝達特性の瞬間測定ができる機器がある．

これらの振動計測する方法[11]として，

① 実車走行による試験

車両を実際に走行させて試験する場合には，条件として，路面の影響を受けないことが必要である．

② シャシダイナモ上による試験

この試験は，実車走行に対して定置での試験であり，現象の解析が容易であるメリットが見られるが，タイヤの接地面の状態が実際の路面で行なう場合と異なる欠点がある．

③ 加振機上による試験

この試験は，油圧を利用してタイヤから加振するか，加振機によりばね下を加振する方法がある．この試験の場合は，連続的に振動の発生周波数をとらえることができる利点がある．

④ 乗り心地の試験

乗り心地の試験は，条件として路面の状況を変える(テストコースでは，アスファルト路，コンクリート路，石だたみ路，小石を固めたベルジアン路，継ぎ目路，砂利路など)ことにより，振動計測も含めて，評価が行なわれる．また，加振機によって，振動を与えて試験評価する方法もある．

3.6.2 乗り心地の評価[12]

(1) 主観的評価

この評価は，車両の走行条件などによって，結果が左右されることおよび乗員の感性による影響もあるため，容易に定量化できない一面がある．評価時のアンケート項目の一例を示す．

① 全体のやわらかさ　② ピッチングの大きさ
③ ローリングの大きさ　④ ばね下のおどり
⑤ 継ぎ目路面でのおどり　⑥ 異常振動の有無など

(2) 客観的評価

(a) この評価方法としては，Janewayの乗り心地限界曲線とMeisterの振動感覚曲線があり，図3.31に示すように，振動台上で被験者に振動を与え，その反応を5段階に分けて表わしたものである．

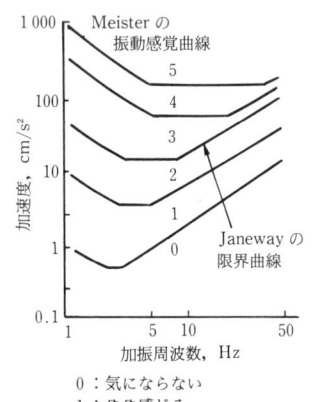

0：気にならない
1：やや感じる
2：はっきり感じるが不快ではない
3：やや不快
4：不安
5：非常に不快

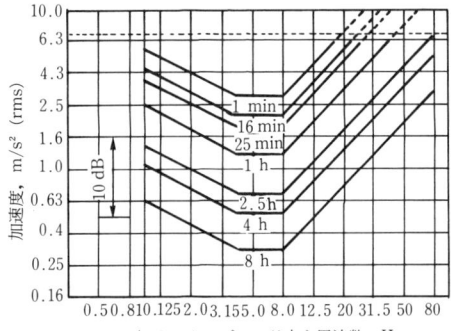

暴露限界：×2（6dB高い）
快感減退限界：×1/3.15（10dB低い）

図 3.31 Meisterの振動感覚曲線とJanewayの乗り心地限界曲線

図 3.32 ISO上下振動の評価基準（1〜80 Hz）

(b) ISOの評価基準

ISO（国際規格機構）でも，上下振動の評価基準（1〜80 Hz）を提案し，振動を受ける時間に対する人間の許容限界を定めたものである（**図3.32**）．

(3) 人体の振動特性[12]

(a) 人体の振動による共振点は，上下振動においては4〜6 Hz，前後振動においては2 Hz付近にある．この振動は，高速道路の大きなうねりを走行する場合や路面の凹凸などを乗り越した後に，ばね上が連続的にフワフワする現象である．このような条件下で共振して加振を受けるとき，乗員の機能は最も低下し，エネルギの消費量も最大となる（**図3.33**）．

これらより，共振による人体の振動の増大は，生理的な面にも影響を及ぼ

すと考えられており，人間は左右方向の振動に最も敏感で，次いで，前後の振動であり，上下方向の振動にはいちばん耐えることができると実験的にいわれている．

（b）2～20 Hzの振動

連続的な凹凸がある路面を走行するときや，比較的大きな段差を乗り越すときに，突き上げられるようなショックやブルブルとした微振動を感ずる現象として現われる．

（c）20～60 Hzの振動

連続的な荒れた路面を走行するとき，上下，前後方向の路面刺激がサスペンション系で減衰できない状況のとき，ゴツゴツと感ずる現象である[11]．

図 3.33 振動を受ける人間のエネルギ代謝[12]

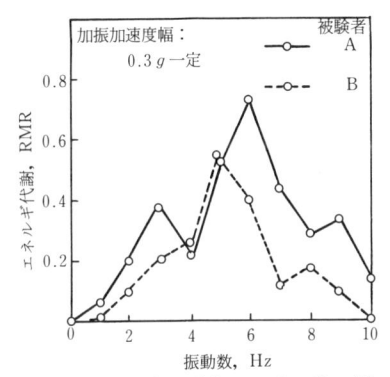

$$RMR = \frac{(単位時間に消化したエネルギ)-(安静単位時間に消費するエネルギ)}{(人間が正常覚醒時，単位時間に必要とするエネルギ)}$$

これらの振動源は，おもにサスペンションのばね定数，ショックアブソーバの減衰力，タイヤの減衰特性，スタビライザのばね定数，エンジンマウント，ボデーの特性などが関連している．

3.6.3 騒音試験

自動車の騒音は，乗員の快適性と密接にかかわる車内騒音と，公害的要素を持つ道路交通騒音にかかわる車外騒音とに大別される．

（1）車内騒音試験

自動車の車室内の静しゅく性は，快適性を左右する要因として重要である．また，人間の官能評価に対応した評価解析が必要である．

図 3.34 に車内騒音発生メカニズムの概略を示す．

（a）実走行による車内騒音試験

実際に路上を走行し，車室内の騒音を総合的に評価する試験法である．

この場合，周囲に反射物があったり，他の騒音が混入する場所であってはならない．

路面としても平坦なアスファルト路で行なう必要がある．

さらに，マイクロホンの位置（騒音計）は，JASO Z 111, ISO 5128 で定められている乗員の耳の位置にセットし，騒音計はA特性で計測する．

178　第3章　性能試験法

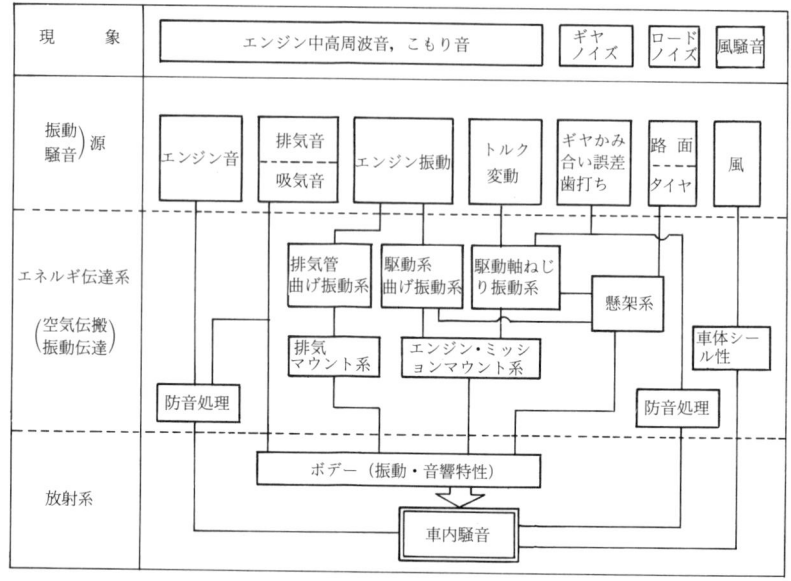

現　　象	エンジン中高周波音, こもり音					ギヤノイズ	ロードノイズ	風騒音
振動)源 騒音	エンジン音	排気音 吸気音	エンジン振動	トルク変動	ギヤかみ合い誤差 歯打ち	路面 タイヤ		風
エネルギ伝達系 (空気伝搬) (振動伝達)		排気管曲げ振動系 排気マウント系 防音処理	駆動系曲げ振動系 エンジン・ミッションマウント系	駆動軸ねじり振動系		懸架系	防音処理	車体シール性
放射系			ボデー（振動・音響特性） 車内騒音					

図 3.34　車内騒音発生メカニズムの概略[11]

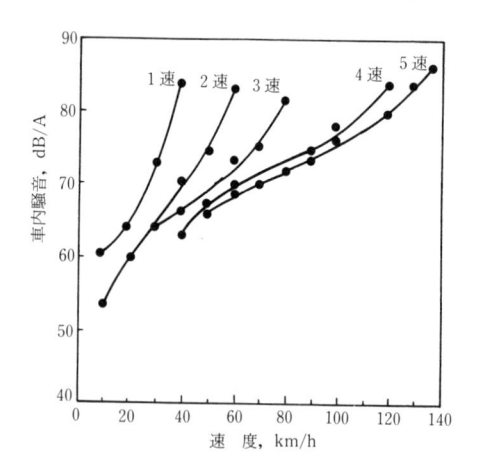

速度, km/h ―― 騒音 dB/A

速度	0	10	20	30	40	50	60	70	80	90	100	110	120	130	134
1速	(54)	61	64	73	84	-	-	-							
2速	-	54	60	64	71	75	83								
3速	-	-	-	64	67	68	74	76	82						
4速	-	-	-	-	63	68	69	72	72	75	77	78	84		
5速	-	-	-	-	-	66	70	70	72	74	78	77	80	81	86

図 3.35　車内騒音の測定例[13]

3.6 振動乗り心地・騒音試験　179

また，このときC特性でも測定しておくと簡単な周波数分析もできる．運転条件は，定常走行で4速または5速（AT車はDレンジ）で40 km/hから140 km/hくらいまで行なう（図3.35）．

図3.36にA特性とC特性の測定例を示す．

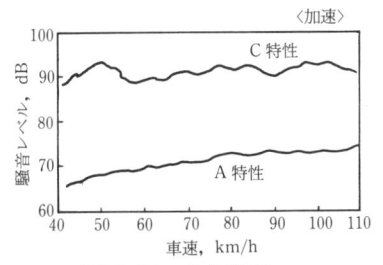

図 3.36　車内騒音レベル

（b）　室内における車内騒音試験

室内における車内騒音試験は，無響室といわれる外界から音が完全にしゃ断された室内において試験する方法である（図3.37）．

この無響室内は，音の残響時間も短いので精度の高い試験が行なえ，実車による定置試験とシャシダイナモメータを用いた走行シミュレーション試験とがある．

図 3.37　無響室における試験風景
（日本自動車研究所）

したがって，実走行では「部品を取りはずして行なう試験」など不可能な試験もできる．

（c）　車内騒音試験方法（JASO Z 111-83）

ⅰ）　適　用　範　囲

この規格は，自動車の車内騒音試験方法について規定する．

ⅱ）　制定の目的

自動車の車内騒音試験方法の標準化を図り，適正品質を確保することを目的とする．

ⅲ）　試　験　項　目

試験は，次の項目について行なう．

① 定常走行騒音試験

② 定置騒音試験

iv) 試験条件

イ) 試 験 車

試験車は，窓および換気口を全閉にし，ヒータ，クーラなど補機類の作動をすべて停止する．タイヤは，損傷や偏摩耗のない新品に近いものとする．

なお，試験車は，テスト開始前に十分な暖機運転を行なう．

ロ) 試 験 場 所

イ．定常走行騒音試験

試験場所は，できるだけ周囲から反射音による影響を受けない平らで水平な乾燥した舗装の直線路とする．

ロ．定置騒音試験

試験場所は，近くに音響反射物のない広い場所で乾燥した舗装路面とする．

ハ．気 象 条 件

風速は，5 m/s を超えないこと．その他の気象条件は，測定に影響を及ぼさないものであること．

ニ．暗 騒 音

暗騒音は，エンジンを停止した停車状態で，運転席のマイクロホン位置で測定した値とし，試験値より原則として 10 dB (A) 以上小さいものとする．

v) 測 定 装 置

イ) 騒 音 計

騒音計は，JIS C 1505（精密騒音計）またはそれに相当する規程によるものを使用し，聴感補正回路は A 特性，動特性は，速（fast）とする．

ロ) レベルレコーダ

レベルレコーダを併用する場合は，JIS C 1512（騒音レベル，振動レベル記録用レベルレコーダ）またはそれに相当する規程によるものを使用し，動特性は，速（fast）とする．

ハ) 装置の校正

校正は，測定の初めと終わりに，測定装置全体の音響機能をメーカーの指示に従い，標準音源（たとえば，ピストンホーン）を用いて行なう．

vi) 運 転 条 件

イ) 定常走行騒音試験

イ．試 験 車 速

3.6 振動乗り心地・騒音試験　181

試験は，40 km/h から 100 km/h まで 20 km/h おきに行なう．ただし，車両の通常使用される最高車速が 100 km/h 未満の場合は，その車速範囲内とする．最高車速 40 km/h 未満の車両は，その最高車速で行なう．走行速度の誤差は，各車速に対して ±3 km/h 以内とする．

ロ．変速機の段位

各車速ごとに安定して走行可能な最高変速段位（副変速機を含む）を使用する．4 輪駆動，2 輪駆動の切り換えが可能な車両は，2 輪駆動とする．

ハ．積載条件

積載条件は，JIS D 0102〔自動車用語（自動車の寸法，質量，荷重および性能）〕の空車状態に運転者，計測者各1名と測定装置を加えたものとする．ただし，独立した荷台または荷物室を有する車両にあっては，メーカーの規定する最大積載量を荷台または荷物室に積載する．

ニ．試験方法

試験は，vi）のイ）のイ．項で定めた速度を少なくとも5秒間保持することにより行なう．

ロ）定置騒音試験

試験は，ニュートラルギヤ（自動変速機のある自動車は，Nレンジ）で，エンジンをアイドリング状態にして行なう．

vii）測定方法

イ）マイクロホン位置

騒音測定は，運転席で行なう．マイクロホン位置は，図 3.38 に示すように垂直座標は，座席面（人の座っていない状態）と座席背もたれ面との交差線の上方 0.7±0.05 m とし，水平座標は，座席の中心線から車両中心に向かっ

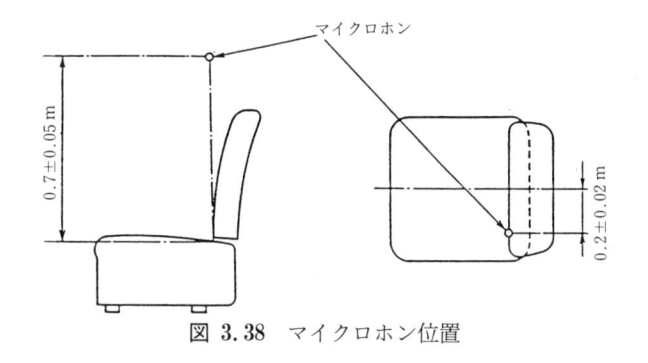

図 3.38　マイクロホン位置

て 0.2±0.02 m とする．座席背もたれは，なるべく垂直に近い状態で行ない，調整可能な運転席は，調整範囲の最も中央に近い位置とする．

ロ）測定回数

少なくとも 2 回測定を行ない，測定値の差が 3 dB (A) を超えた場合は，3 dB (A) 以内に入るまで測定を行なう．

ハ）読取り方法

各測定において騒音計またはレベルレコーダの指示の平均値を 0.5 dB 単位で読み取る．

viii) 試験記録および結果

記録および結果の様式は，JASO Z 111-83 の付表 1（省略）による．平均値，補正値および結果は，四捨五入により整数で記入する．

（2）車外騒音試験

（a）停止時の車外騒音試験

この試験は，エンジンがアイドル時の状態で行なうものであり，主としてエンジン音，排気テール音，補機類の騒音を測定するものである．JASO Z 101 では，マイクロホンを試験車の進行方向左側面から左側に 7 m 地点，地上高さ 1.2 m の位置で計測する条件となっている．

また，室内において，音源別の単体試験と車両全体を行なう試験方法もある．

（b）定常走行時の車外騒音試験

車両が走行中で発生する騒音では，排気テール音であり，同じ騒音レベルの音であっても，高周波成分を多く含んだ音はうるさく聞こえる．これらの試験方法については，JASO Z 101（後述）を参照．

（c）加速走行の騒音

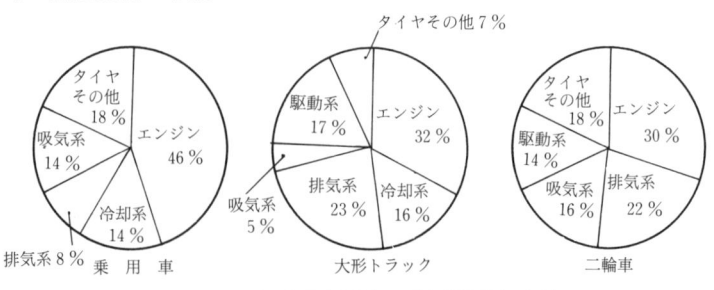

図 3.39 加速走行騒音の音源別寄与率[14]

加速走行騒音の音源として,エンジン,冷却ファン,吸排気系,タイヤ,風切り音などがあるが,これらの音源別寄与率を図3.39に示す.

これらの寄与率の分析法としては,求めようとする音源以外のものを除去するか,鉛カバーなどでしゃへいする方法と,逆に求めようとする音源のみを除去する方法とがある.

試験方法については,JASO Z 101を参照（後述）.

（d） 車外騒音試験方法（JASO Z 101-83）

ⅰ） 適 用 範 囲

この規格は,自動車の車外騒音試験方法について規定する.

ⅱ） 制定の目的

自動車の車外騒音試験方法の標準化を図り,適正品質を確保することを目的とする.

ⅲ） 試 験 項 目

試験は,次の項目について行なう.

① 加速走行騒音試験
② 定常走行騒音試験
③ 定置車両騒音試験

ⅳ） 試験条件および騒音計

イ） 試 験 車

試験車はⅲ）の①,②項の走行試験については,原則として,JIS D 0102〔自動車用語（自動車の寸法,質量,荷重および性能）〕の最大積載状態とする. ⅲ）の③項の定置試験については,車両状態は規定しない.

ロ） 試 験 場 所

イ． 走行試験の試験場所

試験場所は,できるだけ周囲からの反射音による影響を受けない平らで,しかも水平な乾燥したコンクリートまたはアスファルト舗装の直線路とする.

ロ． 定置試験の試験場所

試験場所は,近くに塀,土手,建物などの反射物のない広い場所で,コンクリートまたはアスファルト舗装の乾燥した路面とする.

ハ． 騒 音 計

騒音計は,JIS C 1505（精密騒音計）によるもの,またはそれに相当する規程のものを使用し,聴感補正回路はA特性を使用する.指示計器の動特性

は，速 (fast) を使用する．

なお，測定に際しては原則としてマイクロホン風防 (wind screen) を使用する．

ニ) 暗騒音

暗騒音は，原則として測定値より少なくとも 10 dB(A) 小さいものとする．

v) 試験記録および成績

測定は，少なくとも 2 回行ない，騒音計の指示の最大値およびその平均値を付表の様式（省略）に記入する．

なお，2 回の測定値の差が 2 dB(A) を超えたときは，さらに 1 回測定し，差が小さい 2 個の測定値の平均とる．

vi) 加速走行騒音試験

イ) 試験方法

試験は，20 m 間の加速走行によって行ない，試験車の先端が図 3.40 に示す線 AA に達したときにできるだけ早く加速ペダルをいっぱいに踏み込み，または絞り弁を全開にし，試験車の後部が線 BB に達したときにできるだけ早く加速を終える．試験車が線 AA に接近するときの計器速度および変速装置の条件は，試験車の形式に従い**表 3.18** による．

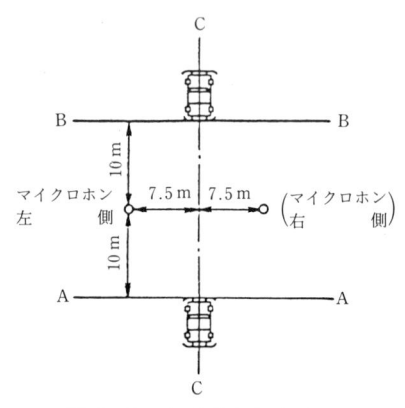

図 3.40 加速走行騒音試験のマイクロホン位置

ロ) 測定位置

マイクロホンは，試験車の進路中心線 CC に対し左側に（必要に応じて右側）距離 7.5 m，線 AA から 10 m，地上高さ 1.2 m の位置に進路中心線 CC に向けて線 AA と平行に置く．

vii) 定常走行騒音試験

イ) 試験方法

試験は，図 3.41 に示す区間の定常走行によって行なう．走行車速は，試験の目的に応じて当事者間の協定によるものとし，その許容範囲は±5％とする．

変速条件は，原則として最高速度の変速比を使用するか，または当事者間

3.6 振動乗り心地・騒音試験

表 3.18

試験車形式	線AAに接近するときの速度	変速の条件
(1) 手動変速機のある自動車	次のうち最も低い速度 (a) 機関の最高出力回数の3/4 (b) ガバナによる機関最高回転の3/4 (c) 高速 50 km/h (総排気量 50 cc{50 cm³}以下の原動機付き自転車にあっては 25 km/h，総排気量 50 cc{50 cm³}以上 250 cc{250 cm³}以下の原動機付き自転車および軽2輪車にあっては 40 km/h)	オーバドライブは作動させない 2～4段変速機を装備する場合は2速を使用し，5段以上の場合は3速を使用する．ただし，2輪自動車においては2～3段変速機を装備する場合は，2速を使用し，4段の場合は3速を使用し，5段以上の場合は4速を使用する なお，補助的な減速装置を使用する場合は，高いほうの高速位置を使用する
(2) 自動変速機のある自動車	次のうち低いほうの速度 (a) 車速 50 km/h (総排気量 50 cc{50 cm³}以下の原動機付き自転車にあっては 25 km/h，総排気量 50 cc{50 cm³}以上 250 cc{250 cm³}以下の原動機付き自転車および軽2輪車にあっては 40 km/h) (b) 最高速度の3/4	前進変速比を選択しうる自動車の場合には，線AAと線BBの間では平均加速度が最高になるほうで使用する．ただし，エンジンブレーキ，停車，低速専用の選択位置を除く
(3) 歯車変速機のない自動車	(1)による	―
(4) 特殊車	(2)による	最高速度の変速比

の協定によって，その車速で最も使用ひん度の高い変速比を用いる．

ロ) 車速の測定方法

車速は，原則として試験車の計器速度によるが，その計器は，あらかじめ補正しておく．時計による計測を行なう場合は，図 3.41 に示す区間の両端で行なう．

ハ) 測定位置

マイクロホンは，試験車の進路中心線CCに対して左側に，表 3.19 に示す距離で地上高さ 1.2 m の位置に進路中心線CCに向けて

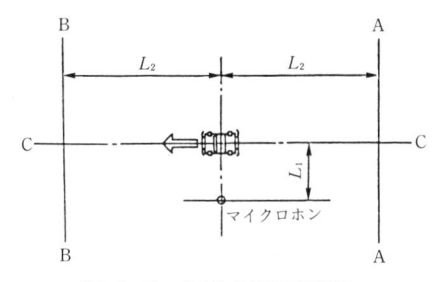

図 3.41 定常走行騒音試験のマイクロホン位置

表 3.19

車速，km/h	L_1, m	L_2, m
60 まで	7.5	25
60 を超える	15 または 7.5	50

線 AA と平行に置く.
　viii) 定置車両騒音試験
　　イ) 試 験 方 法
　ガバナのないエンジンを有する試験車にあっては，エンジン回転速度計を取り付け，エンジンの公称最高出力回転の $\frac{3}{4}$ の回転数によって行なう．
　ガバナ付きのエンジンを有する試験車にあっては，ガバナによるエンジン最高回転数によって行なう．
　　ロ) 測 定 位 置
　マイクロホンは，試験車の進行方向左側面から左側に距離 7 m，地上高さ 1.2 m の位置に，試験車に向けて水平に置く（図 3.42 参照）．

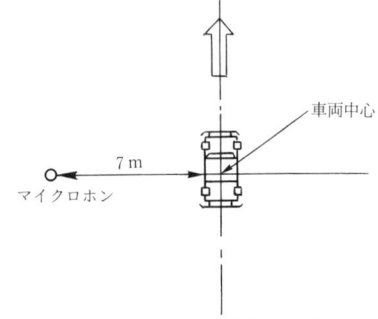

図 3.42　定置車両騒音試験のマイクロホン位置

(e) 停車中の自動車の車外騒音試験方法（JAS D 1026-1987）
　i) 適 用 範 囲
　この規格は，道路沿いなど容易に得られる程度の音響特性を持つ試験場所において，停車中の自動車（以下，車両という）が発生する車外騒音の試験方法について規定する．
　　備考　1.　この規格は，使用過程にある車両を試験し，同一の試験方法によって試験された基準試験の結果（たとえば，形式認定時の本試験結果）との比較から，次の原因などによって発生する騒音の差の有無を判定するものである．
　　　　　　① 目視検査では発見されない排気消音器などの損傷，異常作動または改造．
　　　　　　② 排気消音器などの騒音発生を低減する装置の部分的または全面的な除去．
　　　　　2.　この規格によって得られる数値は，他の試験方法［JIS D 1024（自動車の車外騒音試験方法），ISO 362，ISO 7188 など］で測定される走行中の車両が発生する騒音を代表するものではなく，また，異なる車両が発生する騒音の比較に用いることはできない．
　　　　　　　注：ここでいう異なる車両とは，形式認定などにおいて同一でないとみなされる車両．
　ii) 試 験 条 件
　　イ) 試 　験 　車

試験車は，十分な暖機運転を行ない，変速機を中立とし，クラッチはつないだ状態とする．

なお，中立位置がない場合は，駆動輪を路面から浮かせる．

　ロ）試験場所

試験場所は，試験車の最外側から少なくとも1mの範囲が，コンクリート，アスファルトなどの硬い材料からなる平らな路面で，試験車の最外側およびマイクロホンから3m以内に測定に影響を与えるような音響障害物がない屋外とする．

　ハ）天候および暗騒音

風は風速5m/s以下で，暗騒音レベルは試験中に測定される騒音レベルに対し10dB以上小さいものとする．

　iii）測定位置

　イ）騒音計

騒音計は，JIS C 1505（精密騒音計）によるものまたはこれと同等の特性を持つものとし，周波数補正回路はA特性，動特性は速(fast)を使用する．

マイクロホン風防（ウインドシールド）を付けて用いる場合は，風防が騒音計の精度に影響を及ぼさないことを，騒音計の製造業者が保証しているものとする．

　ロ）エンジン回転速度計

エンジン回転速度計は，3％以下の正確率を持つものとする．

　iv）試験方法

　イ）マイクロホン位置

マイクロホン位置は，次による（図3.43参照）．

　イ．マイクロホンは，排気口と同一の高さで，排気ガス流れの中心軸を含む垂直面に対して車両の外側に45±10°の方向で，排気口から50±2.5cmの距離に，マイクロホンの基準軸（自由音場）を路面に平行して，排気口に向けて設置する．ただし，排気口の高さが20cm以下の場合は，マイクロホンの高さは20cmとする．

　ロ．30cm以下の間隔で二つ以上の排気口がある場合は，まず前後方向で後を優先し，次に左右方向で外側を優先し，最後に上下方向で上側を優先して選定し，イ）項の要領でマイクロホン位置を設定する．

　ハ．30cmを超えて離れた二つ以上の排気口がある場合は，それぞれの排

(単位：m)

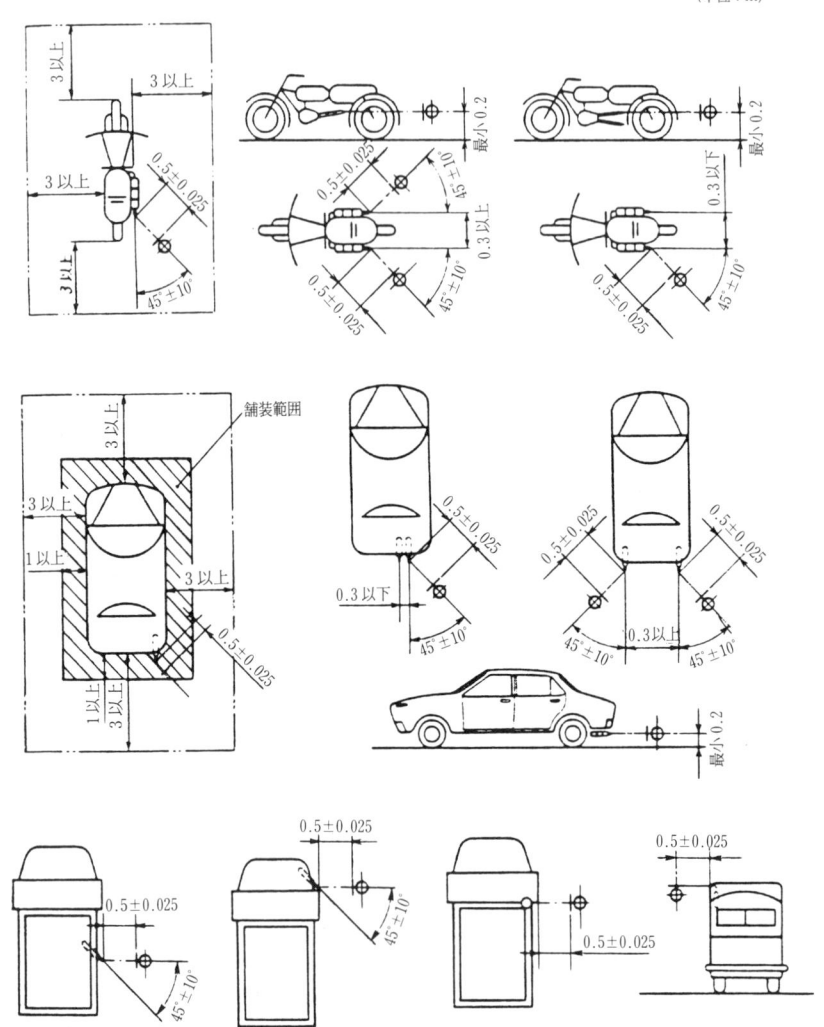

備考　1.　マイクロホン高さは，排気口中心高さとする．ただし，排気口の高さが20 cm以下の場合は，マイクロホン高さは20 cmとする．

　　　　なお，上向きの排気管を持つものは，排気口先端の高さとする．

　　　2.　○印は，マイクロホンの位置を示す．

図 3.43　停車中の車外騒音試験の測定場所とマイクロホン位置

気口に対してイ．項の要領でマイクロホン位置を設定する．

ニ．なお，測定はそれぞれの測定位置で行なう．

上向きの排気管を持つ車両では，マイクロホンの基準軸を上方に向け，排気口と同一の高さで車両の側面から 50 cm の所にマイクロホン位置を設定する．

ホ．設計構造上，イ．〜ニ．のいずれも適用できない場合は，試験を行なったマイクロホン位置を明確に図示し，試験結果に添付する．

なお，この場合はマイクロホンは最も近くの障害物から 50 cm 以上離れ，マイクロホンの基準軸が障害物によってさえぎられないようにする．

ロ）騒音計の校正

騒音計は，測定開始前に，騒音計の製造業者が指定する方法によって校正する．

なお，一連の測定の後に，再度同一方法によって校正を行ない，1 dB 以上の差が認められる場合には再測定が必要である．

ハ）エンジンの運転操作および騒音レベルの記録

エンジンは，その回転数を次のいずれかの値に数秒間保持し，その後スロットルを急速に閉じる．その間に測定される騒音レベルの最大値を記録する．

イ．ガソリンエンジンの場合(二輪自動車および原動機付き自転車を除く)は，$\frac{3}{4} n \pm 100$ rpm とする．

ロ．ディーゼルエンジンの場合(二輪自動車および原動機付自転車を除く)は，$\frac{3}{4} n \pm 100$ rpm とする．ただし，$\frac{3}{4} n \pm 100$ rpm がアクセルペダルなどの操作によって調整困難な場合は，JIS B 0108［往復動内燃機関用語（一般）］による無負荷最高回転数とする．

ハ．二輪自動車および原動機付き自転車の場合は，$n > 5\,000$ rpm の車両は $\frac{1}{2} n \pm 100$ rpm，$n \leqq 5\,000$ rpm の車両は $\frac{3}{4} n \pm 100$ rpm とする．

備考　ここで，n は自動車製造業者が示す最高出力回転数である．

ニ）測定回数

各測定位置で 3 回の測定を行ない，これらの 3 回の測定値の算術平均を求め，JIS Z 8401（数値の丸め方）によって小数点以下 1 けたに丸める．ただし，連続して行なった 3 回の測定値の範囲が 2 dB を超える場合は再度測定を行なう．

ホ）結果の解釈

騒音レベルの測定値が同一の方法で行なわれた基準試験の結果に対して 5 dB 以上大きい場合は,基準試験時に対して騒音の差があると認める.

ヘ) 試験の記録

試験の結果は,次の事項を**表 3.20** に示す様式の記録および成績表に記録する.

- イ. 試験車両の形式
- ロ. 試験実施日
- ハ. 試験時点の走行距離
- ニ. 試験場所,天候,路面性状
- ホ. マイクロホンの位置(排気口と関係を図示する)
- ヘ. 計測器の種類,名称

表 3.20 停車中の車外騒音試験の記録および成績表の様式(例)

(1) 試験実施日:
(2) 試験場所   路面性状:
(3) 試験環境
　　　天候: 風速: m/s
(4) 試験車両形式　　　　　　　　　　　　 年形
(5) 計測器形式
　　　精密騒音計: エンジン回転速度計:
　　(レベルレコーダ:)
(6) 目視によって確認された異常:
(7) 試験時エンジン回転数: rpm
　　(最高出力回転数: rpm)
(8) 試験時点の走行距離: km

(測 定 結 果)

単位 dB(A)

	測定値			平均値	暗騒音	試験成績
	1回目	2回目	3回目			
マイクロホン1						
マイクロホン2						

排気口位置とマイクロホン位置

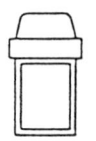

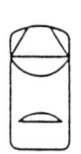

ト．目視によって確認された異常
チ．試験時エンジン回転数
リ．騒音レベルの測定結果
ヌ．暗騒音レベルの測定結果
ル．試験成績（暗騒音補正を行なった最終結果）

3.7 衝突試験

　自動車の衝突時の安全性を評価する試験は，法規上定められた項目が基準に適合するかどうか，あるいは，路上で発生した事故を再現させることにより，乗員保護および2次的傷害の軽減方法を検討することを目的としている．
　この試験には，実車衝突試験や衝突模擬試験などがあり，前者は事故時の再現性が高く，車両の安全性を評価するうえでは十分に信頼性がある．
　また，後者は実車衝突時を類似する減速度波形を台車に与えて行なう，台車衝撃試験およびボデー各部に人体模型などで衝撃を与える台上衝撃試験がある．

3.7.1 実車衝突試験

（1） バリア衝突試験

　試験車を所定の速度まで加速し，固定壁（fixed barrier）に衝突させる試験方法であり，被衝突物として固定壁（約90～180 t）を使用するので，衝突する一方の条件が常に一定であることから衝突した車両固有の特性が得られ，試験の再現性が高く，衝突に対する諸特性の比較評価に広く行なわれる試験方法である（JIS D 1050, JASO Z 103, SAE J 850）．
　なお，衝突面の形状として平面バリアのほか，斜めバリア，固定ポールなどがあり，また，試験車の衝突方向として正面が一般的である．
　図3.44[15]は，衝突方向が正面で衝突面の形状が平面バリアと斜めバリアの例である．
　また，試験車を所定の衝突速度まで加速する方法としては，けん引式と自走式があり，前者は動力源によってウインチ式，リニアモータ式および重すい落下式などがあり，また，後者は無線誘導装置などを取り付けて行なうが，衝突速度を一定に調整するのが困難な面が見られる．
　けん引式や重すい落下式では，衝突直前に試験車をけん引装置から切り離すための離脱装置が必要である．

192   第3章 性能試験法

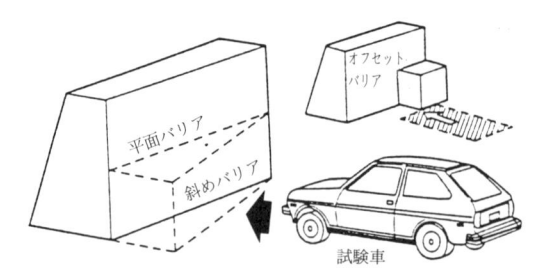

図 3.44 固定壁正面（斜め）衝突試験例[15]

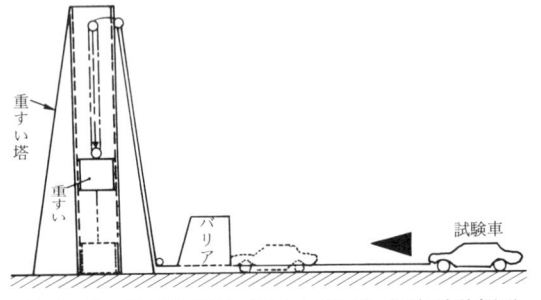

図 3.45 重量利用式（重すい落下）衝突試験例[16]

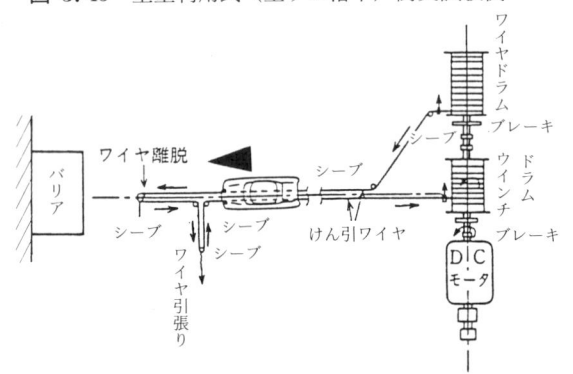

図 3.46 けん引式（ウインチ駆動）衝突試験例[15]

なお，図3.45[16]は，重すい落下式，図3.46[15]はウインチ式の例を示す．
(2) ムービングバリア衝突試験方法
　試験車を停止状態にしておき，追突および側面衝突の状態を再現する車対車の試験である．
　すなわち，一定の衝突面を備えた走行台車を所定の衝突速度まで加速した

後，衝突させ乗員保護性能などを評価する方法である（JIS D 1060，JASO Z 105，SAE J 972 a）．

図 3.47[16]は，代表的なムービングバリアの例である．

（3） 車対車の衝突
（a） 一次元衝突

この衝突は，衝突前後の運動が直線上で起こる場合である．すなわち，重心点同士が一致する正面衝突や追突の状態である．

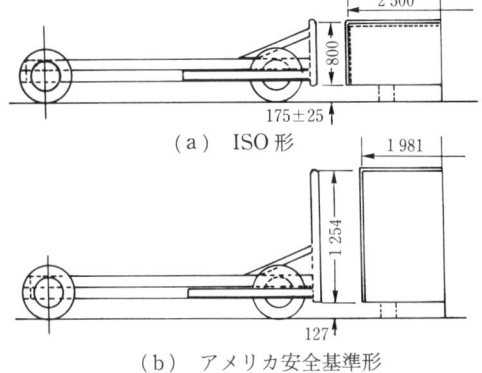

この場合，双方車両の運動量の差により破損量および移動距離が異なる．

（b） 二次元衝突

この衝突は双方車両の重心点同士が一致しない衝突で，その後，車両は回転運動が発生する．したがって，同じような運動量で衝突した場合においても，回転が伴うため，破損変形量は一次元衝突より少ない場合が多い．

（c） 三次元衝突

この衝突は速度が高い状態で，二次元衝突が発生した場合，状況により車両が横転を伴う状態である（JASO 7106）．

なお，実験による車両を転覆させる方法には，走行台車による方法[16]がある．

3.7.2 衝突模擬試験

（1） 台車衝撃試験

実車衝突の模擬試験として，シートベルト，ヘッドレストレイントおよびエアバッグなどの乗員保護装置の性能評価，ステアリング衝撃吸収装置および部品の衝撃試験のために実施され，実車衝突試験に比べ簡便で，経済的なうえ，再現性に優れ，任意の条件設定が可能であるなどの利点がある．

台車衝撃試験では，一般に実車衝突試験で得られた車体減速度波形を参考にし，試験目的に見合う近似波形を用いる．

なお，試験装置は台車への速度変化の与え方により異なり，台車を所定速度まで加速して減速装置に衝突させる衝突形と，蓄えておいたエネルギで静止している台車を打ち出す発射形がある．

図 3.47 代表的なムービングバリアの例[16]
（a） ISO 形
（b） アメリカ安全基準形

194　第3章　性能試験法

(2)　台上衝撃試験
(a)　頭部衝突の衝撃試験

この試験では，半球状をした金属性頭部模型(重量 6.8 kg，直径 16.5 cm)を用い，この頭部模型に適当な速度と衝撃方向を与えて，目的とする部位に衝突させたときに頭部模型に発生する減速度を測定する．

おもな試験対象としては，インストルメントパネル，シートバッグ，ヘッドレストレイント，サンバイザおよびルームミラーなどがある．

(b)　胸部衝突の衝撃試験

前面衝突時に運転者が胸部を，ステアリングに衝突したときのステアリング衝撃吸収性を評価する試験である．

この試験は，人体の上半身を模擬した胸部模型を所定の速度でステアリングに衝突させたときに，胸部に発生する荷重を測定する (JIS D 1061, JASO C 701, SAE J 944)．

(c)　シートベルト関係衝撃試験

バックル，シートベルトアンカレッジなどを含んだシートベルトアセンブリの試験として，台車上に設置したシートに人体模型を載せた，シートベルトアセンブリの衝撃試験である (JIS D 4608-1975, JASO B 401-81, SAE J 117)．

3.7.3　測定機器
(1)　人体模型

衝突試験において供試車に搭載する人体模型であり，人体の外形寸法，重

図 3.48　ダミー（日本自動車研究所）

量，関接部特性などを模擬した衝突試験用ダミー（以下，ダミーという）頭部模型および胴部模型などがある．

ダミーには正面衝突用ハイブリッドⅡ，Ⅲおよび側面衝突用のダミーとしてSID（side impact dummy）がある．

また，ダミーの性能は，①人体と寸法，重量分布，関接の動き，胸部など各部の荷重による変形特性がよく似ていること．②頭部および胸部の加速度，大腿部の荷重および変形の測定が容易である．③くり返し再現性がよく，耐久性のあることが要求される．

なお，主要ダミーの種類を**表 3.21**[16]に示す．

表 3.21 主要ダミーの種類

体　格	主要諸元	
	体重，kg	座高，mm
AM 95	97.7	965
50	74.5	907
05	60.1	
A F 05	47.2	784
J M 50	60.6	902
A 6 C（6歳児）	21.4	645
A 3 C（3歳児）	14.5	

（2）　電気計測器

電気的に計測される物理量としては，速度，加速度，荷重および変位などがあり，それぞれ専用の変換器を使用し測定記録される．

動的試験の場合，応答性に十分注意する必要がある．

（a）　変　換　器

加速度計は測定物に与える影響を少なくするため，小形軽量で耐振性が必要で応答特性が要求される．また，その他の変換器には，荷重を測定するロードセル，移動量を測定する変位計などがある．

（b）　増　幅　器

ひずみゲージ形変換器には，動歪計が使用され，アンプには車載用と定置式があり，車載用では耐衝撃性が必要で，最近ではほとんどが自動バランス機構を備えたものが多い．

（c）　ローパスフィルタ

動的試験によって得られる波形には，不要な高周波成分が含まれることが多いので，適当なしゃ断周波数を持ったローパスフィルタによりノイズを除去する．

なお，特性上位相と振幅とは相反する関係にあるので，目的により使い分ける必要がある．

（d）　記　録　計

記録計には，ペン書きレコーダ，XY レコーダ，電磁オシログラフなどの直記タイプと後処理のために，仮に記録しておくデータレコーダなどがある．
（e） データ処理器
衝突実験で得られた多くのデータは，データレコーダから再生してコンピュータで処理する．
（3） 高速度カメラおよびフィルム解析
衝突現象の解析には車両挙動，変位量および変形量の計測を行ない，これらを高速度カメラを使用し，さらにフィルム解析機を用いて行なう．
衝突実験に使用されるカメラは，16 mm フィルムを用いる高速度カメラと高速度ビデオがある．
なお，撮影方法は解析対象には，追跡用の標点および基準寸法となる標点を張ることが必要であり，さらに，解析のための時間を同期させる必要がある．
また，カメラ位置を決めるうえで重要なのは撮影対象の移動方向に対し，直角に光軸を合わせ，撮影の開始から終了まで移動範囲をカバーできる画角を設定することである．
次に，フイルム解析機により目視観察または定量解析が行なわれるが，定量解析では画面の標点の位置を読取り時間データと結び付けての運動の解析を行なう．

3.7.4 低速度車両衝突実験例[17]

（1） 概　　要
日本における交通事故のなかで，軽傷者のうち頸部になんらかの異常を訴えているケースは，アメリカ，ドイツに比べて極めて高いのが特徴である（日本は約 65 %，他国は約 30 %）．
また，最近の車両には樹脂バンパが装着されているが，これらに関して低速度の衝突時の乗員への影響についての資料は，ほとんど見受けられない．
今回，樹脂バンパ同士の乗用車がまた，貨物自動車が乗用車に衝突したとき，被追突車の乗員の頭部，頸部にどのような影響を与えるかについて，自動車工学領域と医学領域の両面からできるだけ詳細に検討し，車両に作用する加速度，車両変形量および衝突後の速度変化などを求める一方，乗員の挙動および樹脂バンパの変形状態などを高速度カメラに記録した．
また，この実験に体験乗車した 22 名のボランテアのうち，12 名の人に体験

図 3.49 実験車両（乗用車）

乗車する前と乗車した後に頸椎の $X\text{-}P$ を撮影し，その変化の有無を検討した．

さらに，乗車直後に整形外科学的検査を行なうとともに，実験後 2〜3 カ月して全ボランテアに対して臨床的なアンケート調査を行なった．

(2) 衝突速度の設定

乗用車同士および乗用車対貨物自動車による衝突速度の設定に際し，双方車両の乗員に損傷が生じないことが重要課題となり，本実験の前日に同形式の車両による衝突実験を実施し，今回体験乗車による乗員に加わる推定衝撃力などから検討した結果，乗用車同士では，最大 15 km/h，貨物自動車との衝突では，最大 10 km/h の速度として実施した〔なお，衝突速度 15 km/h 以上ではダミーを乗車させて行なった（**図 3.50**)〕．

図 3.50 乗用ダミーおよびマトリックスボード標的設置（側面および後面）

(3) 実 験 方 法

(a) 実験コース

北海道士別市西士別東の沢に設置されている，寒冷地技術研究会所有の直

図 3.51　実験に使用した傾斜路

線コースの一部を借用して行なった．

なお，供試車両（図 3.49）に所定速度が得られるように，直線コースの一部に幅約 5 m，長さ 30 m，傾斜約 9 度の坂路を造成して実施した（図 3.51）．

(b)　計 測 方 法

ⅰ）　速 度 計 測

指定速度を得るために，衝突車を特設コースの坂路にエンジンを停止状態で一定の高さの位置に静止させておき，次にトランスミッションをニュートラルでスタートさせて行ない，定められた位置に停止させておいた被衝突車に衝突させた．

このような衝突パターンにおいて，被衝突車の直前に圧電テープを設置し，これにより衝突車の速度を計測した（図 3.52）．

ⅱ）　加速度計測

双方車両の前後方向および左右方向の加速度を，また，ステンレス製のはちまき形ベルトを乗員の頭部に装着させ，これに前後および左右方向の加速度変換器を取り付け，それぞれ計測した．

これらの計測ブロックダイヤグラムを，図 3.53 に示す．

ⅲ）　高速度カメラによる撮影

図 3.52　速度計測用圧電テープ

3.7 衝突試験　199

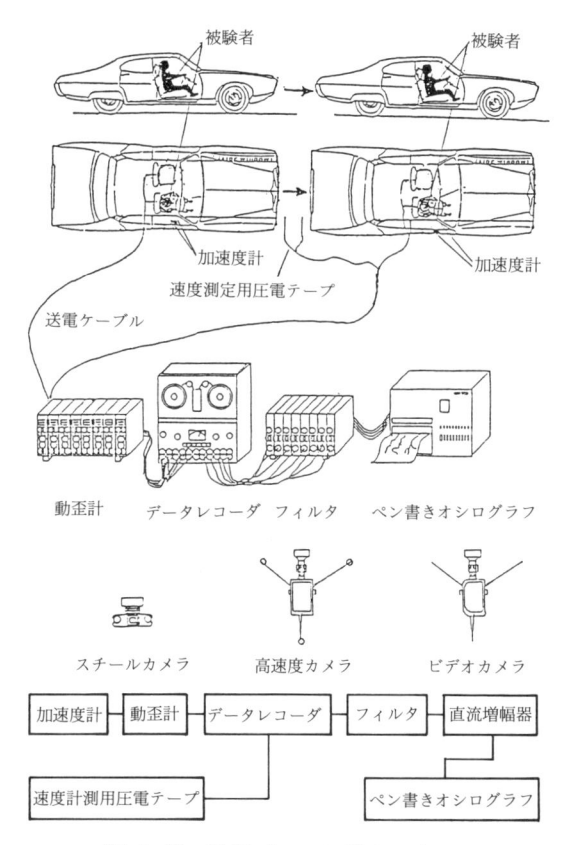

図 3.53 計測ブロックダイヤグラム

高速度カメラ2台とノーマルカメラ1台を用いた（図 3.54）．このうち，高速度カメラの1台は被衝突車の乗員の挙動（特に頭部，頸部を中心）をとらえ，もう1台は，双方車両のバンパ部および衝突部分を撮影した．

一方，ノーマルカメラ

図 3.54 高速度カメラによる撮影

は全体の実験状況をとらえるのに使用した.

(4) 実験結果

(a) 車両破損変形量

i) 衝突速度と塑性変形量

乗用車同士および乗用車対貨物自動車の衝突によるバンパ右端,左端,中央部の変形量と高さの変形量,車体最大凹損量および被衝突車の移動距離を計測した.

また,表中のバンパ右端,左端中央部の変形量では,-は実験前の計測値より押し込まれた場合,+は突出した場合,次に,バンパ高さでは+は上方へ,-は下方へそれぞれ変形したことを示す.計測結果を**表 3.22~3.25** に示す.

表 3.22 車両破損変形量,乗用車同士の衝突(被衝突車両)

実験 No.	衝突速度 km/h	衝突車 号車	被衝突車 号車	バンパ変形量 右端	バンパ変形量 左端	バンパ変形量 中央	バンパ高さの変化量 mm	車体最大凹損量 mm	被衝突車の移動量 mm
1	6.7	2	1	-2	0	0	+9		
2	12.7	1	2	0	-11	-12	0		
3	15.0	4	3	+6	-11	-21	+5		
4	26.7	3	4	-5	-23	-26	+4		
5	6.1	6	5	-4	0	-6	-2		
6	11.3	5	6	+7	-3	-21	+3		
8	26.8	7	8	+25	-35	-66	-22		
9	7.1	10	9	+6	0	0	+9		
10	10.5	9	10	0	-6	-14	+5		
12	6.8	14	13	+7	-7	-3	+25		
13	10.6	13	14	+4	+3	-10	-20		
15	26.0	15	16	+8	+4.5	-24	+3	60	
16	7.7	18	17					ドア 29	100
17	10.0	17	18					ドア 53	200
18	26.4	19	20					ドア 282	1550

注:バンパ前後の変形量 -:標準値より押し込まれた計測値 +:標準値より突出した計測値

バンパ高さの変形量 -:標準値より下方への計測値 +:標準値より上方への計測値

3.7 衝突試験

表 3.23 車両破損変形量，乗用車同士の衝突（衝突車両）

実験 No.	衝突速度 km/h	衝突車号車	被衝突車号車	バンパ変形量			バンパ高さの変化量 mm	車体最大凹損量 mm	被衝突車の移動量 mm
				右端	左端	中央			
1	6.7	2	1	0	0	-7	-4		
2	12.7	1	2	-3	0	-4	-8		
3	15.0	4	3	-7	0	-2	-7		
4	26.7	3	4	-73	-32	-35	$+78$		
5	6.1	6	5	0	0	0	$+20$		
6	11.3	5	6	0	-7	-1.5	$+11$		
8	26.8	7	8	-63	$+16$	-37	-5		
9	7.1	10	9	0	0	0	0		
10	10.5	9	10	0	-7	-4	$+17$		
12	6.8	14	13	0	0	$+4$	-15		
13	10.6	13	14	-11	-2	-5	$+6$		
15	26.0	15	16	-25	0	$+5$	$+11$	390	
16	7.7	18	17						100
17	10.0	17	18	$+2.5$	-11	-6	$+1$		200
18	26.4	19	20	-2	-8	-5	$+7$		1550

注：バンパ前後の変形量 $-$：標準値より押し込まれた計測値 $+$：標準値より突出した計測値
バンパ高さの変形量 $-$：標準値より下方への計測値 $+$：標準値より上方への計測値

表 3.24 車両破損変形量，乗用車対貨物自動車の衝突（被衝突車）

実験 No.	衝突速度 km/h	衝突車号車	被衝突車号車	バンパ変形量			バンパ高さの変化量 mm	車体最大凹損量 mm	被衝突車の移動量 mm
				右端	左端	中央			
T 1	5.0	T_1	21	-6	-1.5	-3	$+12$		360
T 2	10.1	T_1	22	-6	-4	-11	$+10$		2 385
T 3	6.7	T_2	23	0	0	0	$+4.5$	96	1 300
T 5	6.2	T_3	25	0	0	0	-16	80	2 080
T 7	5.2	T_1	27	$+7$	$+3$		-9	R 5, L 6	
T 8	9.0	T_1	28	$+15$	$+26$	-47	-54	70	
T 9	5.9	T_2	29	0	0	$+5$	$+4$	54	

表 3.24 車両破損変形量，乗用車対貨物自動車の衝突（被衝突車）（つづき）

実験 No.	衝突 速度 km/h	衝突車 号 車	被衝突車 号 車	バンパ変形量			バンパ高さ の変化量 mm	車体最大 凹 損 量 mm	被衝突車 の移動量 mm
				右端	左端	中央			
T 11	9.5	T_3	31				+18	325	
T 13	5.6	T_1	27					ドア 13〜21	170
T 15	6.2	T_2	29					ドア 54	550
T 17	7.2	T_3	31					ドア 88	1 070
T 19	20.0	T_3	32	− 2	−56	−11	− 8	278	

注：バンパ前後の変形量　−：標準値より押し込まれた計測値　＋：標準値より突出した計測値
　　バンパ高さの変形量　−：標準値より下方への計測値　＋：標準値より上方への計測値
　　車体最大凹損量　　　R：右端部　L：左端部

表 3.25 車両破損変形量，乗用車対貨物自動車の衝突（衝突車）

実験 No.	衝突 速度 km/h	衝突車 号 車	被衝突車 号 車	バンパ変形量			バンパ高さ の変化量 mm	車体最大 凹 損 量 mm	被衝突車 の移動量 mm
				右端	左端	中央			
T 1	5.0	T_1	21	0	− 2		C13		
T 2	10.1	T_1	22	0	− 5		8		
T 3	6.7	T_2	23	−13	−23	−12	R 6, C 2, L 6		
T 5	6.2	T_3	25	0	0		R 23, C 15, L 27		
T 7	5.2	T_1	27	− 2	+2.5		3		
T 8	9.0	T_1	28	−10	+ 3		5		
T 9	5.9	T_2	29	−46	+20	− 2	R 28, C 28, L 23		
T 11	9.5	T_3	31	− 4	+ 2	− 2	R 3, C 1, L 7		
T 13	5.6	T_1	27	− 3	−11		C 2		
T 15	6.2	T_2	29	+ 3	−73.5	−18	R 27, C 3, L 22		
T 17	7.2	T_3	31	+ 7	− 4	+ 3	C 12, L 18		
T 19	20.0	T_3	32	−11	+10	−28	R 19, C 15, L 3		

注：バンパ前後の変形量　−：標準値より押し込まれた計測値　＋：標準値より突出した計測値
　　バンパ高さの変形量　−：標準値より下方への計測値　＋：標準値より上方への計測値
　　車体最大凹損量　　　R：右端部　C：中央部　L：左端部

衝突速度と変形量については1次衝突はバラツキが見られたので，側面衝突による被衝突車のドア部の変形量について衝突速度との関係を求めると，次のとおりである．

$$X = 98.5 \times V_e - 79.9 \quad \cdots\cdots\cdots\cdots\cdots\cdots\cdots (3.11)$$

　　X：塑性変形量，mn

　　V_e：有効衝突速度，m/s

この式より，同重量車両同士による側面衝突時の変形量から，衝突車両の速度の算出が可能である．

ⅱ) 有効衝突速度と車体平均加速度

乗用車同士による車両に作用した車体平均加速度を**表3.26**，**3.27**および**図3.55**に示す．

なお，本実験により求められた有効衝突速度と車体平均加速度の関係を導いた．

表 3.26　平均加速度一覧（乗用車同士の衝突）

実験No.	実測衝突速度 km/h	有効衝突速度 m/s	衝突持続時間 s	反発係数	衝突車車体平均加速度 G	被衝突車車体平均加速度 G
1	6.7	0.93	0.127	0.42	0.90	0.80
2	12.7	1.76	0.124	0.23	1.85	1.49
3	15.0	2.08	0.113	0.32	2.58	2.50
4	26.7	3.71	0.131	0.10	3.14	3.31
5	6.1	0.84	0.118	0.38	1.05	0.80
6	11.3	1.57	0.140	0.24	1.68	1.41
8	26.8	3.72	0.096	0.15	6.15	5.15
9	7.1	0.99	0.134	0.40	1.03	0.85
10	10.5	1.46	0.120	0.19	1.68	1.40
12	6.8	0.94	0.264		0.28	0.20
13	10.6	1.47	0.252		0.51	0.46
15	26.0	3.61	0.216		1.31	1.24
16	7.7	1.07	0.089	0.02	1.48	0.99
17	10.0	1.39	0.090	0.05	1.91	1.40
18	26.4	3.67	0.089	0.02	4.52	3.97

表 3.27 平均加速度一覧（乗用車対貨物自動車の衝突）

実験No.	実測衝突速度 km/h	衝突持続時間 s	反発係数	衝突車		被衝突車	
				有効衝突速度 m/s	車体平均加速度 G	有効衝突速度 m/s	車体平均加速度 G
T 1	5.0	0.148	0.22	0.40	0.37	0.98	0.63
T 2	10.1	0.127	0.17	0.82	0.99	1.99	1.87
T 3	6.7	0.219	0.18	0.36	0.27	1.50	0.72
T 5	6.2	0.253	0.03	0.19	0.20	1.53	0.56
T 7	5.2	0.264		0.41	0.13	1.03	0.33
T 8	9.0	0.240		0.71	0.27	1.79	0.70
T 9	5.9	0.240		0.27	0.08	1.37	0.44
T 11	9.5	0.240		0.33	0.11	2.31	0.65
T 13	5.6	0.069	0.06	0.44	0.79	1.11	1.56
T 15	6.2	0.064	0.01	0.29	0.51	1.43	2.19
T 17	7.2	0.073	0.06	0.25	0.42	1.75	2.56
T 19	20.0	0.121	0.23	0.69	1.39	4.86	2.89

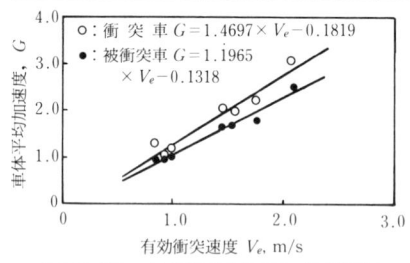

図 3.55 有効衝突速度と車体平均加速度（乗用車同士）

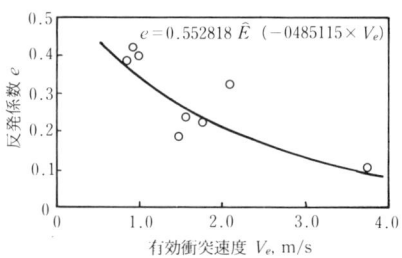

図 3.56 一次元衝突（乗用車同士）による反発係数

衝突車　　$G = 1.4697 \times V_e - 0.1819$
被衝突車　$G = 1.1965 \times V_e - 0.1318$

ただし，G：車体平均加速度，G　　V_e：有効衝突速度，m/s

iii) 衝突速度と反発係数

本実験によって乗用車同士の，一次元衝突による樹脂バンパ同士の衝突速度と反発係数の関係を図 3.56 のように示す．

$$e = 0.552818 \times E^{-0.485115 \times V_e}$$

3.7 衝突試験

e：反発係数
V_e：有効衝突速度，m/s
E：exponetial（2.7182818…）

（b） 衝突時の乗員挙動（被衝突車乗員）

被衝突車の乗員挙動例として，高速度フィルムより観察した状況を示す．乗用車同士の衝突，実験 No.2（表 3.22）2 号車の挙動 $V=12.7$ km/h（図 3.57～3.63）．

① スタート前の姿勢（図 3.57）
② 0.05 秒後：頭頸部を除いた上体がやや前傾し始める（図 3.58）
③ 0.10 秒後：頭頸部を除いた上体が後傾し始める（図 3.59）
④ 0.15 秒後：頭頸部が後傾し始める（図 3.60）
⑤ 0.20 秒後：上体全体の後傾が最大とされる（図 3.61）
⑥ 0.25 秒後：上体が前方に押し出される（図 3.62）
⑦ 0.30 秒後：最初の乗車姿勢となる（図 3.63）

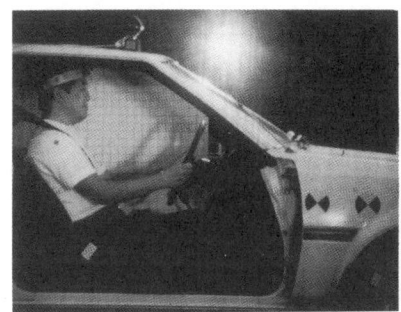

図 3.57　$V=12.7$ km/h（実験 No.2）2 号車スタート

図 3.58　0.05 秒後，頭頸部を除いた上部がやや前傾し始める

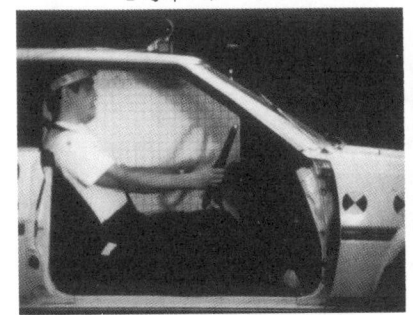

図 3.59　0.10 秒後，頭頸部を除いた上体が後傾し始める

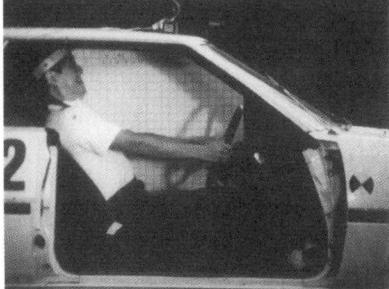

図 3.60　0.15 秒後，頭頸部が後傾し始める

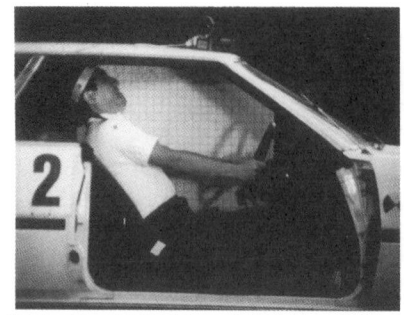

図 3.61　0.20 秒後，上体全体の後傾が最大となる

図 3.62　0.25 秒後，上体が前方に押し出される

以上の結果，頭部はいずれもヘッドレストレイントによって保護されているため，頭頸部の後屈も前屈もほとんど認められないのが観察される．

(c) 樹脂バンパの変形状態

乗用車同士による衝突において，双方のバンパ変形状態は次のようになった．

・実験 No.2 で $V = 12.7$ km/h のパターンを示す（図 3.64～3.70）．

① 衝突スタート（図 3.64）
② 0.01 秒後：衝突車のバンパの盛り上がり（図 3.65）
③ 0.04 秒後：双方のバンパの変形（図 3.66）
④ 0.07 秒後：双方のバンパの最大変形（図 3.67）
⑤ 0.12 秒後：双方のバンパの復元しつつあり（図 3.68）
⑥ 0.19 秒後：双方のバンパがかなり復元した（図 3.69）
⑦ 0.23 秒後：双方のバンパほぼ復元した（図 3.70）

図 3.63　0.30 秒後，最初の乗用姿勢位置となる

図 3.64　乗用車同士衝突（実験 No.2）スタート

3.7 衝突試験　207

図 3.65　0.01 秒後，衝突車のバンパ盛り上がり

図 3.66　0.04 秒後，被衝突車のバンパ変形

図 3.67　0.07 秒後，双方のバンパ最大変形

図 3.68　0.12 秒後，双方のバンパ復元しつつあり

図 3.69　0.19 秒後，双方のバンパかなり復元した

図 3.70　0.23 秒後，双方バンパほぼ復元

(5) ま と め

　本実験における乗員の頭頸部の衝突後の挙動について，高速度写真のフィルム解析を行なった結果は

① 頭頸部がヘッドレストレイントから離れている状態で追突された場合は，頭，頸部，胸部，腰部で構成される上体が一直線に後傾し，シートバックで支えられている体部（胸部，腰部）はこれにぶつかり，ヘッドレストレイントが装着されていれば，頭頸部もこれにぶつかり，頸部の伸長（後屈曲）は発生しない．

② ヘッドレストレイントが装着されていない場合（あるいはヘッドレストレイントの高さが不適切な場合）は，一直線状の上体はシートバックで支えられるまで後傾し，しかもこの間頸部の後傾はなく，シートバックに体部がぶつかった瞬間頸部を支えるものがないため，初めて頸部が後屈する運動をする．

③ 頭，頸部，胸部，腰部で構成されている上体がヘッドレストレイントやシートバックにぶつかった後，上体は一直線に前傾していくが，このときほとんど頸部が前屈しないのが特徴的である．

④ 追突を受けたときの乗員の運動（挙動）は速度が 5 km/h, 10 km/h, 15 km/h と変化しても，また，乗用車同士，乗用車対貨物自動車との衝突においても基本的には全く変わらなかった．

⑤ 高い速度（約 15 km/h）で追突された場合，上体の強い前傾姿勢が起きた．

しかし，頭部，顔面をダッシュボードなどにぶっつけて頸部の過伸展，過屈曲などは惹起されなかった．

このことにより適正な高さのヘッドレストレイントが装着されていれば，頸部の過伸展は発生しないのであり，これまで考えられてきたむち打ち損傷の発生機転の概念を改めなければならない結論となった．

次に，実験前後の頸椎 X-P 所見の変化では，12名のボランテアについて体験乗車する前に撮影した頸椎 X-P を読影した結果，12名中7名に経年変化，あるいは，その他の異常が認められた．

これらの変化は実験後撮影した X-P の所見と全く変わっていなかった．

なお，実験前の X-P に異常を認めていない5名について実験後に撮影した，X-P にも全く異常はなかった．

また，臨床アンケートでは22名のボランテアについて体験乗車後2〜3カ月経過してからアンケート調査を行なった．その結果，3名に肩が重い，肩が凝るという症状を訴えていた，これら3名のうち，2名は実験後しばらく

して自覚症状を覚えたが，1名は2〜3日間，他の1名は7日間肩が重い，肩が凝るという症状が続いたが，通院加療をうけることなく，その後症状は消失している．

したがって，今回のような衝突速度においては一時的に肩が重い，凝るという症状が発生しても長期的な症状になることはほとほんどないものと考えられる．

3.7.5 シートベルトと乗員損傷部位[18]

(1) 概要

昭和61年11月道路交通法の改正により，シートベルトの着用が義務付けられたが，北海道における平成元年の自動車事故の全死亡者659名中，運転者および同乗者シートベルト非着用で死亡した数は192名に達した．

次に，北海道における平成元年のシートベルト着用別の事故内容を調査し乗車別，損傷程度別および損傷部位別に分類し，さらに，速度別にどのような損傷程度になっているかについて第1当事者が普通乗用車である正面衝突事故を対象として運転者を着用別に集計した．

(2) 調査方法

平成元年における道内で発生した交通事故のうち，乗車別および着用別に交通事故統計原票より死亡，重傷および軽傷別，さらに，損傷部位別，すなわち，頭部，頸部，顔部，腹部，胸部，腕脚部および腰脊部の七つに，次に，事故直前速度との関係を調査するため原票より着用別および損傷程度別に分類した．

(3) 調査結果

(a) 着用別乗員損傷程度

乗車別および着用別の損傷程度を**表 3.28** に示す．

(b) 乗員損傷部位

乗車別，損傷程度および着用別の乗員損傷部位を**表 3.29〜3.34** に示す．

(c) 事故直前速度と損傷程度

直前速度と損傷部位について分析するため，原票より最も多くデータ数が得られるとみられる衝突直前速度

表 3.28 平成元年度の道内事故におけるシートベルト着用率
(単位，上段：％，下段：人)

乗用別 着用別 損傷	運転者		同乗者	
	着用	非着用	着用	非着用
死亡	46	54	35	65
	101	118	40	74
重傷	77	23	46	54
	662	201	323	385
軽傷	95	5	53	47
	13 402	649	4 294	3 874

210　第3章　性能試験法

表 3.29　損傷部位 (1)
(単位：%)

運転者 (死亡)			
着用 $N=101$		非着用 $N=118$	
頭部	54.5	頭部	50.0
胸部	19.2	胸部	25.9
頸部	13.1	頸部	16.4
腹部	9.1	顔部	3.4
腕脚部	3.0	腹部	2.6
その他	1.0	腕脚部	0.9
		腰脊部	0.9

表 3.30　損傷部位 (2)
(単位：%)

運転者 (重傷)			
着用 $N=662$		非着用 $N=201$	
腕脚部	29.8	腕脚部	24.4
頸部	23.3	頭部	20.4
胸部	18.0	胸部	16.4
頭部	12.2	頸部	13.4
顔部	6.9	顔部	9.0
腰脊部	6.6	腰脊部	8.5
腹部	3.2	腹部	8.0

表 3.31　損傷部位 (3)
(単位：%)

運転者 (軽傷)			
着用 $N=13\,402$		非着用 $N=649$	
頸部	80.8	頸部	50.1
腕脚部	6.1	顔部	15.3
頭部	3.5	腕脚部	13.1
腰脊部	3.3	頭部	9.9
胸部	3.2	胸部	6.6
顔部	2.8	腰脊部	4.2
腹部	0.3	腹部	0.9

表 3.32　損傷部位 (4)
(単位：%)

同乗者 (死亡)			
着用 $N=40$		非着用 $N=74$	
頭部	63.2	頭部	63.9
頸部	21.1	頸部	13.9
胸部	7.9	胸部	11.1
腹部	5.3	腹部	6.9
腕脚部	2.6	腕脚部	2.8
		顔部	1.4

30～80 km/h を抽出し，平成元年および同 2 年の 2 年間約 1 900 件を調査したものを**表 3.35** に示す．

(d)　損傷程度と着用効果

各速度において，損傷程度別の着用効果について検討した．すなわち，着用別にデータ件数が異なっているため，件数での比較ができないので，非着用者数は，平成元年および同 2 年の平均データ件数を速度別に非着用者の割合より算出したものを**表 3.36** に示す．

表 3.33 損傷部位（5）
(単位：%)

同乗者（重傷）			
着用 $N=323$		非着用 $N=385$	
腕脚部	27.9	腕脚部	35.3
胸部	24.1	胸部	18.4
腰脊部	13.9	腰脊部	14.5
頸部	13.3	頭部	13.8
頭部	12.4	顔部	9.9
顔部	5.0	頸部	5.2
腹部	3.4	腹部	2.9

表 3.34 損傷部位（6）
(単位：%)

同乗者（軽傷）			
着用 $N=4\,294$		非着用 $N=3\,874$	
頸部	77.9	頸部	57.1
腕脚部	6.8	腕脚部	12.6
頭部	4.1	頭部	11.0
胸部	4.0	顔部	9.9
顔部	3.6	腰脊部	4.6
腰脊部	3.2	胸部	4.3
腹部	0.3	腹部	0.4

表 3.35 直前速度別損傷程度割合
(単位：N 以外は%)

	V, km/h		30	40	50	60	70	80
着用	N, 人		193	428	415	340	182	114
	損傷程度 %	死亡		0.5	2	6	8	6
		重傷		4	8	10	12	19
		軽傷	7	9	13	11	12	11
		損傷なし	93	86.5	77	73	68	64
非着用	N, 人		10	24	44	58	50	27
	損傷程度 %	死亡			11	17	38	15
		重傷		17	14	26	16	30
		軽傷	60	29	32	21	14	25
		損傷なし	40	54	43	36	32	30

注：データ件数は平成元年および2年分の合計数である．

(4) まとめ

① 同乗者の着用率が，いずれの損傷程度においても極めて低いことから，着用率を向上させることにより，死傷者数の減少が図れるものと思われる．

② 乗車別および着用別に関係なく，死亡時で頭部が，重傷で腕脚部が，また，軽傷で頸部が主原因であった．

表 3.36 損傷程度と着用効果

(単位：人)

V, km/h		30	40	50	60	70	80
N, 人		97	214	208	170	91	57
死亡	着用		1	5	9	7	3
	非着用			24	29	35	9
重傷	着用		8	16	18	10	11
	非着用		37	28	45	14	17
軽傷	着用	7	20	27	19	11	6
	非着用	58	62	66	35	13	14
損傷なし	着用	90	185	160	124	63	37
	非着用	39	115	90	61	29	17

注：非着用者数は2年分の平均着用者数を速度別に非着用者の割合より算出した．

③ 着用別に関係なく，死亡の主原因は頭部によるものが50〜63.9％であったのに対し，ヘルメットを着用していた二輪乗車の頭部による死亡の主原因は38％と少なかった．このことは，ヘルメットを着用していたことにより頭部保護が図られたものと思われる．

④ 重傷者における頸部損傷は，同乗者が特に少なかった．このことは，頸部損傷に関して長期的な治療日数を必要としないものと推定される．

3.7.6 衝突に関する関連規格

衝突に関する JIS，JASO および SAE のおもな規格を示すと次のとおりである．

(1) **JIS 関係**
  ① JIS D 1042　　　乗用車衝突時の燃料漏れ測定方法．
  ② JIS D 1050　　　自動車の衝撃試験における計測．
  ③ JIS D 1060　　　乗用車の前面・後面の衝突試験法．
  ④ JIS D 1061　　　乗用車のステアリングコントロールシステム衝撃試験法．
  ⑤ JIS D 4608-1975　自動車シートベルトのダイナミックの試験方法．

(2) **JASO 関係**
  ① JASO B 103-73　乗用車のサイドドア強度試験方法．

② JASO B 104-75　乗用車用ルーフ強度試験方法.
③ JASO B 401-81　乗用車のシートベルトの取付けならびに車体強度.
④ JASO B 403　　インストルメントパネル室内衝撃試験方法.
⑤ JASO B 405-77　自動車用シート強度試験方法.
⑥ JASO C 701　　ステアリングコントロールシステム衝撃試験方法.
⑦ JASO C 714　　乗用車の正面衝突時のステアリング後方移動試験方法.
⑧ JASO Z 103　　乗用車の対固定バリア前面衝突試験方法.
⑨ JASO Z 105　　乗用車後面へのムービングバリア衝突試験方法.
⑩ JASO 6907　　　ステアリングコントロールシステム衝撃試験方法.
⑪ JASO 7104　　　乗用車の対固定壁正面衝突試験方法.
⑫ JASO 7106　　　乗用車の転覆試験方法.

（3） SAE 関係
① SAE J 850　　Barrier collision Tests.
② SAE J 857 a　Roll, over Tests With out collision.
③ SAE J 972 a　Moving Barrier collision tests.
④ SAE J 944　　Steering control System-Passenger Car Laboratory. Test Procedure.
⑤ SAE J 117　　Dynamic Test Procedure Type 1 and type 2 seat. Belt Assemblies.
⑥ SAE J 980 d　Bumper Evaluation Test Procedure.
⑦ SAE J 984　　Bodyform for Laboratory lmpact Testing.

3.8　乗員に関する試験法

　乗員への快適性は，居住性，乗り心地，操作性および空気調和性能を向上させることである．
　これらの項目については，乗員と自動車両面よりトータル的に評価すべきものと思われる．
　なお，これらの要素に不快性が運転者に与えられた場合，疲労が起こり操作ミスとなり，事故誘発の原因となる．このため，運転性，快適性にかかわる性能は人間-自動車系で考慮した場合，安全面にとっても重要である．
　以下，人間に関する試験は，人体計測，能力測定，心身反応およびフィー

リング評価に大別される．

3.8.1 人体機能の測定法
(1) 人体測定法

乗員の身体寸法は，自動車内の居住性を快適に保つため，また，衝突時の乗員の安全確保のためにも計測しておく必要があり，この寸法は自動車の内部設計にも必要である．

特に座姿勢，諸装置の操作のための動作，および乗り降りに関して必要な数値である．

測定法としては一般に，直接計測するほか，写真計測する方法もある．

(a) 身長・座高・肩幅などの測定

自動車の居住空間を設けるために，基本的な乗員の座姿勢による身長・座高および肩幅の値を求めておく必要があり，これを基にセダンタイプの乗用車，スポーツカーおよびトラックなどにより数値が異なるものとみられる．

なお，三次元ダミー (3 DM) は日本人の人体計測に基づいたもので，車内各部の配置の起点として使用されており，HP (Hip point)，SP (Shoulder point)，AP (Ankle point) が重要な各ポイントである．

また，視界では EP (Eye point) が基準となっている．

(b) リーチの測定

スイッチ類や操作レバーなどは道路運送車両法の保安基準によると，ハンドルの中心から左右 500 mm 以内に配置され，容易に操作できるものであることと規定されている．

これらの装置の位置関係は，事故予防の安全からみても重要である．

測定方法として運転姿勢でストロボサイクルグラフによる写真撮影[19]などがある．

(2) 人間の能力の測定

自動車の運転および操作における人間の能力として操作力，操作時間，視力などの測定が必要である．

(a) 力の測定

自動車の各種操作力は運転者の疲労などに関連し，また，非常時における出しうる力や最適値を求めておく必要がある．すなわち，手および足の力，握力などである．

一方，人間が出しうる力は，姿勢や操作方法により異なるので，実験状態

に合わせて測定する．

なお，測定にはひずみ式ハンドルトルクメータやロードセルが使用される．

（b） 操作時間の測定

操作時間を短くするには，操作部品がすべて適正な位置に配置すればよいが，一般には重要で，また，使用頻度の高い部品は極力理想に近い位置に配置されるので，各部品の操作時間も異なることになる．

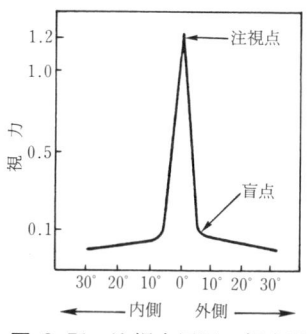

図 3.71 注視点周辺の視力[20]

このようなことから最近では，機能部品の集中化と動力のパワー化，自動化が行なわれてきている．

（c） 視力などの測定

視力，視野および注視点などが問題となり，いずれも安全性に関係が深い．

視力は，注視点で最大になるが，注視点をはずれると急に低下する（図 3.71[20]）．

表 3.37 各種視力と車速による低下率[21]

分　類	眼と対象物の関係	視　力　低　下　率		
		車速 30 km/h	車速 50〜60 km/h	見え方
静止視力	人間も物体も静止	—	—	—
移動視力	人間のみ動く場合	5％以下	約5〜6％	静止視力に近い
動体視力	物体のみ動く場合	約10％	10％以下	移動視力に次ぐ
移動動体視力	人間も物体も動く場合	—	—	いちばん低下する

注：久留米大学・末永教授の発表による．

これらの視力は，静止視力，移動視力，動体視力および移動動体視力があり，静止視力以外は車速によって視力が低下する（表 3.27）[21]．このうち，最も低下するのは移動動体視力である．

一方，人間の視野は，各眼それぞれ160度で中央のオーバラップしている視野は120度である（図 3.72）[20]．

なお，有効視界は水平±45度，垂直30度とされている．

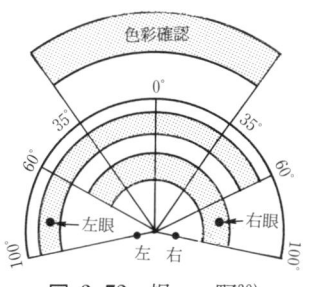

図 3.72 視　野[20]

(3) 心身反応測定
(a) 生体負担

乗員の疲労測定試験として,精神的,肉体的にどんな負担を受けているかを生理反応からとらえるために行なう.

この項目には,①エネルギ代謝の測定として体内で消費したエネルギの量(吸気中のO_2量)を測定して求めるもの,②心拍数の測定として心拍数の大小,変化により肉体的負担,精神的負担を知ることができ,③皮膚抵抗値の測定として,人体の皮膚の電気抵抗の変化により主として精神的な負担を知ることができ,④筋電の測定として,筋肉の活動の大小を筋肉の収縮に伴う放電現象を測定することができ,⑤血圧の測定として血圧の高低,変化により精神的負担,肉体的負担の大小を知ることができ,⑥フリッカ値の測定として,大脳の興奮疲労を判定することができる.

一方,運転による生体負担の要因は,表 3.38[22)]のようにまとめられている.

表 3.38 運転負担を生じさせる諸要因[22)]

要因	具体例
(a)心身的条件	体格,体力,体質,感覚・知覚能力,性別,年齢,疾病,運転技術を学ぶ能力,体調
(b)心理的条件	嗜好,性格,気質,興味,動機づけ,人間関係,倫理観,価値観
(c)生活条件	睡眠時刻と時間,住居環境,家庭環境,家族環境,通勤環境
(d)運転条件	道路状態(道幅,形状,見通し,制限,安全運転のための標識などのバックアップシステムの良否),休憩施設
(e)自動車条件	計器類のレイアウト,前側・後方視界,座席,シートベルト,操作機器の形状と位置
(f)走行条件	運転時間,運転目的,走行速度,運転方法,交通量(自動車,自転車,人),走行時の時間制限,道路の理解度
(g)環境条件	車内外温湿度,車内外騒音,車内振動,照度,気圧

なお,心身反応の変動要因には,個人差や周期変動,生活条件などが含まれるので十分に考慮する必要がある.

3.8.2 フィーリング評価試験

　自動車の性能評価には，計測器などを用いて物理量で表示する客観評価と人間の感覚による人間工学的な面における嗜好的な要素が多く，客観的な表示が困難である主観評価がある．

　主観評価は，物理量で示されない面についても可能であるが，実施にあたっては目的，対象，評価項目を明確にする必要がある．

　評価方法としては，絶対評価と相対評価とがあり，前者は絶対レベルの評価が得られるが，個人の尺度の相違が受けやすく，また，相対評価は基準の選定が困難であるが，精度の高い結果が得られる．おのおのの評価尺度の一例を**表 3.39**[23]に示す．

　次に，居住感に関する評価方法の例を**表 3.40**[24]に示し，ここでは一例とし

表 3.39 フィーリング評価尺度[23]

(絶対レベルの評価)

評点	性能レベル	判定	不具合の認知	判定	備　考
10 9	非常によい	満足	全くない	やや問題	評点0は評価対象が正常に作動していなかったり，装着されていなかったりして，評価できない場合に用いる
8 7	よい		ほんの少し	問題なし	
6 5	まずまず	がまんできる	わずか		
4 3	悪い		かなり	問題が多い	
2 1	非常に悪い	不満	ひどい		
0	評　価　対　象　外				

(相対レベルの評価)

評点	性能レベル		差
9	優	圧倒的によい	けた違いに差がある
8	↑	かなりよい	かなり差がある
7		よい	明らかに差がある
6		わずかによい	わずかに差がある
5		ほとんど同じ	差がない，差が感じられない
4		わずかに悪い	わずかに差がある
3	↓	悪い	明らかに差がある
2		かなり悪い	かなり差がある
1	劣	圧倒的に悪い	けた違いに差がある

218　第3章　性能試験法

表 3.40　居住感評価用語の一例[24]

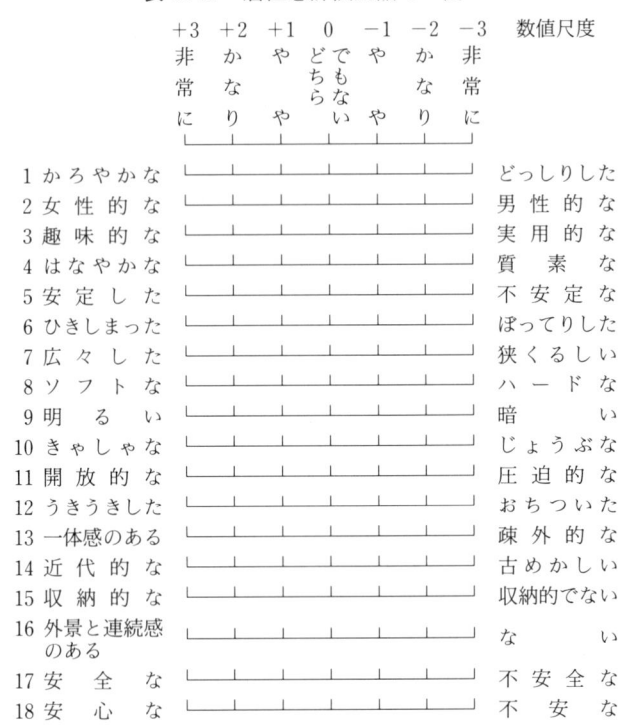

	+3	+2	+1	0	−1	−2	−3	数値尺度
	非常に	かなり	やや	どちらでもない	やや	かなり	非常に	
1　かろやかな								どっしりした
2　女性的な								男性的な
3　趣味的な								実用的な
4　はなやかな								質素な
5　安定した								不安定な
6　ひきしまった								ぽってりした
7　広々した								狭くるしい
8　ソフトな								ハードな
9　明るい								暗い
10　きゃしゃな								じょうぶな
11　開放的な								圧迫的な
12　うきうきした								おちついた
13　一体感のある								疎外的な
14　近代的な								古めかしい
15　収納的な								収納的でない
16　外景と連続感のある								ない
17　安全な								不安全な
18　安心な								不安な

シワの種類　評価レベル		浮きジワ	重なりジワ	折れジワ
気にならない	9　OK			
	8			
	7			
気になる	6			
	5			
	4			
耐えられない	3　NG			
	2			
	1			

図 3.73　耐久ジワの評価基準

表 3.41 ヘタリ感の評価基準[25]

評点	クッション性	尻の落込み感	尻しびれ・異物感	クッションフィーリングの総合評価
10	全く問題なし	全く問題なし	全く問題なし	全く問題なし
9				
8	底付き感はないが、ばね感がやや少ない	尻の落込みを若干感じるが気にならない	体圧が分散しており、土手や座面からの圧迫感がほとんどない	よいレベル
7				
6	底付き感がややあり、ばね感・たわみ感が少ない	尻の落込みがややある HPの低下は、ほとんど感じられない	土手や座面からの圧迫感がややある 尻下が若干硬く感じる	許容レベル
5	底付き感が大きいばね感・たわみ感が少ない	尻の落込み感があり、HPが低く感じる	体圧が局部的に高く、尻下が硬く感じる	やや悪いレベル
4	底付き感が大きいばね感がほとんどなく、減衰時間が短い	尻の落込みがはっきり感じられ気になる	尻下が硬く、30分くらいで尻が痛くなる ばねまたはフレームを感じる圧迫感が大	悪いレベル
3				
2	ばね感・たわみ感が感じられない	座ぶとんを敷きたくなるほど、尻の落込み感が大きい HPがかなり低く感じる	尻下が硬く、すぐに尻が痛くなる ばねまたはフレームを強く感じる	問題外
1	衝撃的な底付き感がある			

てシートの耐久性におけるシワおよびヘタリ感の評価基準の例を取り上げ，図 3.73[25]，表 3.41[25] に示す．

なお，これらの評価には，年齢，性別，職種などの属性に加え，人体寸法などの考慮が必要である．一方被験者の人数としては，確定的なものはないが[24]，感覚的な評価の場合は，一般的には 8〜30 名程度[26] 必要といわれ，文献では，20〜30 名の被験者[27] を用いた例が多い．

3.8.3 乗員に関する試験規格

乗員に関する試験規格のうち，JIS および JASO についての項目を記載する．

(1) JIS 関係
① JIS D 0024　自動車におけるH点の決め方
② JIS D 0030　自動車の三次元座標方式

③ JIS D 0301　自動車室内寸法の測定方法
④ JIS D 4607　自動車室内寸法測定用三次元座位人体模型
⑤ JIS D 5500　後退灯の配光性能．

(2) JASO関係
① JASO B 407　自動車用シートクッション性の試験方法
② JASO Z 001-78　操作・計量・警報装置類の識別記号
③ JASO Z 008-73　運転者アイレンジ（乗用車）
④ JASO Z 009-82　H点およびR点の決め方
⑤ JASO Z 011-78　運転者アイレンジ（トラック）
⑥ JASO Z 012-81　運転者の手操作の可能な範囲
⑦ JASO Z 013-86　乗用車運転者の手操作範囲の測定方法
⑧ JASO Z 102-76　運転視界試験方法
⑨ JASO Z 106-82　間接視界試験方法

参 考 文 献

1) 近藤政市：基礎自動車工学，第4章，前期編，養賢堂
2) JIS D 1015（自動車惰行試験法）
3) ㈱小野測器：非接触速度計取扱説明書
4) 市原薫，小野田光之：新訂版路面のすべり，技術書院
5) 新編自動車工学便覧，第2編，第2章，性能，p.2～10，(社)自動車技術会
6) 自動車技術ハンドブック，試験・評価編，第3章，制動性能試験，p.59～60，(社)自動車技術会
7) 自動車技術ハンドブック，試験・評価編，第5章，操縦性安定性試験，p.130～131，(社)自動車技術会
8) 自動車整備技術三級自動車シャシ，(社)日本自動車整備振興会連合会
9) 松下良弘：最近のタイヤ技術と操安性，自動車技術，Vol.38, No.3, 1984
10) 林一元ほか：走行動特性試験機の試作，北海道自動車短期大学研究紀要，第11号，1984
11) 自動車技術ハンドブック，試験・評価編，第6章，振動騒音乗り心地試験 p.144～147，(社)自動車技術会
12) 影山克三：自動車工学全書，3巻，第3章，快適性，p.63～64，第6章，性能試験法，p.188～189，山海堂

13) モーターファン，ロードテスト，車内騒音の測定例，三栄書房
14) 新編自動車工学便覧，第2編，第2章，性能，p.2〜29，(社)自動車技術会
15) 自動車技術ハンドブック，3，試験評価編，第7章，衝突安全性試験，(社)自動車技術会
16) 新編自動車工学便覧，第3編，第2章，安全，(社)自動車技術会
17) 低速度車両衝突実験，その人体への影響　北海道事故分析研究会報告，1991.4
18) 茄子川捷久ほか：北海道自動車短期大学，衝突時におけるシートベルト着用率と乗員損傷部位，第27回交通科学協議会研究発表，1991.5，倉敷
19) 新編自動車工学便覧，第2編，第2章，p.2〜134，居住性人間に関する試験法，(社)自動車技術会
20) 林　洋：自動車事故鑑定学入門，視覚，p.186，自動車公論社
21) 佐藤武：自動車工学全書，16巻，自動車の安全，運転者の心理，生理的要因，p.180，山海堂
22) 大久保義夫：交通と疲労，交通と人間（大島正光編），東京，日本評論社，1986
23) 自動車工学便覧，第1分冊，第5章，p.5〜141，(社)自動車技術会
24) 自動車技術ハンドブック，3．試験評論編，第9章，運転容易性，快適性試験，p.213〜214，(社)自動車技術会
25) 多田実ほか：自動車用シートの耐久商品性（シワ・ヘタリ）の評価手法について，自動車技術，Vol.45，No.9，1991年
26) 日科技連官能検査委員会：官能検査ハンドブック，東京，日科技連出版社，1979年
27) 神谷：計器板形状と居住感について，自動車技術，Vol.38，No.5，p.615〜619，1984年

第4章 法規一般

4.1 法規

　いまや自動車は，国民不可欠の交通手段として生活面および輸送面においての基幹的な役割を果たしていることは，だれもが認めるところである．

　他方，急激な自動車交通の発達に伴い，市街地における慢性的な交通混雑，自動車排ガスに含まれる窒素酸化物などによる大気汚染，さらには，交通戦争と呼ばれる交通事故による死傷者の増加など，困難な問題が直面しているほか，自動車の輸出入をめぐる貿易摩擦が生じており，これらの多くの問題の解決が迫られている．

　このように，自動車と社会とのかかわりが多様化していくなかで，自動車関係法令について知識を深めておくことは，自動車関係の仕事に携わる方々には必要なことと思われる．

　以上の趣旨を踏まえ，自動車関係法令を体系的にまとめたものである．

4.1.1 わが国の法体系

　わが国の法体系は憲法，法律から告知までおよそ，次のとおりである（図

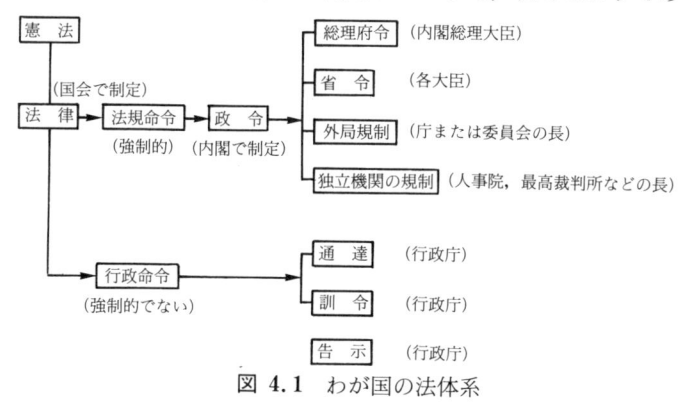

```
憲 法
 │
 │(国会で制定)
法 律 ─┬─ 法規命令 ─ 政 令 ─┬─ 総理府令   (内閣総理大臣)
        │   (強制的)   (内閣で制定)│
        │                         ├─ 省 令     (各大臣)
        │                         │
        │                         ├─ 外局規制   (庁または委員会の長)
        │                         │
        │                         └─ 独立機関の規制 (人事院，最高裁判所などの長)
        │
        └─ 行政命令 ─┬─ 通 達   (行政庁)
            (強制的でない)├─ 訓 令   (行政庁)
                          └─ 告 示   (行政庁)
```

図 4.1　わが国の法体系

4.1).
- 法律⇒国会の議決を経て制定されるもので，憲法に次いで他の法形式に優越する効力を持つ．
- 政令⇒憲法および法律の規定を実施するため，または，法律の委任に基づいて，内閣が制定する命令．
- 省令⇒各大臣が，主任の行政事務について，法律もしくは政令を施行するため，または法律もしくは政令の特別の委任に基づいて発する命令．
- 通達⇒行政官庁が，その所掌事務について，所管の諸機関および職員に対して発する示達．細目的事項，法の解釈，運用方針などを内容とする．
- 訓令⇒行政官庁が，その所掌事務について，所管の諸機関および職員に対して発する命令．基本的事項を内容とする．
- 告示⇒行政官庁が，指定，決定の処分などの一定の事項を一般に知らせるための公示．

4.1.2 自動車に関する法規

自動車は，製造過程から抹消まで種々の法規制を受けている．

すなわち，製造される場合には，道路運送車両法およびこれに基づく道路運送車両の保安基準に適合していなければならなく，また，使用段階においては登録申請を行ない，自動車の保管場所いわゆる車庫証明が必要となり，この間，自動車取得税，自動車重量税および自動車税を納入し，さらに自動車損害賠償責任保険の加入が義務づけられる．

また，自動車点検基準において運行前点検，定期点検の実施することおよび自動車検査証の有効期間満了に伴い，国の行なう検査を受けなければならない．

一方，自動車を使用しなくなった時点で抹消登録の申請が必要である．

なお，自動車を運行させるには交通方法の取決めが道路交通法に定められている．

ここでは自動車に関する法規を安全，規制，公害，道路，保障法，運送および税法に分類し，その趣旨[1]を述べる．

(1) 安全に関する法
(a) 交通安全対策基本法
(目的)
　この法律は，交通の安全に関し，国及び地方公共団体，車両，船舶及び航空機の使用者，車両の運転者，船員及び航空機乗組員等の責務を明らかにするとともに，国及び地方公共団体を通じて必要な体制を確立し，並びに交通安全計画の策定その他国及び地方公共団体の施策の基本を定めることにより，交通安全対策の総合的かつ計画的な推進を図り，もって公共の福祉の増進に寄与することを目的とする．
(2) 規制に関する法
(a) 道路交通法
(目的)
　この法律は，道路における危険を防止し，その他交通の安全と円滑を図り，および道路の交通に起因する障害の防止に資することを目的とする．
(b) 自動車の保管場所の確保等に関する法律
(目的)
　この法律は，自動車の保有者等に自動車の保管場所を確保し，道路を自動車の保管場所として使用しないよう義務づけるとともに，自動車の駐車に関する規制を強化することにより，道路使用の適正化，道路における危険の防止及び道路交通の円滑化を図ることを目的とする．
(3) 公害に関する法
(a) 公害対策基本法
(目的)
　この法律は，国民の健康で文化的な生活を確保するうえにおいて公害の防止がきわめて重要であることにかんがみ，事業者，国及び地方公共団体の公害の防止に関する責務を明らかにし，並びに公害の防止に関する施策の基本となる事項を定めることにより，公害対策の総合的推進を図り，もって国民の健康を保護するとともに，生活環境を保全することを目的とする．
(b) 大気汚染防止法
(目的)
　この法律は，工場及び事業場における事業活動に伴つて発生するばい煙の排出等を規制し，並びに自動車排出ガスに係る許容限度を定めること等によ

り，大気の汚染に関し，国民の健康を保護するとともに生活環境を保全し，並びに大気の汚染に関して人の健康に係る被害が生じた場合における事業者の損害賠償の責任について定めることにより，被害者の保護を図ることを目的とする．

(c) 騒音規制法

(目的)

この法律は，工場及び事業場における事業活動並びに建設工事に伴って発生する相当範囲にわたる騒音について必要な規制を行なうとともに，自動車騒音に係る許容限度を定めること等により，生活環境を保全し，国民の健康の保護に資することを目的とする．

(d) スパイクタイヤ粉じんの発生の防止に関する法律

(目的)

この法律は，スパイクタイヤの使用を規制し，及びスパイクタイヤ粉じんの発生の防止に関する対策を実施すること等により，スパイクタイヤ粉じんの発生を防止し，もって国民の健康を保護するとともに，生活環境を保全することを目的とする．

(4) 道路に関する法

(a) 道路法

(目的)

この法律は，道路網の整備を図るため，道路に関して，路線の指定及び認定，管理，構造，保全，費用の負担区分等に関する事項を定め，もって交通の発達に寄与し，公共の福祉を増進することを目的とする．

(b) 道路構造令

(趣旨)

この政令は，道路を新設し，又は改築する場合における道路の構造の一般的技術基準を定めるものとする．

(c) 車両制限令

(趣旨)

道路の構造を保全し，又は交通の危険を防止するため，道路との関係において必要とされる車両についての制限は道路法に定めるもののほか，この政令の定めるところによる．

(d) 高速自動車国道法
(この法律の目的)
この法律は高速自動車国道に関して，道路法（昭和27年法律第180号）に定めるもののほか，路線の指定，整備計画，管理，構造，保全等に関する事項を定め，もって高速自動車国道の整備を図り，自動車交通の発達に寄与することを目的とする．

(e) 積雪寒冷地特別地域における道路交通の確保に関する特別措置法
(目的)
この法律は，積雪寒冷の度が特にはなはだしい地域における道路の交通を確保するため当該地域内の道路につき，除雪，防雪及び凍雪害の防止について特別の措置を定め，もってこれらの地域における産業の振興と民生の安定に寄与することを目的とする．

(5) 保障に関する法
(a) 自動車損害賠償保障法
この法律は，自動車の運行によって人の生命又は身体が害された場合における損害賠償を保障する制度を確立することにより，被害者の保護を図り，あわせて自動車運送の健全な発達に資することを目的とする．

(6) 運送に関する法
この法律は，道路運送事業の適正な運営及び公正な競争を確保するとともに，道路運送に関する秩序を確立することにより，道路運送の総合的な発達を図り，もって公共の福祉を増進することを目的とする．

(7) 税法に関する法
(a) 自動車抵当法関係
(目的)
この法律は，自動車に関する動産信用の増進により，自動車運送事業の健全な発達及び自動車による輸送の振興を図ることを目的とする．

(b) 自動車重量税法
(趣旨)
この法律は，自動車重量税の課税物件，納税義務者，課税標準，税率及納付の手続きその他自動車重量税の納税義務の履行について必要な事項を定めるものとする．

(c) 目的税自動車取得税（地方税）

（自動車取得税）

道府県は，市町村（特別区を含む．第699条の32（市町村に対する交付）及び第699条の33（自動車取得税の使途）において同じ）に対し道路に関する費用に充てる財源を交付するため，及び道路に関する費用に充てるため，自動車取得税を課するものとする．

（d）自動車税
（自動車税の納税義務者等）

自動車税は，自動車（軽自動車の課税客体である自動車その他政令で定める自動車を除く．以下自動車税について同じ）に対し，主たる定置場所在の道府県において，その所有者に課する．

2　自動車の売買があった場合において，売主が当該自動車の所有権を留保しているときは，自動車税の賦課徴収については，買主を当該自動車の所有者とみなす．

3　自動車の所有者が次条第一項の規定によって自動車税を課することができない者である場合においては，第一項の規定にかかわらず，その使用者に対して，自動車税を課する．但し，公用又は公共の用に供するものについては，この限りでない．

4.2　道路運送車両法

（この法律の目的）

この法律は，道路運送車両に関し，所有権についての公証を行い，並びに安全性の確保及び公害の防止並びに整備についての技術の向上を図り，あわせて自動車の整備事業の健全な発達に資することにより，公共の福祉を増進することを目的とする．

この道路運送車両法は，自動車の安全性の確保及び適正な使用を期するために制定された法規であり，内容の骨子は次の通りである[4]．

1）総　　則
　道路運送車両法の目的，自動車等について定義している．

2）自動車の登録
　自動車の実態把握，盗難予防といった行政上の目的のみならず，登録することにより所有権を第三者に対抗できるという公証制度を採用し，私法関係の安全を図っている．

3) 道路運送車両の保安基準

自動車の構造及び装置並びに乗車定員又は最大積載量について，保安上又は公害防止上必要な最低限度の技術基準を定め，自動車の安全の確保及び公害防止を図っている．

4) 道路運送車両の整備

自動車の使用者に対して，車両を常時，保安基準に適合させるべく，運行前点検，定期点検の義務付を図っている．

5) 道路運送車両の検査

自動車の整備，点検のチェックを国として必要であり，その手段として，車両検査について規定されている．

6) 自動車の整備事業

自動車分解整備事業者等の事業体制の適正化を確保するため所要の規定が設けられている．

4.2.1 道路運送車両法の機構

道路運送車両法の機構を，図4.2のように表わす[4]．

4.2.2 わが国の検査制度

日常の運行にあたり，常に道路運送車両法の保安基準に適合していることが必要であり，これに加えて事故および公害防止のため自動車の種類などによって有効期間を設けている．

なお，道路運送車両法によると，自動車は運輸大臣の行なう検査を受け，有効な自動車検査証の交付を受けなければ運行することができないこととなっている．

また，検査の対象となるのは，道路運送車両の自動車のうち，検査対象外軽自動車（二輪の軽自動車，キャタピラおよびそりを有する軽自動車および被けん引自動車である軽自動車）および小型特殊自動車を除くすべての自動車である．

（1） 検査の種類

国が行なう検査には，検査を受けようとする自動車の状態に応じて通常行われている新規検査，継続検査および寸法，重量などを変更した場合の構造等変更検査，事故などが著しく生じている自動車に対しての臨時検査，さらに，使用者が確定していない自動車を所有者が予備的に受ける予備検査の5種類（**表4.1**[4]）である．

230　第4章　法規一般

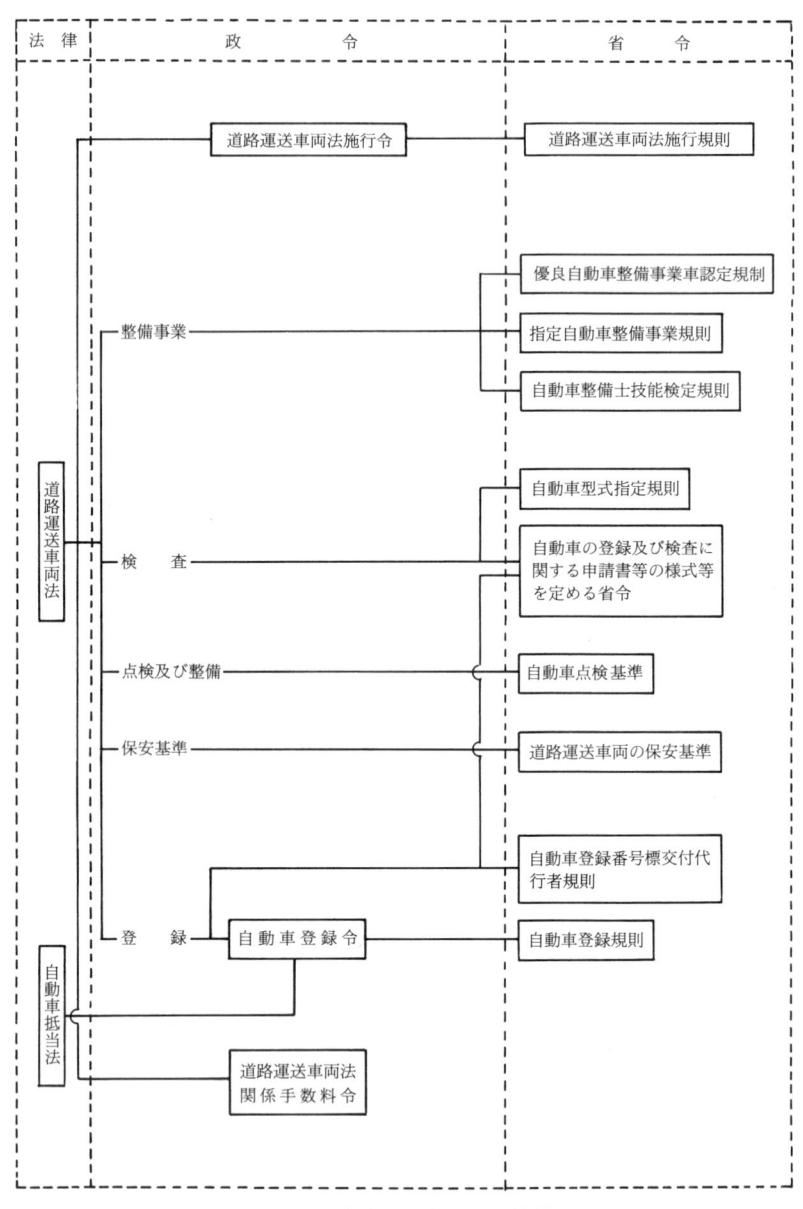

法律	政令	省令
道路運送車両法	道路運送車両法施行令	道路運送車両法施行規則
	整備事業	優良自動車整備事業車認定規制
		指定自動車整備事業規則
		自動車整備士技能検定規則
	検査	自動車型式指定規則
		自動車の登録及び検査に関する申請書等の様式等を定める省令
	点検及び整備	自動車点検基準
	保安基準	道路運送車両の保安基準
	登録	自動車登録番号標交付代行者規則
	自動車登録令	自動車登録規則
自動車抵当法	道路運送車両法関係手数料令	

図 4.2　道路運送車両法の機構

表 4.1 車両検査の種類

検査の種類	内容	検査を受ける陸運支局	備考
新規検査	新たに自動車を使用するときに受ける検査(中古車でもナンバのないものは受ける).この検査では,自動車の種別,用途,形状なども判定され,有効期間が決定されて自動車検査証と検査標章が交付される.	使用の本拠の位置を管轄する陸運支局	新規登録と同時申請
継続検査	自動車検査証の有効期間満了後も自動車を使用しようとするときに受ける検査.この検査により有効期間の更新が行なわれ,検査標章が交付される.	もよりの陸運支局	継続検査が後述の臨時検査または分解整備検査と競合するときは後者が優先される.
臨時検査	一定の自動車について,自動車の事故が著しく生じているなどにより,その構造装置または性能が保安基準に適合していないおそれがある場合に運輸大臣が期間を公示して行なう検査.この検査は検査の対象となる自動車のみならず,検査対象外軽自動車も対象となる.	もよりの陸運支局	公示された期間の末日の前に自動車検査証の有効期間が満了している自動車については,これを使用するときに受ければよい.
構造等変更検査	使用している自動車の長さ,幅,高さ,最大積載量などに変更を生ずるような改造をしたときに受ける検査.	使用の本拠の位置を管轄する陸運支局.	自動車検査証の記載事項の記入申請は,その事由があった日から 15 日以内にしなければならない.
予備検査	販売店などが使用者の定まらないうち商品として受ける検査.自動車予備検査証の有効期限は 3 カ月である.	もよりの陸運支局	

(2) 検査の有効期間

　自動車検査証の有効期間は自動車の用途,使用の形態,車歴などによって 1～3 年の有効期間に定められている (**表 4.2**)[4].

　ただし,有効期間を経過しない前に構造装置の変更などにより,保安基準に適合しなくなるおそれがある場合,運輸大臣は有効期間を短縮することができる.

表 4.2 車検の有効期間

有効期間	自動車の種類	例　示
1年	1. 旅客を運送する自動車運送事業の用に供する自動車 2. 貨物の運送の用に供する自動車 3. 運輸省令で定める自家用自動車（施行規則第37条） 　(1) 乗用定員11人以上の自家用自動車 　(2) もっぱら幼児の運送を目的とする自家用自動車 　(3) 道路運送法施行規則第52条の規定により受けた許可に係る自家用自動車	タクシー，バス等 トラック，タンクローリ等 自家用バス 幼児専用車 レンタカー
2年	その他の自動車	自家用乗用車 消防車，ロードローラ等
3年	自動車検査証の有効期間が2年とされる自家用乗用車のうち，初めて自動車検査証の交付を受ける自動車	自家用乗用車

(3) 自動車の検査基準

(a) 速度計試験

・基　準

ⅰ) 保安基準〔第46条（2）（3）（4）〕

① 速度計の指度の誤差は，平坦な舗装路画で速度35 km毎時以上において（35 km毎時未満車はその最高速度）正15％，負10％以下であること〔第46条（2）〕．

② アナログ式速度計（次号に規定するディジタル式速度計以外の速度計をいう）の指示計の振れは，前号に掲げる状態において，正負3 km毎時であること〔第46条（3）〕．

③ ディジタル式速度計（一定間隔をもって断続的に速度を表示する速度計をいう．）の表示の単位は，2.5 km毎時以下とする．ただし，20 km毎時未満の速度を示す場合にあっては，この限りではない〔第46条（4）〕．

ⅱ) 自動車検査業務実施要領（4-34）……以降検査基準と略称する

保安基準第46条第2号の指示の誤差については，自動車の速度計が40 km毎時（最高速度が40 km毎時未満の自動車にあってはその最高速度）を指示したときの運転者の合図によって速度計試験機を用いて計測し判定するものとする．

(b) 制動力試験
・基　準
ⅰ) 保安基準第12条
a) 専ら乗用の用に供する自動車であって乗車定員11人未満のものには，次の基準に適合する独立に作用する2系統以上の制動装置を備えなければならない．なお独立に作用する2系統以上の制動装置とは，一般的に足動ペダルによる主ブレーキと，手動レバーによる駐車ブレーキの組合せが多い．
b) 主制動装置は，乾燥した平たんな舗装路面で，最高速度が125 km毎時を超える自動車にあってはイ及びロ，それ以外の自動車にあってはイの試算式に適合する制動能力を有すること．この場合において，運転車の操作力は50 kg以下とする．

乗用自動車等の主ブレーキの制動能力の基準[4]

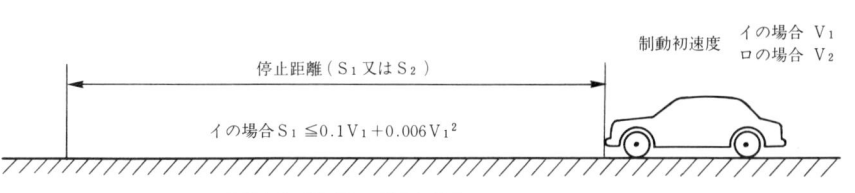

制動初速度　イの場合 V_1
　　　　　　ロの場合 V_2

停止距離（S_1又はS_2）

イの場合 $S_1 \leq 0.1 V_1 + 0.006 V_1^2$

ロの場合 $S_2 \leq 0.1 V_2 + 0.0067 V_2^2$

最高速度（km/h）	計算式	操作力（kg）	路面
125を超える自動車	イ及びロに適合	50以下	乾燥した平たんな舗装路面
125以下の自動車	イに適合		

（計算式）
イ　$S_1\ 0.1 V_1 + 0.006 V_1^2$

S_1…停止距離（m）
V_1…制動初速度（km/h）（その自動車の最高速度．ただし，最高速度が100 km/h超の自動車は100 km/h）

原動機と走行装置の接続は断つ

ロ　$S_2 \leq 0.1V_2 + 0.0067V_2^2$

S_2…停止距離（m）
V_2…制動初速度（km/h）（その自動車の最高速度の80％の速度．ただし最高速度の80％の速度が160 km/hを超える自動車は160 km/h）

c）　乗用自動車等の駐車ブレーキの制動能力は乾燥した平たんな舗装路面で次の計算式に適合する制動能力を有し，かつ乾燥した5分の1こう配の舗装路面で機械的作用により停止状態に保持できる性能を有すること[4]．

（計算式）
$S \leq 0.1V + 0.0193V_2$
S…停止距離(m)
V…制動初速度(km/h)（その自動車の最高速度．ただし，最高速度が30km/h超の自動車は30km/h）

条件．①　乾燥した平たんな舗装路面
　　　②　操作力　足動式　50kg以下
　　　　　　　　　手動式　40kg以下

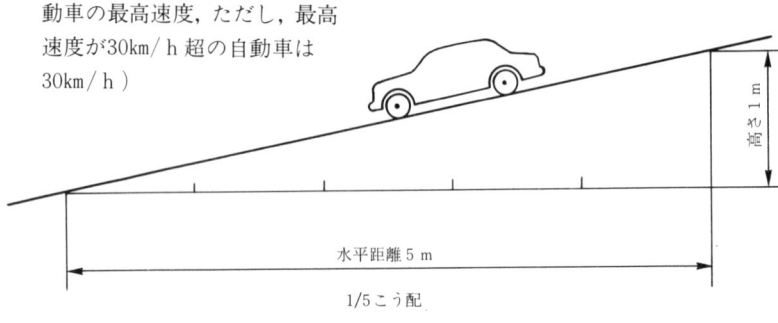

高さ1 m
水平距離5 m
1/5こう配

ii）　検査基準

a）　ブレーキ・テスタによる制動力の計測は，空車状態の自動車に運転者1名乗車して行ない，保安基準第12条及び第13条に規定する制動能力の判定は次の各号によって行なうものとする．

①　主制動装置にあっては，制動力の総和が検査時車両状態における自動車の重量の50％以上であり，かつ後車輪にかかわる制動力の和が検査時車両状態における当該車軸の軸重の10％以上であること．

②　最高速度が80 km/h未満で，車両総重量か車両重量の1.25倍以下の自動車の主制動装置にあっては，第1号にかかわらず制動力の総和

が車両総重量の40％以上であること．
    ③　主制動装置にあっては，左右の車輪にかかわる制動力の差が，空車状態における当該車軸の軸重の8％以下であること．
    ④　保安基準第12条（6）または第7号（けん引自動車にあっては空車状態の被けん引自動車を連結した状態）に規定する制動装置にあっては，制動力の総和が車両重量の20％以上であること．
(ｃ)　横すべり量試験
・基　準
ｉ)　検査基準
ａ)　かじ取装置については，車輪を揚げて又はピットにおいて確認し，サイド・スリップ・テスタを用いてかじ取車輪の横すべり量を計測するものとする．(4-8-3)
　　次の各号に掲げるものは，保安基準第11条第1項第1号の基準（かじ取装置は，堅ろうで，安全な運行を確保できるものであること）に適合しない例とする．四輪以上の自動車のかじ取車輪の横すべり量が，走行1ｍについて5mmを越えるもの．
(ｄ)　前照灯試験
・基　準
ｉ)　保安基準第32条
ａ)　自動車の前面には次の基準に適合する走行用前照灯を備えなければならない．

走行用前照灯の基準

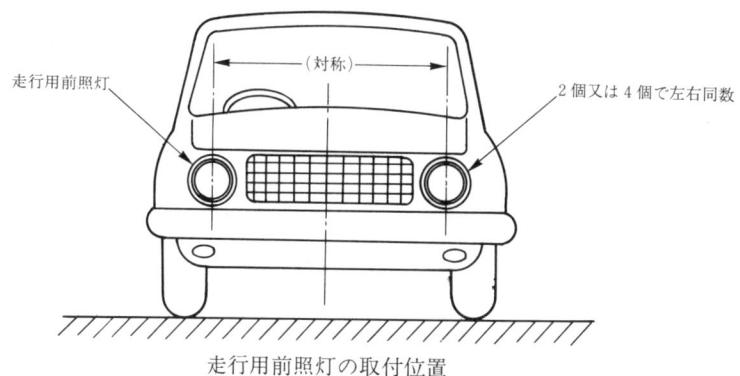

走行用前照灯の取付位置

b) 走行用前照灯及びすれ違い用前照灯の夜間障害物の確認性能[4]

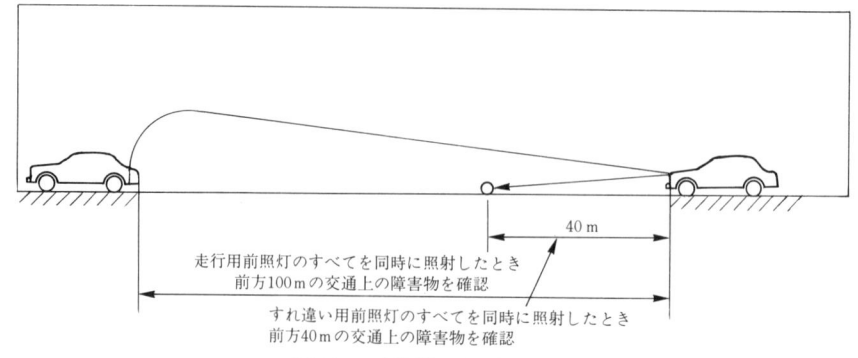

走行用前照灯のすべてを同時に照射したとき
前方100mの交通上の障害物を確認

すれ違い用前照灯のすべてを同時に照射したとき
前方40mの交通上の障害物を確認

40 m

前照灯の夜間障害物確認の性能

c) すれ違い用前照灯基準[4]

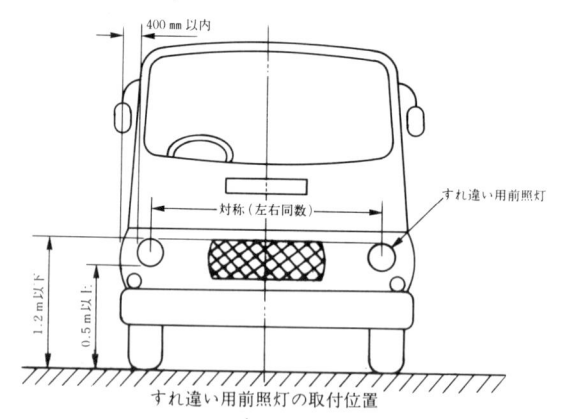

400 mm 以内
対称（左右同数）
すれ違い用前照灯
1.2 m 以下
0.5 m 以上

すれ違い用前照灯の取付位置

走行用前照灯の取付基準（四輪自動車の例）[4]

備付箇所	前面
個　数	2個又は4個
確認距離	夜間前方100 m の交通上の障害物を確認
最高光度	22万5千cd を超えない
照射光線	自動車の進行方向を正射
灯光の色	白色又は淡黄色（すべてが同色）
取付位置	左右同数で車両中心面に対して対称
点灯表示	点灯操作状態を運転者に表示する装置を備える

4.2 道路運送車両法

すれ違い前照灯の取付基準（四輪自動車の例）

備付箇所	前面の両側
個数	2個まで
確認距離	夜間前方40mの交通上の障害物を確認
灯光の色	白色又は淡黄色（すべてが同色）
取付位置	左右同数で車両中心面に対して対称
取付位置 照明部上縁の高さ	地上1.2m以下
取付位置 照明部下縁の高さ	地上0.5m以上
取付位置 照明部の最外縁	自動車の最外側から40mm以内

（注）平成17年12月31日までに製作された自動車のすれ違い用前照灯の取付高さは，その照明部の中心の高さが，地上1.2m以下となるように取り付けられていればよい．

　ⅱ）　検査基準（4-22-1〜4-22-4）
　　①　直進姿勢であり，かつ，検査時車両状態
　　②　手動式前照灯照射方向調節装置を備えた自動車にあっては，①の状態に対応するように当該装置の操作装置を調節した状態
　　③　蓄電池が充電されており，かつ，原動機が回転している状態
　　④　前照灯試験機の受光部と前照灯とを正対させた状態
　　⑤　四灯式前照灯であって計測に支障をきたすおそれのある場合は，計測する灯器以外の灯器を遮蔽した状態
　（e）　排気ガス試験
　（e）-1　（一酸化炭素および炭化水素）
・基　準
　ⅰ）　保安基準第31条第1項および第8項
　自動車は走行中ばい煙，悪臭のあるガス又は有害なガスを多量に発散しないものでなければならない（第31条第1項）．
　第2項の自動車は，第1項から第3項まで又は第1項及び第5項の規定によるほか，原動機を無負荷運転している状態で発生し，排気管から大気中に排出物に含まれる一酸化炭素の容量比で表わした測定値が4.5％以下でなければならない（第31条第8項）．
　ⅱ）　検査基準（4-21-1）
　　a）　一酸化炭素又は炭化水素濃度はプローブを排気管内に60cm程挿入し

て測定するものとする．但しこれが困難な自動車については，外気の混入する措置を講じて測定するものとする．尚，一酸化炭素又は炭化水素測定器は，使用開始前に十分暖機し，1日1回較正を行なった上で使用すること．

iii) 保安基準第31条第9項

a) 第2項及び第5項の自動車は，第1項から第3項まで及び前項又は第1項，第5項及び前項の規定による他，原動機を無負荷運転している状態で発生し，排気管から大気中に排出される排出物に含まれる炭化水素のノルマルヘキサン当量による容量比で表わした測定値が，次の表の上欄に掲げる自動車の種別に応じそれぞれ同表の下欄に掲げる値を超えないこと．

自動車の種別	値
1．次号及び3号に掲げる自動車以外の自動車	100万分の1 200
2．2サイクルの原動機を有する自動車	100万分の7 800
3．前号に掲げる自動車以外の自動車であって，当該自動車の原動機の構造が，特殊であると運輸大臣が認定した型式の自動車	100万分の3 300

(e)-2 黒煙測定試験

・基　準

i) 31条第6項(専ら乗用の用に供する乗車定員10人以下の普通自動車又は小型自動車であって車両重両が1265キログラム以下のもの又は車両総重両が1.7トン以下又は専ら乗用の用に供する乗車定員10人以下の普通自動車及び小型自動車)及び第7項の自動車(車両総重両が1,7トンを超える普通自動車及び小型自動車で軽油を燃料とする自動車)は，第6項の自動車にあっては第1項，第6項及び第31条(14)第7項の自動車にあっては第1項，第7項及び第31条(14)の規定によるほか，原動機を無負荷運転した後原動機を無負荷のままで急速にペダルを一杯に踏み込んだ場合において，加速ペダルを踏み込み始めた時から発生する排気管から大気中に排出される排出物に含まれる黒煙について次に定める測定方法により3回測定し，その測定した値の平均値が50パーセント以下でなければならない．

ⅱ) 測定方法

ポンプ式の排気煙採取装置によりろ紙を通して排出物を0.330リットル吸引し，当該排出物に含まれる黒煙によるろ紙の汚染の度合を反射光式の測定装置により測定する．

(f) 警音器音量試験

・基　準

ⅰ) 自動車には，警音器を備えなければならない（第43条第1項）．

ⅱ) 警音器は，左の基準に適合するものでなければならない（第43条第2項）．

① 警音器の音の大きさ(二以上の警音器が連動して音を発する場合は，その和)は，自動車の前方2mの位置において115ホン以下90ホン以

表 4.3 騒音の測定方法

区　　分	測　　定　　方　　法
定常走行騒音	自動車又は原動機付自転車が乾燥した平たんな舗装路面を原動機の最高出力時の回転数の60パーセントの回転数で走行した場合の速度(その速度が35キロメートル毎時をこえる自動車及び第二種原動機付き自転車にあっては35キロメートル毎時，その速度が25キロメートル毎時をこえる第一種原動機付自転車にあっては25キロメートル毎時)で走行する場合に，走行方向に直角な車両中心線から左側へ7メートル離れた地上高さ1.2メートルの位置における騒音の大きさを測定する．この場合において，けん引自動車にあっては，被けん引自動車を連結した状態で走行する場合の騒音の大きさも測定する．
近接排気騒音	原動機が最高出力時に回転数の75パーセント(小型自動車及び軽自動車（二輪自動車（側車付二輪自動車を含む．）に限る．）並びに原動機付自転車のうち原動機の最高出力時の回転数が毎分5,000回転を超えるものにあっては，50パーセント)の回転数で無負荷運転されている状態から加速ペダルを急速に放した場合又は絞り弁が急速に閉じられる場合に，排気流の方向を含む鉛直面と外側後方45度に交わる排気管の開口部中心を含む鉛直面上で排気管の開口部中心から（排気管の開口部が上向きの排気管を有する自動車にあっては，車両中心線に直交する排気管の開口部中心を含む鉛直面上で排気管の開口部に近い車両の最外側から）0.5メートル離れた排気管の開口部中心の高さ(排気管の開口部中心の高さが地上高さ0.2メートル未満の自動車又は原動機付自転車にあっては，地上高さ0.2メートル)の位置における騒音の大きさを測定する．

上であること．

② 警音器の音は,連続するものであり,かつ,音の大きさ及び音色が一定なものであること.

③ 警音器は,サイレン又は鐘でないこと.

iii) 自動車には,車外に音を発する装置であって警音器と紛らわしいものを備えてはならない.

ただし,歩行者の通行その他の危険を防止するため自動車が右左折,進路の変更又は後退するときにその旨を歩行者等に警報するブザその他の装置については,この限りでない(第43条第3項).

(g) 騒音試験

・基 準

自動車(被けん引自動車を除く.)は,次に掲げる数値を超える騒音を発しない構造でなければならない(第30条).

i) 表4.3に定める方法により測定した定常走行騒音の大きさが85ホン.

ii) 次の表の上欄に掲げる自動車の種別に応じ,表4.3に定める方法により測定した近接排気騒音の大きさがそれぞれ次の表の下欄に掲げる数値.

自動車の種別			騒音の大きさ(デシベル)
大型特殊自動車及び小型特殊自動車			110
普通自動車,小型自動車及び軽自動車(専ら乗用の用に供する乗車定員10人以下の自動車及び二輪自動車(側車付二輪自動車を含む.以下この条において同じ.)を除く.)	車両総重量が3.5tを超え,原動機の最高出力が150kWを超えるもの	専ら乗用の用に供するもの	99
		専ら乗用の用に供するもの以外のもの	107
	車両総重量が3.5tを超え,原動機の最高出力が150kW以下のもの		105
	車両総重量3.5t以下のもの		103
専ら乗用の用に供する乗車定員10人以下の普通自動車,小型自動車及び軽自動車(二輪自動車を除く.)	乗車定員7人以上のもの		103
	乗車定員6人以下のもの	車両の後部に原動機を有するもの	100
		車両の後部に原動機を有するもの以外のもの	96
小型自動車(二輪自動車に限る.)			99
軽自動車(二輪自動車に限る.)			94

適用日 新型車:平成10年10月1日 継続生産車:平成11年9月1日 輸入車:平成12年4月1日

4.2 道路運送車両法　241

表 4.4 外国の自動車検査制度

国名	検査種別	検査対象車種	初回	次回以降	検査開始年	備考
スウェーデン	定期検査	バス，タクシー 乗用車，トラック	1年 2年	1年 1年	1965	
旧西ドイツ	定期検査	バス，タクシー，レンタカー GVW 2.8 t 以上のトラック GVW 6 t 以上のトラック	1年 6カ月 3年	1年 6カ月 2年	1937	○旧西ドイツの乗用車については，1982年10月から従来の初回2年が3年に変更された．
イギリス	定期検査	GVW 1.5 t 以上のバス 乗用車，タクシー，ライトバン GVW 1.5 t 以上のトラック	1年 3年 1年	1年 1年 1年	バ ス 1930 乗 用 車 1960 トラック 1968	
オーストリア	定期検査	バス 乗用車，トラック	1年 3年	1年 2年，1年	1968	○オーストリアは，自家用乗用車，トラックの検査期間について，初回3年，次回2年，以降1年となっている．
ベルギー	定期検査	バス タクシー，レンタカー（商用車），商用車	4カ月 6カ月	4年 6カ月	バス 1933	
ノルウェー	定期検査	トラック 乗用車，レンタカー（乗用車）	1年 4年	1年 1年	トラック 1935 乗用車 1960	
スイス	定期検査	タクシー，バス バス，タクシー，商用車	1年 4年	1年 2年	1927	
イタリア	定期検査	乗用車，バス バス	1年 3年	1年 3年	1964	○スイスは，車検の初回1年以上経過した車両の所有名が変更された場合に，そのつど検査を行なっている．
スペイン	定期検査	乗用車 トラック，バス	4年 2年	1年 5年	1934	
フランス	定期検査	タクシー GVW 3.5 t 以上のトラック，自家用バス，事業用バス	(ガソリン15カ月 ディーゼル1年 6カ月	1年 6カ月	より 1958	
アメリカ	定期検査	スクールバス等限定車両 全自動車	1年または6カ月 定期または臨時	1年または6カ月	23州 13州	各州により異なる
日本	定期検査	トラック，レンタカー，タクシー，バス 乗用車	1年 3年	1年 2年，1年	1947	○日本の乗用車の初回3年は，1983年7月から施行された． 初回3年，次回2年，以降1年としている．
EC委員会（案）	定期検査	トラック，バス，タクシー，トラック 自家用乗用車，オートバイ	1年 6カ月	2年，1年 6カ月	—	
韓国	定期検査	タクシー	6カ月	6カ月	1962	
シンガポール	定期検査	バス，タクシー，トラック 自家用	1年 2年	1年 1年	1982	
フィリピン	定期検査	バス，タクシー，トラック			1985	
サウジアラビア	定期検査	自家用			1986	
マレーシア	定期検査	バス，タクシー，トラック				
台湾	定期検査	全自動車	1年	5年未満 1年 5年以上 6カ月	1981	

注：GVW は，車両総重量をいう．

iii) 内燃機関を原動機とする自動車には，騒音の発生を有効に抑制することができる消音機を備えなければならない．

4.2.3 諸外国の検査制度
（1） 検査に関する動向
諸外国において車両検査を義務づけている国々は**表 4.4**[3]のとおりであるが，ほとんどの国で乗用車も定期検査が実施されている．

また，近年車両増加の著しい韓国が，1962 年より全車種の定期検査を行なっており，東南アジア諸国のマレーシア，シンガポールおよびフィリピンにおいても 1980 年代に検査が実施されるようになった．

（2） 検査の有効期間
諸外国における自家用乗用車の検査の有効期間では，新車新規検査はベルギー，ノルウェーが 4 年，イギリス，オーストリア，スイス，ドイツ（旧西ドイツ）が 3 年，スウェーデンが 2 年，韓国，台湾が 1 年となっているが，2〜3 年の国々が多い．

また，継続検査ではドイツ(旧西ドイツ)，オーストリア，ノルウェー，シンガポールが 2 年，スウェーデン，イギリス，ベルギー，韓国が 1 年と，ほとんどの国が 1〜2 年である．

一方，トラック，バスは初回および継続を問わず，ほとんどの国の有効期間は 1 年である．

4.3 国際単位系 SI

4.3.1 概　　要
メートル法は，"すべての時代に，すべての人々に"をスローガンにして，フランス政府が 1799 年に承認したもので，1840 年から実際に強制された．

このメートル法が，最初の国際統一系である．

しかし，その後，科学，工業の著しい発展に伴い，いろいろなメートル法の単位が用いられるようになったため，1948 年にメートル法条約国による国際度量衡総会（CGPM）で実用的単位系の確立の提案がなされ，討議の結果，1956 年に新しい国際単位系の勧告が行なわれた．

この実用単位系に対し，国際単位系（Systeme International d'Unites）という名称を国際的な略称 SI と表示した[5]．

（1） SI の構成

4.3 国際単位系 SI　243

SI は，CGPM で採択され勧告された一貫性のある単位系で，次のように構成されている．

SI 化単位
(JASO 用語)
- SI
  - SI 単位
    - SI 基本単位
    - SI 補助単位
    - SI 組立単位
  - SI 接頭語
- SI 単位と併用する単位，併用してよい単位および当分の間併用してよい単位

（2） 用語解説

SI に関するおもな用語について解説したものを表 4.5[6] に示す．

（3） SI 単位

明確に定義された，7 個の単位メートル，キログラム，秒，アンペア，ケルビン，モルおよびカンデラを選出し，これらを SI 基本単位としている（表 4.6[5] に示す）．ここでは，ケルビンとモルについて解説する．

表 4.5　SI に関するおもな用語[6]

用　語		用　語　の　意　味　お　よ　び　特　徴
SI 化単位		JASO で定めた用語であり，SI，SI 単位と併用する単位，SI 単位と併用してよい単位，および当分の間 SI 単位と併用してよい単位の総称である．
SI		国際度量衡総会（CGPM）で採用され，勧告された一貫した単位系で，SI 単位（基本単位，補助単位，組立単位）およびそれらの 10 の整数乗倍からなる． すべての SI 単位は，基本単位，補助単位，固有の名称を持つ組立単位そのものか，またはそれらの適当な組合わせによる乗除算で表わされ，その係数は 1 となる．
SI 単位	SI 基本単位	便宜上，次元的に独立であるとみなすことにした単位が選定され，SI の基礎として明確に定義された七つの単位をいう． 他の SI 単位は，この基本単位と補助単位とを組み合わせた単位として誘導することができる．
	SI 補助単位	純粋に幾何学的な単位，すなわち，次元を持たない組立量として位置づけられている二つの単位をいう．
	SI 組立単位	基本単位および補助単位を用いて代数的な方法で（乗法・除法の数学記号を使って）表わされる単位をいう． いくつかの組立単位には，より簡単に組立単位を表わすために固有の名称と記号が与えられている． また，この固有の名称を持つ組立単位と基本単位を用いて，その他の組立単位を表わすことができる．
SI 接頭語		SI 単位の 10 の整数乗倍を構成するための接頭語である．一般的には，10 の 3 乗倍間隔の接頭語(m, k, M など)を用いることが推奨されている．

（a）ケルビン

この単位は，水の三重点の熱力学温度の1/273.16である．

（b）モル

これは，0.012の炭素12のなかに存在する原子の数と等しい数の構成要素を含む系の物質量である．

（4）SI補助単位

国際度量衡総会（CGPM）は，幾何学的な二つの単位ラジアンとステラジアンについては基本単位としても，また，組立単位としても自由であるとして，これらを補助単位と呼んだ（**表4.7**）．

表 4.6 SI基本単位[5]

量	名　称	記号
長さ	メートル	m
質量	キログラム	kg
時間	秒	s
電流	アンペア	A
熱力学温度	ケルビン	K
物質量	モル	mol
光度	カンデラ	cd

表 4.7 SI補助単位

量	名　称	記号
平面角	ラジアン	rad
立体角	ステラジアン	sr

（a）平面角の単位

ラジアンは，円の周上で，その半径の長さに等しい長さの弧を切り取る2本の半径の間に含まれる平面角である．

（b）立体角の単位

ステラジアンは，球の中心を頂点とし，その球の半径を一辺とする正方形の面積と等しい面積を，その球の表面積で切り取る立体角である．

（5）SI組立単位

組立単位は，基本単位および補助単位を組み合わせて乗・除法の数学記号を用いた代数的な表わし方で構成している．

組立単位の一覧を，**表4.8**[6]〜**4.10**[6]に示す．

表 4.8 SI組立単位の例[6]

量	単位の名称	単位記号
面積	平方メートル	m^2
体積	立方メートル	m^3
速さ	メートル毎秒	m/s
加速度	メートル毎秒毎秒	m/s^2
波数	毎メートル	m^{-1}
密度	キログラム毎立方メートル	kg/m^3
電流密度	アンペア毎平方メートル	A/m^2
磁界の強さ	アンペア毎メートル	A/m
(物質量の)濃度	モル毎立方メートル	mol/m^3
比体積	立方メートル毎キログラム	m^3/kg
輝度	カンデラ毎平方メートル	cd/m^2
角速度	ラジアン毎秒	rad/s
角加速度	ラジアン毎秒毎秒	rad/s^2

4.3 国際単位系SI

表 4.9 固有の名称を持つSI組立単位[6]

量	固有の名称を持つSI組立単位		他のSI単位による表現	SI基本単位による表現
	単位の名称	単位記号		
周波数[1]	ヘルツ	Hz		s^{-1}
力	ニュートン	N		$m \cdot kg \cdot s^{-2}$
圧力,応力	パスカル	Pa	N/m^2	$m^{-1} \cdot kg \cdot s^{-2}$
エネルギ,仕事,熱量	ジュール	J	$N \cdot m$	$m^2 \cdot kg \cdot s^{-2}$
仕事率,工率,動力,電力	ワット	W	J/s	$m^2 \cdot kg \cdot s^{-3}$
電荷,電気量	クーロン	C		$A \cdot s$
電位,電圧	ボルト	V	W/A	$m^2 \cdot kg \cdot s^{-3} \cdot A^{-1}$
静電容量	ファラド	F	C/V	$m^{-2} \cdot kg^{-1} \cdot s^4 \cdot A^2$
電気抵抗	オーム	Ω	V/A	$m^2 \cdot kg \cdot s^{-3} \cdot A^{-2}$
コンダクタンス	ジーメンス	S	A/V	$m^{-2} \cdot kg^{-1} \cdot s^3 \cdot A^2$
磁束	ウェーバ	Wb	$V \cdot s$	$m^2 \cdot kg \cdot s^{-2} \cdot A^{-1}$
磁束密度	テスラ	T	Wb/m^2	$kg \cdot s^{-2} \cdot A^{-1}$
インダクタンス	ヘンリー	H	Wb/A	$m^2 \cdot kg \cdot s^{-2} \cdot A^{-2}$

表 4.9 固有の名称を持つSI組立単位[6] (つづき)

量	固有の名称を持つSI組立単位		他のSI単位による表現	SI基本単位による表現
	単位の名称	単位記号		
セルシウス温度	セルシウス度	°C		K
光束	ルーメン	lm		$cd \cdot sr$
照度	ルクス	lx	lm/m^2	$m^{-2} \cdot cd \cdot sr$
放射能	ベクレル	Bq		s^{-1}
吸収線量	グレイ	Gy	J/kg	$m^2 \cdot s^{-2}$
線量当量	シーベルト	S	J/kg	$m^2 \cdot s^{-2}$

備考: "他のSI単位による表現"および"SI基本単位による表現"のものは,計算過程の場合およびこれまでに用いられてきた分野に限定して使用するのがよい.

注1): 同じ次元を持つ諸量間の区別を容易にするために特定の組合わせや固有の名称を用いることがある. たとえば, 周波数については秒のマイナス1乗よりもヘルツが, 力のモーメントについてはジュールよりもニュートンメートルが用いられる.

表 4.10　固有の名称を用いて表わされる SI 組立単位の例[6]

量	固有の名称を用いた SI 組立単位		SI 基本単位による表現
	名　　称	記　号	
粘　度	パスカル秒	Pa・s	$m^{-1}\cdot kg\cdot s^{-1}$
力のモーメント	ニュートンメートル	N・m	$m^2\cdot kg\cdot s^{-2}$
表面張力	ニュートン毎メートル	N/m	$kg\cdot s^{-2}$
熱流密度，放射照度	ワット毎平方メートル	W/m²	$kg\cdot s^{-2}$
熱容量，エントロピー	ジュール毎ケルビン	J/K	$m^2\cdot kg\cdot s^{-2}\cdot K^{-1}$
比熱，質量エントロピー	ジュール毎キログラム毎ケルビン	J/(kg・K)	$m^2\cdot s^{-2}\cdot K^{-1}$
質量エネルギ	ジュール毎キログラム	J/kg	$m^2\cdot s^{-2}$
熱伝導率	ワット毎メートル毎ケルビン	W/(m・K)	$m\cdot kg\cdot s^{-3}\cdot K^{-1}$
体積エネルギ	ジュール毎立方メートル	J/m³	$m^{-1}\cdot kg\cdot s^{-2}$
電界の強さ	ボルト毎メートル	V/m	$m\cdot kg\cdot s^{-3}\cdot A^{-1}$
体積電荷	クーロン毎立方メートル	C/m³	$m^{-3}\cdot s\cdot A$
電気変位	クーロン毎平方メートル	C/m²	$m^{-2}\cdot s\cdot A$
誘電率	ファラド毎平方メートル	F/m	$m^{-3}\cdot kg^{-1}\cdot s^4\cdot A^2$
透磁率	ヘンリー毎メートル	H/m	$m\cdot kg\cdot s^{-2}\cdot A^{-2}$
モルエネルギ	ジュール毎モル	J/mol	$m^2\cdot kg\cdot s^{-2}\cdot mol^{-1}$
モルエントロピー	ジュール毎モル毎ケルビン	J/(mol・K)	$m^2\cdot kg\cdot s^{-2}\cdot K^{-1}\cdot mol$
照射線量	クーロン毎キログラム	C/kg	$kg^{-1}\cdot s\cdot A$
吸収線量率	グレイ毎秒	Gy/s	$m^2\cdot s^{-3}$

備考："SI 基本単位による表現"のものは，計算過程の場合およびこれまでに用いられてきた分野に限定して使用するのがよい．

(6) SI と他の単位系の対比

SI と CGS 系および工学単位系の比較を**表 4.11**[6]に示す．

表 4.11

量＼単位系	長さ	質量	時間	温度	加速度	力	応力	圧力
SI	m	kg	s	K	m/s²	N	Pa	Pa
CGS 系	cm	g	s	℃	Gal	dyn	dyn/cm²	dyn/cm²
工学単位系	m	kgf・s²/m	s	℃	m/s²	kgf	kgf/m²	kgf/m²

量＼単位系	エネルギ	仕事率	粘度	動粘度	磁束	磁束密度	磁界の強さ
SI	J	W	Pa・s	m²/s	Wb	T	A/m
CGS 系	erg	erg/s	P	St	Mx	Gs	Oe
工学単位系	kgf・m	kgf・m/s	kgf・s²/m²	m²/s	—	—	—

4.3.2　SI の動向

SI の第 1 段階移行は，JIS が 1979 年に，JASO が 1980 年に完了し，第 2 段階は，JASO が 1989 年に完了した．

引き続き，SI の第 3 段階の政策的および技術的指針の作成を行ない，1990

年度よりこの指針に基づき，JASOへのSI第3段階の移行が始まった．

一方，JISにおいても1991年6月JISC標準会議で，次の方針を打ち出した．

JISにおいて，SIの導入をまだ完了していない分野については，1988年度から5年間当該分野の制定・改正・見直しに際し，すべての規格でSIのみを規格値とすることを目標とした．

このことから，JIS原案もSI第3段階で作成を行なった．また，以前に作成されたJASO SIマニュアルを第3段階移行に向けて改訂し，業界のSI化に向けての手引き書として"くるまと国際単位系[7]"の作成を行なった．

参 考 文 献

1) 注解自動車六法，平成4年版，第一法規
2) 自動車技術ハンドブック，4，生産品質整備編，第8章，保守整備，p.335，(社)自動車技術会
3) 自動車技術ハンドブック，4，生産品質整備編，第8章，保守整備，p.341，(社)自動車技術会
4) 自動車整備技術，法令教材，平成10年版，(社)日本自動車整備振興会連合会
5) 新編自動車工学便覧，第12編，第3章，(社)自動車技術会
6) 自動車技術ハンドブック，基礎理論編1，p.363，(社)自動車技術会
7) 高野敏夫：規格，自動車技術，Vol.45，No.7 1991，p.183

第5章 自動車走行性能に関する用語解説

自動車の走行性能を中心としたおもな用語について,次のとおり簡単に解説を行なう.

5.1 動力性能に関する用語

① 正圧・負圧

空気力は,車体の回りに空気が流れることによって,車体表面に発生する圧力のうち,押し付ける力が正圧,浮き上がらせる力が負圧である.

② 揚　　力

揚力は,車体に対し上向きに働く力である.すなわち,車体回りの空気は,上面,下面および側面と流れるが,上面と下面における流速差により揚力が発生する.

この力は,タイヤの接地力が減少し,操縦安定性に悪影響を与える.

③ C_D 値

空気抵抗係数を表わすには,速度が時速の場合 V と,秒速の場合 v とがあり,この間において

$$C_D = 207 \times \mu_a$$

が成り立つ.

ただし,μ_a:空気抵抗係数(時速の場合)
　　　　C_D:空気抵抗係数(秒速の場合)
　　　　ρ:空気の密度(気温 20°Cで 0.125 kg·fsec²/m⁴

$$\mu_a \cdot A \cdot V^2 = C_D \cdot \frac{1}{2} \rho \cdot A \cdot v^2 = C_D \times \frac{1}{2} \times 0.125 \times A \times \left(\frac{V}{3.6}\right)^2$$

したがって,$C_D = 207 \times \mu_a$
となる.

たとえば,$\mu_a = 0.0015$ の場合,C_D 値は約 0.32 となる.

④ 六自由度
走行中の自動車の重心には，三つの力と三つのモーメントが作用している．
すなわち，抗力，横力，揚力，ロールモーメント，ピッチングモーメントおよびヨーイングモーメントの六自由度である．

⑤ ロール率
曲線運動のとき車体が傾く，この傾いた角をロール角と表わすもので，求心加速度 $0.5G$ におけるロール角をロール率で表わす．
これは，旋回速度ばね定数および荷重による影響が大きい．

⑥ 慣性モーメント（m・kg・s^2）
回転運動の場合には，角速度，角加速度を計算する必要があるが，質量の代わりに慣性モーメントを用いる[1]．

$T_0 = I_0 \cdot \omega_0$

T_0：トルク（kgf・m）ヨーモーメント
I_0：慣性モーメント（m・kgf・s^2）
ω_0：角加速度（1/s^2）

$I_0 = \sum_{n=1}^{n} m \cdot r^2$

m：質量
r：重心からの距離

I_0 が小さければ，過渡状態に対応可能で操縦性がよいことになる．

⑦ 空力特性
物体の回りの気流とそれに基づいて物体が受ける静的・動的な影響の特性

⑧ ベルヌーイの式
非粘性流体の渦なし流れに，エネルギ保存則を適用して得られた方程式
重力の場における非圧縮性流体では，

$P + \rho u^2/2 + \rho g h = $ 定数

P：静圧
ρ：密度
u：流速
h：基準面からの高さ
g：重力の加速度

⑨　動　　圧
流れをせき止めるとき生ずる $\rho u^2/2$ の圧力上昇
　　　　ρ：密度
　　　　u：流速
⑩　粘　　性
流体において，流速が場所によって異なるとき，接線応力が現われて速度差をなくそうとする性質．
⑪　レイノルズ数
流れのなかにある物体について，その大きさを代表するような基準の長さを l，流れの速さを u，流体の粘性係数を μ，密度を ρ としたとき，$\rho l u / \mu$ をいう．
⑫　気　流　糸
供試体表面の流れの様子を見るために，適当な長さに切って，その表面に張る糸．生糸，毛糸，刺しゅう糸など．
⑬　タフト法
供試車の車体表面近傍の気流の様子を把握するために，その表面に気流糸を張って行なう試験法
⑭　油　膜　法
供試車の車体表面上に油膜（一般には，流動パラフィン，酸化チタン，オレイン酸の混合油）を塗付し，その状態により流れの方向，渦領域などを推察する方法．
⑮　横風安定性試験
横風送風装置による横風，または自然風などが走行中の自動車に作用したときの方向安定性を自動車の横変位，ヨー角度またはステアリングホイールの修正頻度，ハンドル角などにより評価する試験．

5.2　旋回性能に関する用語

①　コーナリングフォース

自動車が旋回する場合，遠心力が発生し，自動車の進む方向とタイヤの回転方向とがずれると横すべりを起こし，接地部がねじれる力が生ずる．この力がコーナリングフォースである．なお，進む方向とタイヤの回転方向のずれ角をスリップアングルと呼ぶ．

② コーナリングパワー

コーナリングフォースをスリップアングルで割った値をいう．タイヤ性能を比較するのに用いられる（kgf/deg）．

③ セルフアライニングトルク（SAT）

旋回後ハンドルから手を離すと元に戻ろうとする力が生じる．この力はタイヤの弾性体自身によるものもあるが，大部分はコーナリングフォースの作用する点が接地面中心より後方で発生するためである．

　　SAT＝コーナリングフォース×接地中心と作用点までの距離

で表わされる．

④ 保舵力

定常円旋回時におけるハンドルを保持するときの力で，旋回半径，速度により値は異なる．

⑤ すえ切り操舵力

車両を静止状態で，ハンドルを直進状態から最大舵角まで連続的に回転させたときの力をいう．

なお，この力はタイヤ荷重，タイヤと路面との摩擦および接地幅，接地圧により影響を受ける．

⑥ 横向き加速度（$v^2/g \cdot r$）

旋回時における遠心力を旋回時の車両重量で割った値である．なお，乾燥路面状態での限界は約 $0.7 \sim 0.8\,G$ である．

⑦ ヨーモーメント

重心点回りの回頭モーメントで

　　前輪のコーナリングフォース×前軸と重心との距離－後輪のコーナリングフォース×後軸と重心との距離

で表わされる．

⑧ 定常円旋回試験

ハンドル固定あるいは旋回半径一定で一定速度で円旋回を行ない，諸現象（各車輪横すべり角，実舵角，ハンドル角，旋回半径および速度）を計測する．

この試験は，基礎的な定常運動試験で車速を低速から徐々に加速することにより，アンダステアリング，オーバステアリング特性を調べることができる．

5.2 旋回性能に関する用語

⑨ サスペンションロール剛性

サスペンションロール角を単位角度増加させるのに必要な，懸架装置からばね上質量に伝えられる復元モーメントの増加量．ただし，復元モーメントには減衰モーメントを含まない．

⑩ コニシティ

横すべり角 $0°$，キャンバ角 $0°$ にもかかわらず，タイヤの回転方向に関係なく，常に一定方向に発生する横力．

⑪ プライステア

横すべり角 $0°$，キャンバ角 $0°$ もにかかわらず，タイヤの回転方向によって，発生する方向の変わる横力．

⑫ ばね上質量

自動車質量に基づく重力荷重のうち，シャシばねに支持される荷重に相当する自動車質量の部分質量．

なお，プロペラ軸，懸架装置，かじ取り装置，ブレーキ装置のようにその質量のうち，いくらかがばね上質量の構成をするものは，その構造に従い相当質量として加算する．

⑬ ばね下質量

前後車軸に取り付けられている部分質量．

なお，プロペラ軸，懸架装置，かじ取り装置およびブレーキ装置のように，その質量のうち，いくらかがばね下質量を構成するものは，その構造に従い相当質量として加算する．

⑭ アンダステアリング

車速一定の定常応答で，横加速度変化に対するハンドル角変化をオーバオールステアリング比で除した値が，同条件に対するアッカーマン実舵角変化より大きい性質．この性質は，スタティックマージンが正の場合にほぼ相当する．

⑮ スタティックマージン (SM)

自動車重心よりニュートラルステアラインまでの水平距離と軸距の比．重心がニュートラルステアラインより前にあるとき正とする

$$SM = (K_r \cdot l_r - K_f \cdot l_f)/(K_f + K_r) l$$

K_f：前2輪コーナリングパワー

K_r：後2輪コーナリングパワー

l：軸距
l_f：前軸・重心間距離
l_r：後軸・重心間距離

⑯ コンプライアンスステア

懸架装置，かじ取り装置のコンプライアンスにより生ずる前輪，後輪の実舵角変化量．

⑰ タックイン

旋回中アクセルペダルを急激に戻したとき，または，クラッチを急激に切ったときの自動車の過渡の回頭現象．

⑱ 手放し安定性試験

直進走行時にステアリングホイールを急操舵した後，手放して，その後の自動車の収束性を自動車の運動の減衰性，試験可能な最高車速などで評価する試験

⑲ スラローム試験

一定間隔の標的をぬって走行し，走行可能な最高車速，操舵力，横向き加速度などで自動車の機動性，応答性，安定性などを評価する試験

⑳ 過渡応答試験

過渡的な操舵入力や加減速入力を加えて，それに対する自動車の過渡応答特性をヨー角速度，ロール角などで評価する試験．

5.3 制動性能に関する用語

① 摩擦係数

制動力をタイヤ荷重で割った値をいい，一般にロック制動(すべり比100%)ではすべり比20～30%より摩擦係数が低下する．

② スキッド

スキッドは，自動車について表わす場合とタイヤについて表わす場合とがある．前者は，自動車が旋回中最大横加速度の状態に達して操縦不能になる現象をいい，この一つにスピンアウトがあり，これは後輪の発生するコーナリングフォースが不足し，内側が急激に巻き込む現象で，もう一つにドリフトアウトがあり，これは前輪のコーナリングフォースが不足して外側に飛び出す現象をいう．

一方，タイヤのスキッドはタイヤに伝達される摩擦が最大値に達すること

でロックすると摩擦力が低下し，進行方向に直角な成分が0となる．

③　すべり比

タイヤが転動または駆動していた場合のタイヤ速度と車両速度との割合をいう．

④　ノーズダウン現象

制動時後輪荷重が前輪へ移動する現象で，移動量はタイヤと路面間の摩擦係数，車両重量および重心高さに比例し，ホイールベースに反比例する．

⑤　リカバリ試験

ウォータリカバリとフェードリカバリ試験があり，前者は降雨時または水たまり走行時における，また，後者降坂時の制動および頻度の激しい制動の場合において，それぞれのブレーキ力の低下および回復性について行なう試験である．

⑥　ベンチレーテッドディスクブレーキ

ディスクの摩擦面の中間にラジアル方向の穴をあけ，より冷却効果を考慮したもので，安定したブレーキングとパッドの寿命を長くすることができる．

⑦　フェード現象

降坂時ブレーキをひんぱんに使用すると，ブレーキの効きが悪くなる現象をいう．この原因は，ブレーキ装置の摩擦部分の温度が上昇し，ライニングの摩擦係数が低下し，一定のペダル踏力に対して制動力の減少となる．

この防止には，放熱性のよいベンチレーテッドディスクを採用したり，温度に対して摩擦係数の変化が小さい材質のパッドやライニングを使用する．

⑧　ブレーキノイズ

制動時は，ライニングとドラムがこすられて音が出たり，制動しないときもパッドとロータが接触して音が出ることがある．

この原因は，パッドの当たり方や材質，ブレーキ系の剛性などによることが多いが，ドラムブレーキの場合，ライニングが古くなり，硬くなって音が出ることもある．

5.4　振動および乗り心地性能に関する用語

①　パワースペクトル

時間の関数として得られる波形を，周波数を変数とした範囲で示したもので，周波数成分がどのような値で分布しているかを表わす．

すなわち,周波数分析において求められた信号をさらに2乗し,ある時間間隔で積分し時間により平均化する.

このように波形を2乗するため,パワースペクトルと呼ばれている.

なお,この分析により波形の観察だけでは判定できない現象も数値的に得られる.

② 周波数分析

時間的に変化している振動または騒音レベルを周波数ごとに整理し,これらの原因を探る基本的な解析方法で,どのような周波数の成分が含まれているかを知ることにより,共振および共鳴の原因追求が可能である.

また,測定された不規則振動はフィルタによってある成分だけ取り出し,直流に変換されて出力となり,この出力とフィルタの中心周波数をとって整理したものを周波数スペクトルと呼ばれている[2].これらを高速フーリエ変換（FFT）で処理される.

③ 固有振動数

ばね自体の硬さ（ばね定数 kgf/mm）により,共振を起こされる振動数をいう.

なお,振動数＝1／周期の関係である.

④ ユニフォーミティ

荷重を受けているタイヤが,一定の半径で1回転する間に発生する力およびその変動の大きさをいう.なお,変動には半径方向,横方向および前後方向がある.

⑤ 周　　期

周期的現象において,同一状態が再現するまでに経過する最小時間間隔.

⑥ 位　相　差

振動数が等しい二つの周期量の位相角の差.正弦量の場合には,同じ基準値から測った位相角の差.

⑦ 定　常　波

空間に固定された,一定の振幅分布を持つ周期的な波動.

なお,定常波は,同一振動数および同一種類の進行波を重ね合わせた結果,得られると考えられることができ,また,節と腹の位置が固定されていることが特徴である.

5.4 振動および乗り心地性能に関する用語

⑧ 節（ふし，せつ）
定常波の特性を表わす量の振幅が零となる点，線または面．

⑨ 腹（はら）
定常波の特性を表わす量の振幅が極大となる点，線または面．

⑩ 自 由 度
ある時刻において，機械系のすべての部分の位置を安全に決定するのに必要な独立座標の数．この数は，系に可能な独立変数の数に等しい．

⑪ 多自由度系
任意の時刻における系の配置を明確にするのに，二つ以上の座標を必要とする系．

⑫ 共　　振
強制振動をしている系において，励振振動数のいずれの方向へのわずかな変化によっても，その応答が減少するときの系の状態または現象．

⑬ インピーダンス
励振の出力に対する比．励振と出力は複素量であり，両者ともその偏角は同じ割合で時間に比例して増加する．

なお，この用語および意味は，単一振動数で変化する量の定常状態に関して適用する．しかし，インピーダンスの概念は，非線形系における励振と出力との比を説明するのに，増加インピーダンスという用語が用いられるように，非線形系に対しても，拡張して用いることがある．

⑭ ヒステリシス
物体に力を加えたとき，力とたわみの関係を示す特性曲線において，力の増加時と減少時の曲線が異なる現象．履歴現象ともいう．

⑮ ダ　ン　パ
自由振動または過渡振動を減衰（収束）させたり，共振状態の振幅を減少させたり，自励振動を防止するために，減衰を発生する装置．

⑯ ドップラ効果
波動源，観測点または媒質が移動することによって，波動の観測された周波数が変化する現象．

⑰ 騒音レベル
JIS C 1502（普通騒音計）または JIS C 1505（精密騒音計）に規定される A 特性で重み付けられた音圧の実効値 P_A の 2 乗を基準音圧 P_0（20 μPa）の

2乗で除した値の常用対数の10倍．騒音レベル L_A は，次式で定義される．
$$L_A = 10 \log_{10} P_A^2/P_0^2 \text{ (dB)}$$

⑱　こもり音

車内で発生する比較的低周波の純音に近い耳を圧するような騒音．

⑲　サージング

コイルばねが分布系として共振する現象．ばねは一様にたわまず，粗密波を生じる．

⑳　シェイク

車輪のユニフォーミティ，不つり合いおよび路面の凸凹などの強制力によって，誘起されて車両に生じる低周波の振動の総称．

㉑　シ　ミ　ー

操舵系統に発生するハンドル回転方向の定常的な振動の総称．

㉒　キックバック

路面の不整によって生ずる衝撃が，ハンドル回転方向に伝わる現象．

㉓　ハーシュネス

舗装路の継ぎ目や突起などを通過するとき，タイヤに加えられた衝撃力が，懸架系を通して車体に伝達されて発生する振動と騒音．

㉔　レベルレコーダ

電気信号の振幅をデシベル化し，記録紙に記録する装置．高速度レベルレコーダや指応答形レベルレコーダなど，数種類の方式のものがある．

㉕　FFT 分析器

高速フーリエ変換（FFT：Fast Fourier Transform）を用いた周波数分析器．

5.5　安全，衝突に関する用語

① バリア

バリアには固定バリア，移動バリアおよび斜めバリアなどがある．そのうち，固定バリアは JASO 規格では高さ3 m，幅4～5 m，重量90～180 ton となっている．

② 衝突安全性

衝突事故時に室内乗員を保護する能力をさし，衝突条件，車両構造および乗員拘束装置で決まる．

5.5 安全,衝突に関する用語

③ 乗員拘束装置

自動車の衝突時,乗員を拘束することにより傷害を防止または軽減する装置.

シートベルト,エアバッグなどがある.

④ 受動式拘束装置

乗員の着用操作を必要とせず,衝突時には自動的に機能を発揮する乗員拘束装置.

エアバッグ,受動式ベルトなどがある.

⑤ 緊急ロック式巻取り装置

緊急時にのみ,ロック機構が働いてロックするシートベルト巻取り装置.また,車体の加速度を感知するものや,ウェービングの引出し加速度を感知するものがある(ELR という).

⑥ ヘッドレストレイント

後面衝突時,頸部の傷害を軽減するために,乗員胴体に対する頭部の相対後方移動を制限する装置.

⑦ サブマリン現象

主として前面衝突時,乗員が乗員拘束装置などの影響で前方へ沈み込むような挙動.

⑧ ライドダウン効果

衝突時,乗員の持つ運動エネルギが乗員拘束装置などを介して,自動車のつぶれエネルギに変換される効果.

⑨ トレーラスウィング

連結車において,トレーラが連結点を中心に横に振り出される現象.

⑩ 人体ダミー

人体を寸法,形状,重量,関節の特性などの面から模したもの.主として衝突時に乗員にかかる負荷および挙動を評価するのに用いる.

⑪ 二次元マネキン

人体の側面を寸法の面から二次元的に単純化したもの.主として自動車の室内構造物と着座した乗員との静的な位置関係を検討するのに用いる.2DMと略称する.

⑫ 三次元マネキン

座位の人体を寸法,重量の面から三次元的に単純化したもの.主として自

動車の室内構造物と，着座した乗員との静的な位置関係を測定するのに用いる．3DM と略称する．

⑬ トルソライン

胴体の傾斜を定義づけるための，ヒップポイントを通る特定の線．

⑭ アイレンジ

前向きの正常な運転姿勢における，運転者の目の位置の統計的分布を表わす範囲．

⑮ ロールオーバ

自動車が単独，または，衝突などにより車両の縦軸を中心としてころがること．

⑯ エアバッグ

衝突時に高圧ガス，ガス発生剤などで膨張したバッグにより，乗員の運動エネルギを吸収して，2次衝突による傷害を軽減する受動式拘束装置の一種．

⑰ 傷 害 指 数

乗員の頭部などの傷害程度を評価する数値．SI と略称する．

$$\text{傷害指数 SI} = \int a^{2.5} dt$$

a：頭部重心の合成加速度

t：2次衝突継続時間

⑱ 頭部傷害指数

乗員の頭部の傷害程度を評価する数値．

$$\text{頭部傷害指数} = (t_2 - t_1)\left(\frac{1}{t_2 - t_1}\int_{t_2}^{t_1} a\, dt\right)^{2.5}$$

a：頭部重心の合成加速度

t_1, t_2：2次衝突中の時間のある点

参 考 文 献

1) 林　洋：自動車事故鑑定学入門，p.33，自動車公論社
2) 景山克三：自動車工学全書，3巻，第6章，p.193，自動車の性能と試験，山海堂

索　引

〔あ　行〕

赤旗法 ……………………………………2
アナログ式速度計 ……………………232
アンダステア …………………………51
アンダステアリング ……………252, 253
ウォータリカバリ ……………………255
運動量保存の法則 ……………………105
X-P ……………………………197, 208
ABS装置 ………………………………44
音の大きさのレベル …………………90
オーバステア …………………………51
オーバステアリング …………………252
音圧レベル ……………………………90

〔か　行〕

回転部分相当重量 ……………………17
角速度 …………………………………250
過渡時間 ………………………………108
慣　性 …………………………………30
キャンバスラスト ……………………66
求心加速度 ……………………………54
求心加速度影響係数 …………………154
キューニョの砲車 ……………………2
共　振 …………………………………256
胸部模型 ………………………………194
空気抵抗係数 ……………………14, 249
空気力 …………………………………249
空走距離 ………………………………48
駆動力係数 ……………………………64
公害の防止 ……………………………225
公害防止 ………………………………229
公害問題 ………………………………93
公　証 …………………………………228
公証制度 ………………………………228

高速フーリエ変換 ………………256, 258
国民の健康 ………………………225, 226
コーナリングフォース ……39, 62, 65
コニシティ …………………………168, 171
コニシティトルク ……………………73
コニシティフォース …………………73
ころがり抵抗係数 ……………………12

〔さ　行〕

最小2乗法 ………………………136, 141
作用・反作用の法則 …………………104
事故回避対策 …………………………97
実走行時の理想制動力配分線 ………42
自動車保有台数 ………………………93
私法関係 ………………………………228
シミー …………………………………80
車外騒音 ………………………………77
シャシダイナモメータ …………133, 135
車室内騒音 ……………………………77
ジャダ …………………………………80
周波数 …………………………………255
乗員拘束 ………………………………102
乗員拘束効果 …………………………103
自励振動 ………………………………257
人口構成率 ……………………………96
すえ切り操舵力試験 …………………158
スタビリティファクタ ………………53
ステアトルクデビエーション ………72
ステアトルクバリエーション ………72
ステップ応答試験 ……………………56
ストロボサイクルグラフ ……………214
スパイクタイヤ ………………………6
スピードスプレッド率 ………………153
スピンアウト …………………………254
すべり比 …………………………36, 62, 64
すべり摩擦係数 ………………………35

すべり摩擦力 …………………………34
スラローム試験 ………………………159
スリップアングル ……………………251
スリップ比 ……………………………111
生活環境 ………………………………226
制動距離 ………………………………46
制動力 …………………………………38
制動力係数 ……………………………64
絶対評価 ………………………………217
セルフアライニングトルク …50,62,66
旋回速度の限界 ………………………55

〔た 行〕

相対評価 ………………………………217
大気汚染 ………………………………223
単一振動数 ……………………………257
弾性リングタイヤモデル ……………67
注視点 …………………………………215
聴感補正回路 …………………………91
T形フォード …………………………4
定期検査 ………………………………238
停止距離 ………………………………46
ディジタル式速度計 …………………232
電子制御 ………………………………5
等価慣性質量 …………………………123
動産信用 ………………………………227
頭部模型 ………………………………194
動力伝達機構 ……………………30,32
道路運送車両法 …………………224,229
道路運送車両法の保安基準 …………229
トラクティブフォースバリエーション…168
ドリフトアウト ………………………254
トレッドパターン ……………………32

〔な 行〕

2次衝突 ………………………………260
ニュートラルステア …………………51
ニューマチックトレール ……………74
ノーズダウン現象 ……………………108
ノルマルヘキサン ……………………235

〔は 行〕

ばね下，ばね上の共振周波数 ………86
バリア衝突 ……………………99,107,108
バリアテスト …………………………101
パルス応答試験 ………………………56
反発係数 ……………………………204,205
BSN（スキッドレジスタンスナンバ）…151
ひずみゲージ …………………………175
ひずみゲージ形変換器 ………………195
非接触速度計 …………………………148
ファジィ制御 …………………………58
フィルム解析機 ………………………196
フェード現象 …………………………152
フェードリカバリ ……………………255
フェード率 ……………………………153
プライステア ………………………168,171
プライステアトルク …………………73
プライステアフォース ………………73
フリッカ値 ……………………………216
ブレーキテスタ上の理想制動力配分線…41
プローブ ………………………………235
ヘッドレスト ……………………99,100,101
保安基準 …………………………224,229
ホイールトルクメータ ………………141
ホイールバランサ ……………………165
貿易摩擦 ………………………………223
舗装路面 ………………………………233
ポータブル式のスキッドテスタ ……151
ボデーの上下の固有振動数 …………87
ホログラフィ計測 ……………………175

〔ま 行〕

無響室 …………………………………119
むち打ち損傷 …………………………208
メートル法 ……………………………240

〔や 行〕

ユニフォーミティ ……………………170

索　引　263

ヨーイング共振周波数 …………………58
横加速度 ………………………54
横すべり摩擦係数 …………………55
余裕駆動力 ……………………19
ヨーレイト出力 …………………57

〔ら 行〕

ラジアルフォースバリエーション…72,168

ラテラルフォースデビエーション…72,168
ラテラルフォースバリエーション…72,168
ランダム応答試験 …………………56
リカバリ率 ……………………153
レムニスケート曲線 ………………158
ロック制動 ……………………254
ロール角 …………………250,252

〈著者紹介〉

茄子川捷久（なすかわ　かつひさ）
　1941 年　生まれ
　1961 年　北海道自動車短期大学自動車工業科卒業
　　　　　北海道自動車短期大学教授

宮下　義孝（みやした　よしたか）
　1944 年　生まれ
　1965 年　北海道自動車短期大学自動車工業科卒業
　　　　　北海道自動車短期大学教授

汐川　満則（しおかわ　みつのり）
　1961 年　生まれ
　1984 年　北海道工業大学機械工学科卒業
　現　在　北海道自動車短期大学教授

著者の共同研究として，雪氷路面を中心としたタイヤ性能，車両安定性，燃料消費試験および車両衝突実験などを行っている．
そのほか，裁判所，検察庁，弁護士などの依頼による，交通事故鑑定を行っている．

自動車の走行性能と試験法

2008 年 3 月 20 日　第 1 版 1 刷発行　　ISBN 978-4-501-41670-6 C3053
2016 年 1 月 20 日　第 1 版 4 刷発行

著　者　茄子川捷久　　宮下　義孝　　汐川　満則
　　　　Ⓒ Nasukawa Katsuhisa
　　　　　Miyashita Yoshitaka
　　　　　Shiokawa Mitsunori　2008

発行所　学校法人　東京電機大学　　〒120-8551　東京都足立区千住旭町 5 番
　　　　東京電機大学出版局　　　　〒101-0047　東京都千代田区内神田 1-14-8
　　　　　　　　　　　　　　　　　Tel. 03-5280-3433（営業）03-5280-3422（編集）
　　　　　　　　　　　　　　　　　Fax. 03-5280-3563　振替口座 00160-5-71715
　　　　　　　　　　　　　　　　　http://www.tdupress.jp/

JCOPY　＜(社)出版者著作権管理機構　委託出版物＞

本書の全部または一部を無断で複写複製（コピーおよび電子化を含む）することは，著作権法上での例外を除いて禁じられています．本書からの複製を希望される場合は，そのつど事前に，(社)出版者著作権管理機構の許諾を得てください．
また，本書を代行業者等の第三者に依頼してスキャンやデジタル化をすることはたとえ個人や家庭内での利用であっても，いっさい認められておりません．
［連絡先］Tel. 03-3513-6969，Fax. 03-3513-6979，E-mail：info@jcopy.or.jp

印刷・製本　新日本印刷(株)　　　装丁：鎌田正志
落丁・乱丁本はお取り替えいたします．　　　　　　　　　Printed in Japan

本書は，(株)山海堂から刊行されていた三訂版をもとに，著者との新たな出版契約により東京電機大学出版局から刊行されるものである．